普通高等教育"十一五"国家级规划教材 计算机系列教材

汪虹 项芳莉 韩静 袁琴 等 编著

大学计算机基础

清华大学出版社
北京

内 容 简 介

本书是一本讲述计算机基础知识和应用的教材,是根据教育部高等学校计算机基础课程教学指导委员会最新提出的"大学计算机基础"课程教学要求编写的,同时也覆盖了全国计算机等级考试以及全国高等学校(安徽考区)计算机水平考试大学计算机基础教学大纲的内容。

本书共分9章,第1章讲述计算机基础知识、计算机系统的组成、信息表示、多媒体技术基本概念;第2章讲述微机操作系统的基本概念,重点介绍 Windows XP 的基本应用;第3～5章以 Microsoft Office 2003 为平台,讲述文字处理、电子表格处理和演示文稿创作等办公自动化软件的基本概念及使用方法;第6章讲述计算机网络的基本知识与主要应用模式;第7章以 FrontPage 2003 为主介绍网页的基本制作过程;第8章讲述信息安全的基础知识;第9章介绍程序设计的概念和编程方法。本书提供了大量贴近实际的案例,并配有丰富的例题和习题。此外,本书还配有上机实验指导教材,以便更好地为读者提供指导和帮助。

本书内容深入浅出,图文并茂,覆盖了计算机基础知识的方方面面。本书可作为高等学校非计算机专业"计算机基础"课程的教材,也可作为计算机等级考试一级培训教材,还可作为不同层次从事计算机应用的人员的参考书。

本书封面贴有清华大学出版社防伪标签,无标签者不得销售。
版权所有,侵权必究。侵权举报电话: 010-62782989 13701121933

图书在版编目(CIP)数据

大学计算机基础/汪虹等编著. —北京: 清华大学出版社,2012.7(2015.1重印)
(计算机系列教材)
ISBN 978-7-302-28379-9

Ⅰ. ①大… Ⅱ. ①汪… Ⅲ. ①电子计算机－高等学校－教材 Ⅳ. ①TP3

中国版本图书馆 CIP 数据核字(2012)第 050110 号

责任编辑: 魏江江　薛　阳
封面设计: 常雪影
责任校对: 梁　毅
责任印制: 杨　艳

出版发行: 清华大学出版社
　　　　网　　　址: http://www.tup.com.cn, http://www.wqbook.com
　　　　地　　　址: 北京清华大学学研大厦 A 座　　　邮　编: 100084
　　　　社 总 机: 010-62770175　　　邮　购: 010-62786544
　　　　投稿与读者服务: 010-62776969, c-service@tup.tsinghua.edu.cn
　　　　质 量 反 馈: 010-62772015, zhiliang@tup.tsinghua.edu.cn
　　　　课 件 下 载: http://www.tup.com.cn,010-62795954
印 刷 者: 北京四季青印刷厂
装 订 者: 三河市新茂装订有限公司
经　　销: 全国新华书店
开　　本: 185mm×260mm　　　印　张: 20.75　　　字　数: 520 千字
版　　次: 2012 年 7 月第 1 版　　　　　　　　　　印　次: 2015 年 1 月第 4 次印刷
印　　数: 13401～13900
定　　价: 34.00 元

产品编号: 041801-01

前 言

FOREWORD

随着人类步入信息化时代,计算机以各种形式出现在生产和生活的各个领域,已成为人们在经济活动、社会交往和日常生活中不可缺少的工具。是否具有使用计算机的意识和基本技能,即用计算机获取、表示、存储、传输、处理、控制和应用信息,以及协同工作、解决实际问题等方面的能力,已成为衡量一个人文化素质高低的重要标志之一。

为了进一步推动高等学校计算机基础教育的发展,教育部高等学校计算机基础课程教学指导委员会在 2009 年 8 月研究完成了《高等学校计算机基础教学发展战略研究报告暨计算机基础课程教学基本要求》(以下简称《基本要求》)。《基本要求》针对近年来计算机基础教学的发展与现状,准确定位了计算机基础教学应该达到的 4 项"能力结构"要求,即对计算机的认知能力、利用计算机解决问题的能力、基于网络的协同能力和在信息社会中终身学习的能力;明确了计算机基础教学的"知识体系"和"实验体系",并描述了这两大体系中蕴涵的计算机基础教学所包含的所有内容,即 148 个知识单元、873 个知识点和 119 个实验单元以及 529 个技能点,可供不同层次的学校根据教学目标,从中选取若干知识单元、知识点和实验单元、技能点,构建所需课程。《基本要求》为计算机基础课程建设和教材编写提供了重要依据。

我们根据《基本要求》中对"大学计算机基础"课程教学要求以及面向非计算机专业计算机教学的实际需要,结合了多年的教学实践经验,精心编写了这套《大学计算机基础》和《大学计算机基础实验指导》教程。本套教材具有以下特点。

(1) 教材内容紧扣《基本要求》中对"大学计算机基础"课程教学"知识体系"和"实验体系"的要求,体系完整,内容先进,符合高等学校非计算机专业学生特点。

(2) 本套教材内容新颖、深入浅出、循序渐进、实践性强。教材中选用了各种类型且内容丰富的应用实例,并附有一定数量的练习题和实践题。本教材力图反映信息技术的最新成果和发展趋势,在内容上既注重基础理论又突出实用性,注重培养利用计算机解决问题的能力,做到知识性、实用性和可操作性的有机结合。

(3) 注重多维化教材建设,除主教材外,还配套有实验教材、多媒体电子课件和教学网站,能够适应教师指导下的学生自主学习的教学模式。

本教材共分 9 章,第 1 章是基础知识篇,讲述计算机基础知识、计算机系统的组成、信息表示方法,目的是帮助读者理解计算机的基本工作原理和信息表示的基础——二进制等概念；介绍了计算机软硬件方面的最新发展和计算机在各领域中的应用，并介绍了多媒体技术的基本概念，使读者能够了解多媒体信息在计算机中的表示及常见的多媒体信息处理工具。第 2 章讲述微机操作系统的基本概念，重点介绍 Windows XP 的基本应用，配合上机实验指导阅读本章内容，可使读者达到清晰理解并熟练使用 Windows XP 的目的。第 3~5 章以 Microsoft Office 2003 为平台，分别介绍了文字处理软件 Word 2003、电子表格处理软件 Excel 2003 和演示文稿创作软件 PowerPoint 2003 等办公自动化软件的基本概念及使用方法，其中的应用案例和实验指导教材中的练习指导可以帮助读者掌握每个工具的功能、概念和主要操作方法。第 6 章讲述计算机网络的基本知识与主要应用模式，其中的案例可以引导读者成为熟练的网络信息的使用者。第 7 章以 FrontPage 2003 为主介绍网站的创建和网页的基本制作过程，可使初学者快速掌握网页的基本制作方法。第 8 章讲述信息安全的有关知识，使读者了解计算机信息安全是伴随着社会信息化而产生的新问题，要从技术、管理和政策法规等方面建立信息安全的保障体系。第 9 章介绍程序设计的概念和编程方法，使读者对程序设计有一个初步的了解。

  本书由汪虹主编并统稿，项芳莉、韩静、袁琴任副主编。本书的第 1、第 3 章由项芳莉编写，第 2 章由王勇编写，第 4、第 7 章由袁琴编写，第 5、第 9 章由韩静编写，第 6 章由徐安国编写，第 8 章由汪虹编写。黄山学院计算机基础教研室的老师们对教材的修改也提出了许多宝贵的意见和建议，本书的编写也得到了各级领导和清华大学出版社的关心和支持，在此一并表示感谢。

  由于计算机技术发展迅速加上作者水平有限，书中难免有错误和不妥之处，恳请同行和读者批评指正！

编　者
2011 年 9 月

目 录

第1章 计算机基础知识 ··· 1
  1.1 计算机概述 ·· 1
    1.1.1 计算机的发展 ·· 2
    1.1.2 计算机的分类 ·· 3
    1.1.3 计算机的应用 ·· 6
    1.1.4 计算机的特点与性能指标 ·································· 8
  1.2 基于计算机的信息表示 ······································ 10
    1.2.1 信息编码 ·· 11
    1.2.2 数制的基本概念 ·· 12
    1.2.3 数制之间的转换 ·· 13
    1.2.4 数值数据在计算机内的表示 ································ 16
    1.2.5 非数值数据在计算机内的表示 ······························ 19
  1.3 计算机系统 ·· 23
    1.3.1 计算机系统组成 ·· 23
    1.3.2 计算机的工作原理 ·· 26
  1.4 微型计算机系统 ·· 27
    1.4.1 主机系统 ·· 28
    1.4.2 外部设备 ·· 30
    1.4.3 微型计算机软件系统 ······································ 31
  1.5 多媒体技术基础 ·· 32
    1.5.1 多媒体技术的基本概念 ···································· 33
    1.5.2 多媒体计算机系统 ·· 36
    1.5.3 媒体信息的表示 ·· 38
    1.5.4 常用多媒体信息处理工具 ·································· 41
  1.6 本章小结 ·· 43
  1.7 习题 ·· 44

第2章 Windows XP 操作系统 ······································ 46
  2.1 操作系统概述 ·· 46

  2.1.1 操作系统的功能 ………………………………………………… 46
  2.1.2 操作系统的分类 ………………………………………………… 47
  2.1.3 常用操作系统简介 ……………………………………………… 49
2.2 Windows XP 的基本知识和基本操作 …………………………………… 50
  2.2.1 Windows 的家族及发展 ………………………………………… 50
  2.2.2 Windows XP 的运行环境和安装 ……………………………… 52
  2.2.3 Windows XP 的启动、注销与关机 …………………………… 52
  2.2.4 鼠标与键盘 ……………………………………………………… 53
2.3 图形用户界面与操作 ……………………………………………………… 55
  2.3.1 桌面 ……………………………………………………………… 55
  2.3.2 窗口和对话框 …………………………………………………… 58
  2.3.3 菜单 ……………………………………………………………… 61
  2.3.4 剪贴板 …………………………………………………………… 61
  2.3.5 帮助系统 ………………………………………………………… 62
  2.3.6 任务管理器 ……………………………………………………… 62
2.4 文件及文件夹管理 ………………………………………………………… 62
  2.4.1 文件与文件夹的概念 …………………………………………… 62
  2.4.2 资源管理器 ……………………………………………………… 63
  2.4.3 查看文件和文件夹 ……………………………………………… 64
  2.4.4 管理文件和文件夹 ……………………………………………… 66
2.5 系统配置与管理 …………………………………………………………… 72
  2.5.1 设置显示属性 …………………………………………………… 72
  2.5.2 添加／删除输入法 ……………………………………………… 74
  2.5.3 用户账户 ………………………………………………………… 75
  2.5.4 安装/删除程序 …………………………………………………… 75
  2.5.5 添加新硬件 ……………………………………………………… 76
  2.5.6 其他常用设置 …………………………………………………… 76
2.6 Windows XP 的娱乐附件 ………………………………………………… 78
  2.6.1 录音机 …………………………………………………………… 78
  2.6.2 音量控制 ………………………………………………………… 78
  2.6.3 多媒体播放器 Windows Media Player ………………………… 78
2.7 本章小结 …………………………………………………………………… 79
2.8 习题 ………………………………………………………………………… 79

第 3 章 文字处理软件 Word 2003 ……………………………………………… 82

3.1 Word 2003 简介 …………………………………………………………… 82
  3.1.1 Word 2003 的主要功能和特点 ………………………………… 82
  3.1.2 Word 2003 的启动与退出 ……………………………………… 83
  3.1.3 Word 2003 的窗口与视图 ……………………………………… 83

3.2 Word 的文档管理 86
3.2.1 创建文档 86
3.2.2 打开文档 87
3.2.3 保存文档 88
3.2.4 关闭文档 89
3.3 Word 的编辑功能 89
3.3.1 插入操作 89
3.3.2 选择文本 91
3.3.3 复制、移动和删除操作 91
3.3.4 查找和替换操作 92
3.4 Word 的基本排版功能 94
3.4.1 字符的格式排版 94
3.4.2 段落的排版 96
3.4.3 设置段落的边框和底纹 99
3.4.4 项目符号与编号 101
3.4.5 设置分栏 102
3.4.6 首字下沉 103
3.5 表格的处理 103
3.5.1 表格的创建 103
3.5.2 表格的编辑 105
3.5.3 表格的格式设置 106
3.5.4 表格的特殊处理 107
3.5.5 表格的计算与排序 108
3.6 图文混排功能 110
3.6.1 绘制图形 110
3.6.2 插入图片 112
3.6.3 艺术字效果 114
3.6.4 文本框的编排 114
3.6.5 公式编辑器 115
3.6.6 图文混排技术 116
3.7 样式和模板 117
3.7.1 样式的使用 117
3.7.2 模板的使用 118
3.8 页面设置与打印功能 119
3.8.1 页面设置 119
3.8.2 打印文档 121
3.9 Word 高级排版功能 122
3.9.1 域 122
3.9.2 邮件合并 124

3.10 Word 综合案例——论文排版 127
3.11 本章小结 133
3.12 习题 134

第 4 章 电子表格软件 Excel 2003 136

4.1 Excel 2003 基本知识 136
 4.1.1 Excel 2003 功能概述 136
 4.1.2 Excel 2003 的启动和退出 137
 4.1.3 Excel 2003 窗口组成 137
4.2 工作表 138
 4.2.1 工作簿、工作表和单元格 138
 4.2.2 管理 Excel 工作簿 139
 4.2.3 单元格数据的编辑 140
 4.2.4 公式与函数的应用 144
 4.2.5 工作表的编辑和格式化 146
 4.2.6 案例分析 152
4.3 图表 153
 4.3.1 图表的建立 154
 4.3.2 图表的编辑和格式化 155
 4.3.3 案例分析 155
4.4 数据的处理与分析 157
 4.4.1 使用数据清单 157
 4.4.2 数据排序 158
 4.4.3 数据筛选 160
 4.4.4 分类汇总 161
4.5 页面设置和打印 163
 4.5.1 页面设置 163
 4.5.2 打印预览与打印 164
4.6 本章小结 165
4.7 习题 166

第 5 章 演示文稿制作软件 PowerPoint 2003 169

5.1 PowerPoint 2003 的基础知识 169
 5.1.1 PowerPoint 2003 介绍 169
 5.1.2 PowerPoint 2003 的启动和退出 169
 5.1.3 PowerPoint 2003 的工作界面 170
 5.1.4 PowerPoint 2003 的视图 171
5.2 演示文稿的建立与编辑 174
 5.2.1 演示文稿的创建 174

  5.2.2 演示文稿的保存 ··········176
  5.2.3 幻灯片的编辑 ··········177
  5.2.4 案例分析 ··········179
 5.3 演示文稿的格式修饰 ··········180
  5.3.1 设置文本格式 ··········180
  5.3.2 插入和设置对象 ··········181
  5.3.3 幻灯片母版 ··········185
  5.3.4 设计模板 ··········187
  5.3.5 配色方案 ··········188
  5.3.6 幻灯片背景 ··········189
  5.3.7 案例分析 ··········189
 5.4 演示文稿的动画修饰 ··········191
  5.4.1 设置动画效果 ··········191
  5.4.2 设置幻灯片的切换效果 ··········193
  5.4.3 创建交互式演示文稿 ··········194
  5.4.4 案例分析 ··········195
 5.5 演示文稿的放映 ··········196
  5.5.1 排练幻灯片计时 ··········197
  5.5.2 设置演示文稿的放映方式 ··········198
  5.5.3 打包演示文稿 ··········199
  5.5.4 案例分析 ··········200
 5.6 本章小结 ··········200
 5.7 习题 ··········201

第6章 计算机网络应用基础 ··········203

 6.1 计算机网络概述 ··········203
  6.1.1 计算机网络的形成与发展 ··········203
  6.1.2 计算机网络的功能 ··········205
  6.1.3 计算机网络的组成 ··········206
  6.1.4 计算机网络的拓扑结构及分类 ··········211
  6.1.5 计算机网络协议 ··········215
  6.1.6 局域网技术 ··········217
 6.2 Windows系统的网络功能 ··········220
  6.2.1 网络登录设计 ··········220
  6.2.2 资源共享及网络资源的访问 ··········223
  6.2.3 网络驱动器的应用 ··········225
  6.2.4 案例分析 ··········226
 6.3 Internet及应用 ··········227
  6.3.1 Internet概述 ··········227

6.3.2 Internet 接入方式	230
6.3.3 Internet 上的网络地址	232
6.3.4 Internet 浏览器	235
6.3.5 Internet 的信息服务	240
6.3.6 案例应用	243
6.4 本章小结	249
6.5 习题	249

第 7 章 网页制作基础 ··· 252

7.1 网页和网站	252
7.2 FrontPage 2003 的基础知识	252
7.2.1 FrontPage 2003 的主要功能	253
7.2.2 FrontPage 2003 的启动和退出	253
7.2.3 FrontPage 2003 的工作界面	254
7.3 使用 FrontPage 2003 创建网站	257
7.4 使用 FrontPage 2003 制作网页	258
7.4.1 基本网页编辑	258
7.4.2 表格的应用	264
7.4.3 页面元素——图像	265
7.4.4 插入超链接	268
7.4.5 添加表单	270
7.4.6 框架网页	273
7.5 网站的发布	274
7.5.1 网站的测试	274
7.5.2 发布网站	274
7.6 本章小结	275
7.7 习题	275

第 8 章 信息安全基础 ··· 277

8.1 信息安全概述	277
8.1.1 信息系统的安全威胁	277
8.1.2 信息系统的安全需求	278
8.1.3 信息安全等级划分与保护	280
8.2 网络信息安全技术	281
8.2.1 安全策略	281
8.2.2 防火墙技术	282
8.2.3 其他网络安全技术	285
8.3 计算机病毒	287
8.3.1 计算机病毒的定义及特征	287

　　　　8.3.2　计算机病毒的危害 ·· 288
　　　　8.3.3　计算机病毒的种类 ·· 289
　　　　8.3.4　计算机病毒的防治及常见的防病毒软件 ······························· 292
　　8.4　信息产业界道德规范 ·· 293
　　　　8.4.1　计算机的使用与健康保护 ·· 294
　　　　8.4.2　计算机用户的道德准则 ·· 295
　　　　8.4.3　信息产业的政策与法规 ·· 297
　　8.5　本章小结 ·· 299
　　8.6　习题 ·· 300

第9章　程序设计基础 ·· 303

　　9.1　程序设计语言 ··· 303
　　　　9.1.1　程序设计语言的发展 ·· 303
　　　　9.1.2　常用程序设计语言简介 ·· 306
　　9.2　程序设计步骤与方法 ··· 309
　　　　9.2.1　程序设计步骤 ·· 309
　　　　9.2.2　结构化程序设计 ·· 310
　　　　9.2.3　面向对象程序设计 ·· 313
　　9.3　算法与数据结构 ··· 314
　　　　9.3.1　算法 ·· 314
　　　　9.3.2　数据结构 ·· 316
　　9.4　本章小结 ·· 317
　　9.5　习题 ·· 318

参考文献 ··· 320

第 1 章　计算机基础知识

计算机无疑是 20 世纪最伟大的发明之一,它的出现使人类迅速进入了信息社会,彻底改变了人们的社会文化生活,渗入到人类生活的几乎所有方面,并且对人类的整个历史发展都有着不可估量的影响。今天,以计算机、微电子和通信技术为核心的现代信息科学和技术发展迅速,我们已处于以计算机网络为平台的电子政务、电子商务、数字化学习的环境之中,使得人类社会的经济活动和生活方式都产生了前所未有的巨大变化。信息时代计算机不仅是工具,而且是文化。

1.1　计算机概述

在人类文明发展的历史上,计算工具的发明和创造走过了漫长的道路。在 20 世纪 50 年代之前,人工计算一直是主要的计算方法,算盘、对数计算尺、手摇或电动机械计算器一直是人们使用的主要计算工具。到了 20 世纪 40 年代,一方面由于近代科学技术的发展,对计算量、计算精度、计算速度的要求不断提高,原有的计算工具已经满足不了应用的需要;另一方面,计算理论、电子学以及自动控制技术的发展,也为现代电子计算机的出现提供了帮助。

1946 年,由美国宾夕法尼亚大学研制的 ENIAC(Electronic Numerical Integrator and Computer,电子数字积分计算机)标志着第一代电子计算机的诞生。ENIAC 由 1.8 万个电子管组成,占地 180m^2,重达 30t,运算速度为 5000 次/秒,如图 1-1 所示。

图 1-1　THE ENIAC

ENIAC 的主要缺点是存储容量太小,只能存储 20 个字长为 10 位的十进制数,基本上不能存储程序,每次解题都要依靠人工改接连线来编程序。尽管存在许多缺点,但是它为计算机的发展奠定了技术基础。

计算机的诞生标志着人类在长期的生产劳动中制造和使用各种计算工具(如算盘、计算尺、手摇计算机、机械计算机及电动齿轮计算机)的能力,同时也标志着人类电子计算机时代的到来,具有划时代的意义。

1.1.1 计算机的发展

计算机的发展像任何新生事物一样,也经历了一个不断完善的过程。根据计算机所采用的物理元器件的不同(图 1-2),一般将电子计算机的发展划分为以下几个时代。

(a) 电子管　　(b) 晶体管　　(c) 小规模集成电路　　(d) 超大规模集成电路

图 1-2　电子管、晶体管与集成电路

第一代计算机(1946—1958 年)采用电子管作为逻辑元件,用阴极射线管或汞延迟线作为主存储器,外存主要使用纸带、卡片等。程序设计主要使用机器指令或符号指令,为了解决一个问题,所编制的程序很复杂,其应用领域主要是科学计算。

第二代计算机(1959—1964 年)用晶体管代替了电子管,主存储器均采用磁芯存储器,磁鼓和磁盘开始用做主要的外存储器。程序设计使用了更接近于人类自然语言的高级程序设计语言。这一代计算机不仅用于科学计算,还用于数据处理和事务处理,并逐渐用于工业控制。

第三代计算机(1965—1970 年)采用中小规模的集成电路块代替了晶体管等分立元件,半导体存储器逐步取代了磁芯存储器的主存储器地位,磁盘成了不可缺少的辅助存储器,计算机进入了产品标准化、模块化、系列化的发展时期。计算机的管理和使用方式由手工操作完全改变为自动管理,使计算机的使用效率显著提高。在这一时期中,计算机不仅用于科学计算,还用于文字处理、企业管理、自动控制等领域,出现了计算机技术与通信技术相结合的管理信息系统,可用于生产管理、交通管理、情报检索等领域。另外,微型计算机得到了飞速的发展,对计算机的普及起到了决定性的作用。

第四代计算机(1971 年至今)采用大规模和超大规模集成电路。计算机使用的集成电路迅速从中小规模发展到大规模、超大规模的水平。大规模、超大规模集成电路应用的一个直接结果是微处理器和微型计算机的诞生。这一代计算机在各种性能上都得到了大幅度的提高,对应的软件也越来越丰富,其应用已经涉及国民经济的各个领域,已经在办公室自动化、数据库管理、图像识别、语音识别、专家系统等众多领域中大显身手,并且也已进入了家庭。

总之,计算机从诞生到现在的六十多年里,经过了 4 个阶段的发展,计算机的体积越来越小，功能越来越强，价格越来越低，应用越来越广泛。

未来的计算机将以超大规模集成电路为基础，向巨型化、微型化、网络化与智能化的方向发展。

计算机在中国的发展情况是怎样的呢？

在人类文明中发展的历史上中国曾经在早期计算工具的发明创造方面书写过光辉的一页。远在商代，中国就创造了十进制记数方法，领先于世界千余年。中国古代数学家祖冲之，用算筹计算出圆周率在3.141 592 6和3.141 592 7之间。这一结果比西方早近一千年。珠算盘是中国的又一独创，也是计算工具发展史上的第一项重大发明。中国发明创造指南车、水运浑象仪、记里鼓车、提花机等，不仅对自动控制机械的发展有卓越的贡献，而且对计算工具的演进产生了直接或间接的影响。例如，张衡制作的水运浑象仪，可以自动地与地球运转同步，后经唐、宋两代的改进，遂成为世界上最早的天文钟。

记里鼓车则是世界上最早的自动计数装置。提花机原理对计算机程序控制的发展有过间接的影响。中国古代用阳、阴两爻构成八卦，也对计算技术的发展有过直接的影响。莱布尼兹写过研究八卦的论文，系统地提出了二进制算术运算法则。他认为，世界上最早的二进制表示法就是中国的八卦。

经过漫长的沉寂，新中国成立后，中国计算技术迈入了新的发展时期，先后建立了研究机构，在高等院校建立了计算技术与装置专业和计算数学专业，并且着手创建了中国计算机制造业。

1958年和1959年，中国先后制成第一台小型和大型电子管计算机。20世纪60年代中期，中国研制成功了一批晶体管计算机，并配制了ALGOL等语言的编译程序和其他系统软件。20世纪60年代后期，中国开始研究集成电路计算机。20世纪70年代，中国已能批量生产小型集成电路计算机。20世纪80年代以后，中国开始重点研制微型计算机系统并推广应用；在大型计算机，特别是巨型计算机技术方面也取得了重要进展，建立了计算机服务业，逐步健全了计算机产业结构。

2004年6月，每秒运算11万亿次的超级计算机曙光4000A研制成功，它落户上海超算中心，并进入全球超级计算机前10名，从而使中国成为继美国和日本之后，第三个能研制10万亿次高性能计算机的国家。

2009年10月29日，随着第一台国产千万亿次超级计算机"天河一号"在国防科技大学亮相，作为算盘这一古老计算器的发明者，中国拥有了历史上计算速度最快的工具，也使中国成为继美国之后世界上第二个能够自主研制千万亿次超级计算机的国家。

"天河一号"具有每秒钟1206万亿次的峰值速度和每秒563.1万亿次的Linpack实测性能，这个速度意味着，如果用"天河一号"计算一天，一台当前主流微机需要计算160年。"天河一号"的存储量，则相当于4个国家图书馆的藏书量之和。

1.1.2 计算机的分类

按照计算机的运算速度、字长、存储容量、软件配置等多方面的综合性能指标将计算机分为巨型机、大型机、小型机、工作站、微型机等几类，如图1-3所示。

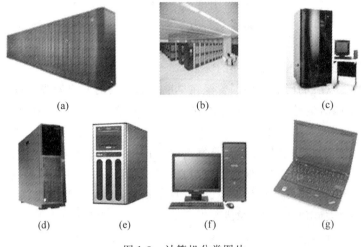

(a)　　　　　　　　(b)　　　　　　　　(c)

(d)　　　(e)　　　(f)　　　(g)

图 1-3　计算机分类图片

1. 巨型机

巨型计算机又称高性能计算机、超级计算机,是指运算速度快、存储容量大,每秒可达 1 亿次以上浮点运算速度,主存容量高达几百兆字节甚至几百万兆字节,字长可达 32～64 位的机器。巨型机是现代科学技术,尤其是国防尖端技术发展的需要。很多国家竞相投入巨资开发速度更快、性能更强的超级计算机。这类机器的价格相当昂贵,主要用于复杂的、尖端的科学研究领域,特别是军事科学计算。由国防科技大学研制的"银河"、"天河一号"和国家智能中心研制的"曙光"都属于这类机器。巨型计算机是世界公认的高新技术制高点和 21 世纪最重要的科学领域之一。

2. 大型机

大型计算机是指通用性能好、外部设备负载能力强、处理速度快的一类机器。其运算速度达 100 万次/秒至几千万次/秒,字长为 32～64 位,主存容量达几十兆字节至几百兆字节。其特点表现为通用性强、综合处理能力强、性能覆盖面广等,主要应用在公司、银行、政府部门、社会管理机构和制造厂家等,通常称大型机为"企业级"计算机。IBM 公司一直在大型主机市场处于霸主地位,DEC、富士通、日立、NEC 也生产大型主机。随着微机与网络的迅速发展,大型主机市场正在逐渐收缩。许多计算中心的大型机正在被高档微机群取代。

3. 小型机

小型机可靠性高,对运行环境要求低,易于操作且便于维护;并且小型机规模小、结构简单,便于及时采用先进工艺。因此小型机对广大用户具有吸引力,加速了计算机的推广和普及。一般小型机应用在工业自动控制、大型分析仪器、测量仪器、医疗设备中的数据采集、分析计算等,也用做大型、巨型计算机系统的辅助机,并广泛运用于企业管理以及大学和研究所的科学计算等。

4．工作站

工作站是一种高档的微机系统。它具有较高的运算速度,既具有大、中、小型机的多任务、多用户能力,又兼具微型机的操作便利和良好的人机界面。它的独到之处是有大容量主存、大屏幕显示器,特别适合计算机辅助工程。其最突出的特点是图形性能优越,具有很强的图形交互处理能力,因此在工程领域,特别是在计算机辅助设计(Computer Aided Design,CAD)领域得到了广泛运用。

5．微型机

微型计算机(简称微机)是以运算器和控制器为核心,加上由大规模集成电路制作的存储器、输入/输出接口和系统总线构成的体积小、结构紧凑、价格低,但又具有一定功能的计算机。

如果把这种计算机制作在一块印刷线路板上,就称为单板机。如果在一块芯片中包含运算器、控制器、存储器和输入/输出接口,就称为单片机。以计算机为核心,再配以相应的外部设备(如键盘、显示器、鼠标器、打印机等)、电源、辅助电路和控制计算机工作的软件,就构成了一个完整的微型计算机系统。

随着计算机芯片的不断微型化,芯片内传输电信号的线路变得越来越小,面临的难度也越来越大,成为制约芯片发展的一大障碍。科学家称,这一难题不解决,计算机芯片很可能10年内就会达到极限,从而使计算机业的发展受到很大限制。目前的计算机从本质上来说,所采用的基本元件仍然未超出四代机的范畴。随着技术的创新和发展,一些新概念计算机也陆续出现,有的甚至开始走出实验室进入到应用领域。

(1)生物计算机(细胞计算机)。科学家通过对生物组织体研究,发现组织体是由无数的细胞组成,细胞由水、盐、蛋白质和核酸等有机物组成,而有些有机物中的蛋白质分子像开关一样,具有"开"与"关"的功能。因此,人类可以利用遗传工程技术,仿制出用这种蛋白质分子作为元件的计算机。科学家把这种计算机叫做生物计算机。利用蛋白质的开关特性,用蛋白质分子作元件构造的集成电路,称为生物芯片。

(2)光子计算机。现有的计算机是由电子来传递和处理信息的。电场在导线中传播的速度虽然比看到的任何运载工具运动的速度都快,但是,从发展高速度计算机的角度来说,采用电子做信息传输载体还不能满足要求。而光子计算机利用光子取代电子,通过光纤进行数据传输、运算和存储。在光子计算机中,用不同波长的光表示数据,这远胜于电子计算机中通过电子"0"、"1"状态变化进行的二进制运算,可以对复杂度高、计算量大的任务实现快速的并行处理。光子计算机将使运算速度在目前的基础上呈指数级提升。

(3)高速超导计算机(约瑟夫逊计算机)。超导计算机是使用超导开关器件和超导存储器的高速计算机。这种计算机的耗电仅为用半导体器件制造的计算机所耗电的几千分之一,它执行一个指令只需十亿分之一秒,比半导体元件快10倍。

(4)神经网络计算机。人脑有140亿个神经元及十亿多个神经键,每个神经元都与数千个神经元交叉相联,神经元的作用相当于一台微型计算机。人脑总体运行速度相当于每秒1000万亿次的计算机功能。用许多微处理机模仿人脑的神经元结构,采用大量的并行分布式网络就构成了神经计算机。神经计算机除有许多处理器外,还有类似神经的节点,每个节点与许多点相连。若把每一步运算分配给每台微处理器,使它们同时运算,其信息处理速度和智能会大大提高。

模仿人类大脑功能的神经计算机已经开发成功,它标志着电子计算机的发展进入了一个新的时期。与以逻辑处理为主的计算机不同,神经计算机本身可以判断对象的性质与状态,并能采取相应的行动,而且它可同时并行处理实时变化的大量数据,并引出结论。以往的信息处理系统只能处理条理清晰,经络分明的数据。而人的大脑却具有能处理支离破碎、含糊不清信息的灵活性。另外,神经计算机的信息不是存在存储器中,而是存储在神经元之间的联络网中。若有节点断裂,计算机仍有重建资料的能力,它还具有联想记忆、视觉和声音识别能力,具有与人脑类似的智慧和灵活性。

神经计算机将会广泛应用于各个领域。它能识别文字、符号、图形、语言以及声纳和雷达收到的信号,判读支票,对市场进行估计,分析新产品,进行医学诊断,控制智能机器人,实现汽车和飞行器的自动驾驶,发现和识别军事目标,进行智能决策和智能指挥等。

(5) 量子计算机。量子计算机是一类遵循量子力学规律进行高速数学和逻辑运算、存储及处理量子信息的物理装置。当某个装置处理和计算的是量子信息,运行的是量子算法时,它就是量子计算机。在经典计算机中,基本信息单位为比特,运算对象是各种比特序列。与此类似,在量子计算机中,基本信息单位是量子比特,运算对象是量子比特序列。在这里存在着经典计算机和量子计算机之间的一个关键的区别:传统计算机遵循着众所周知的经典物理规律,而量子计算机则是遵循着独一无二的量子动力学规律(特别是量子干涉)来实现一种信息处理的新模式。

可以说,新概念计算机将根本改变由 0 和 1 主宰的信息世界。

1.1.3 计算机的应用

计算机的应用领域已渗透到社会的各行各业,正在改变着传统的工作、学习和生活方式,推动着社会的发展。计算机的主要应用领域如下。

1. 科学计算

科学计算也称为数值计算,通常指用于完成科学研究和工程技术中提出的数学问题的计算。科学计算是计算机最早的应用领域。科学计算的特点是计算工作量大、数值变化范围大。利用计算机的高速计算、大存储容量和连续运算的能力,可以实现人工无法解决的各种科学计算问题。

例如,建筑设计中为了确定构件尺寸,通过弹性力学导出一系列复杂方程,长期以来由于计算方法跟不上而一直无法求解。而计算机不但能求解这类方程,并且引起了弹性理论上的一次突破,出现了有限单元法。

2. 信息处理

信息处理也称为非数值计算,是指对大量的数据进行加工处理(如统计分析、合并、分类等)。使用计算机和其他辅助方式,把人们在各种实践活动中产生的大量信息(文字、声音、图片、视频等)按照不同的要求,及时地收集、存储、整理、传输和应用。

目前,数据处理已广泛地应用于办公自动化、企事业计算机辅助管理与决策、情报检索、图书管理、电影电视动画设计、会计电算化等各行各业。信息正在形成独立的产业,多媒体技术使信息展现在人们面前的不仅是数字和文字,也有声情并茂的声音和图像信息。据统计,80%以上的计算机主要用于数据处理,这类工作量大且面宽,决定了计算机应用的主导方向。

3. 计算机辅助设计、计算机辅助制造

计算机辅助设计(CAD),就是用计算机帮助设计人员进行设计。由于计算机有快速的数值计算、较强的数据处理以及模拟的能力,辅助设计系统配有专门的计算程序用来帮助设计人员完成复杂的计算,并配有专业绘图软件用来协助设计人员绘制设计图纸,这使 CAD 技术得到了广泛应用。采用计算机辅助设计后,不但降低了设计人员的工作量,而且提高了设计的速度,更重要的是提高了设计的质量。

计算机辅助制造(Computer Aided Manufacturing,CAM)就是用计算机进行生产设备的管理、控制和操作的过程。计算机辅助设计的产品,可以直接通过专门的加工制造设备自动生产出来。使用 CAM 技术可以提高产品的质量,降低成本,缩短生产周期。

4. 计算机辅助教学和管理

计算机辅助教学(Computer Aided Instruction,CAI)是在计算机辅助下进行的各种教学活动,以对话方式与学生讨论教学内容、安排教学进程、进行教学训练的方法与技术。CAI 为学生提供了一个良好的个人化学习环境,综合应用多媒体、超文本、人工智能和知识库等计算机技术,克服了传统教学方式上单一、片面的缺点。它的使用能有效地缩短学习时间,提高教学质量和教学效率,实现最优化的教学目标。

计算机辅助管理(Computer Managed Instruction,CMI)是计算机支持的教学管理任务的各种应用。

5. 计算机过程控制

过程控制又称实时控制,指用计算机实时采集并检测数据,按最佳值迅速地对控制对象进行自动控制或自动调节。利用计算机对工业生产过程或装置的运行过程进行状态检测并实施自动控制。不仅可以大大提高控制的自动化水平,而且可以提高控制的及时性和准确性,从而改善劳动条件,提高产品质量及合格率。

6. 多媒体技术应用

随着电子技术特别是通信和计算机技术的发展,人们已经有能力把文本、音频、视频、动画、图形和图像等各种媒体综合起来,构成"多媒体"。在医疗、教育、商业、银行、保险、行政管理、军事、工业、广播和出版等领域中,多媒体的应用发展很快。

7. 电子商务等网络应用

计算机网络的建立,不仅解决了一个单位、一个地区、一个国家中计算机与计算机之间的通信,各种软、硬件资源的共享,也大大促进了国际间的文字、图像、视频和声音等各类信

息的传输与处理。随着网络技术的发展,计算机网络应用进一步深入到社会的各行各业,通过高速信息网实现数据与信息的查询、高速通信服务(电子邮件、电视电话、电视会议、文档传输)、电子教育、电子娱乐、电子购物(通过网络选看商品、办理购物手续、质量投诉等)、远程医疗和会诊、交通信息管理等。

8. 人工智能方面的研究和应用

人工智能(Artificial Intelligence,AI)是指计算机模拟人类某些智力行为的理论、技术和应用。

人工智能是计算机应用的一个新的领域,这方面的研究和应用正处于发展阶段,在医疗诊断、定理证明、语言翻译、机器人等方面,已有了显著的成效。例如,用计算机模拟人脑的部分功能进行思维学习、推理、联想和决策,使计算机具有一定"思维能力"。中国已开发成功一些中医专家诊断系统,可以模拟名医给患者诊病开方。机器人是计算机人工智能的典型例子。机器人的核心是计算机。智能机器人具有感知和理解周围环境,使用语言、推理、规划和操纵工具的技能,模仿人完成某些动作。机器人不怕疲劳,精确度高,适应力强,现已开始用于搬运、喷漆、焊接、装配等工作中。机器人还能代替人在危险工作中进行繁重的劳动,如在有放射线、污染有毒、高温、低温、高压、水下等环境中工作。

机器人的两个应用实例"先行者"类人型机器人如图1-4所示,"徘徊者"侦察机器人如图1-5所示。

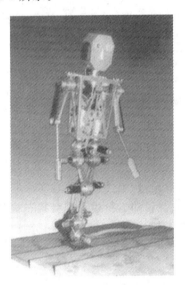

图1-4 "先行者"类人型机器人

图1-5 "徘徊者"侦察机器人

1.1.4 计算机的特点与性能指标

1. 计算机的特点

计算机为什么能深入到人类社会的方方面面?为什么会有那么大的神奇与威力呢?这是因为它有着如下一些特点,而这些是任何其他工具所无法比拟的。

1) 运算速度快

计算机的运算速度又称处理速度,用每秒钟可执行百万条指令(Million Instructions Per Second,MIPS)来衡量。现代一般计算机每秒可运行万亿条指令,巨型机的运行速度可达数百万条指令,数据处理的速度相当快。计算机如此高的数据运行速度是其他任何运算工具所无法比拟的,使得许多过去需要几年甚至几十年才能完成的科学计算,现在只要几天、几个小时,甚至更短的时间就可以完成。计算机处理数据的高速度使得它在商业、金融、交通、通信等领域能达到实时、快速的服务,这也是计算机广泛使用的主要原因之一。例如,国外一位数学家花了15年时间把圆周率算到了小数点后第707位,而这样的工作,现在用计算机不到一个小时就能完成。计算机运算速度快的特点,不仅能极大地提高工作效率,而且使得许多复杂的科学计算问题得以解决,把人们从繁杂的脑力劳动中解放出来。

2) 运算精度高

科学技术的发展,特别是一些尖端科学技术的发展,要求具有高度准确的计算结果。数据在计算机内部都是采用二进制数字进行运算,数的精度主要由表示这个数的二进制码的位数或字长来决定。随着计算机字长的增加和配合先进的计算技术,计算精度不断提高,可以满足各类复杂计算对计算精度的要求。例如,用计算机计算圆周率,目前已可达到小数点后数百万位。

3) 存储容量大

计算机的存储器类似于人类的大脑,可以记忆(存储)大量的数据和信息。存储器不但能够存储大量的数据与信息而且能够快速准确地找到或取出这些信息,使得从浩如烟海的文献资料、数据中查找并且处理信息成为十分容易的事情。例如,微机目前一般的内存容量在几百兆字节甚至上千兆字节。再加上大容量的软盘、硬盘、光盘等外部存储器,实际存储容量已达到海量。计算机的这种存储信息的能力,使它们成为信息处理的有力工具。

4) 具有可靠的逻辑判断力

计算机可以进行算术运算又能进行逻辑运算,具有可靠的逻辑判断能力是计算机的一个重要特点,也是计算机能实现信息处理自动化的重要原因。冯·诺依曼结构计算机的基本思想就是先将程序输入并存储在计算机内,在程序执行过程中,计算机会根据上一步的执行结果,运用逻辑判断方法自动确定下一步该做什么,应该执行哪一条指令。能进行逻辑判断,使计算机不仅能对数值数据进行计算,也能对非数值数据进行处理,使计算机能广泛应用于非数值数据处理领域,如信息检索、图像识别以及各种多媒体应用。

5) 可靠性高和通用性强

由于采用了大规模和超大规模集成电路,计算机具有非常高的可靠性,其平均无故障时间可达到以年为单位。一般来说,无论数值还是非数值的数据,都可以表示成二进制数的编码;无论是复杂的还是简单的问题,都可以分解成基本的算术运算和逻辑运算,并可用程序描述解决问题的步骤。所以,在不同的应用领域中,只要编制和运行不同的应用软件,计算机就能在此领域中很好地服务,通用性极强。

2. 计算机的性能指标

一台计算机的性能是由多方面的指标决定的,不同的计算机其侧重面有所不同。计算机的主要技术性能指标如下。

1) 字长

字长是指计算机的运算部件一次能直接处理的二进制数据的位数,它直接涉及计算机的功能、用途和应用领域,是计算机的一个重要技术性能指标。在完成同样精度的运算时,字长较长的计算机比字长较短的计算机运算速度要快。字长决定计算机的运算精度,字长越长,运算精度就越高。

2) 内存容量

内存储器中能存储信息的总字节数称为内存容量。最小的存储单位是位(bit),但在计算存储容量时常用字节(Byte)作单位(1B=8b)。最常用的单位是千字节(KB,1024B),以及兆字节(MB,1024KB)、吉字节(GB,1024MB)、太字节(TB,1024GB)等。目前一般微机内存容量在1~2GB之间。计算机的应用程序和数据必须调入内存,才能让计算机进行处理,所以当内存的容量越大,存储的数据和程序量就越多,能运行的软件功能就越丰富,处理能力也就越强,因此会加快运算或处理信息的速度。

3) 主频

主频即CPU的时钟频率(Clock Frequency),是指CPU在单位时间内发出的脉冲数,也就是CPU运算时的工作频率。主频的单位是兆赫兹(MHz)。Pentium 4的主频在1吉赫兹(1GHz)以上。在很大程度上CPU的主频决定着计算机的运算速度,主频越高,一个时钟周期里完成的指令数也越多,CPU的速度就越快,因此提高CPU的主频也是提高计算机性能的有效手段。现在有很多的CPU是多核的,如双核、4核、8核甚至16核,如果是这种情况的话,那CPU的实际频率就是主频乘以核的数值,再乘以0.8左右。如4核1.5GHz的CPU的实际能力就是$4 \times 1.5 \times 0.8 = 4.8$(GHz)。

4) 存取周期

存储器完成一次读(取)或写(存)信息所需时间称为存储器的存取(访问)时间。连续两次读(或写)所需的最短时间,称为存储器的存取周期。存取周期是反映内存储器性能的一项重要技术指标,直接影响计算机的速度。微机的内存储器目前都由超大规模集成电路技术制成,其存取周期很短,约为几十到一百纳秒(ns,$1ns = 10^{-9}s$)。

5) 外设配置

外设配置是指计算机的输入/输出设备以及外存储器等,如键盘、鼠标、显示器与显示卡、音箱与声卡、打印机、硬盘和光盘驱动器等。不同用途的计算机要根据其用途进行合理的外设配置。家庭用户购买计算机一方面要考虑外观与家居环境的匹配,另一方面还要考虑计算机的娱乐性能等问题。

除上面列举的5项主要指标外,计算机还应考虑机器的兼容性(Compatibility)、可靠性(Reliability)、可维护性(Maintainability)、机器允许配置的外部设备的最大数目等。综合评价计算机性能的指标是性能价格比,其中性能是包括硬件、软件的综合性能,价格是指整个系统的价格。

1.2 基于计算机的信息表示

在计算机内部,所有的信息(包括数值、字符和指令等)的存储、处理与传送均采用二进制的形式。一个二进制数在计算机内部是以电子器件的两种稳定的物理状态来表示的,用

1表示高电平,用0表示低电平,这两种稳定状态之间能够互相转换,既简单又可靠。二进制数的阅读与书写比较复杂,为了便于阅读和书写,人们又通常用十六进制和八进制,因为十六进制和八进制与二进制之间有着非常简单的对应和转换关系。二进制数与十进制数的对应关系通过数制转换实现。

本节主要讨论不同类型的数据信息在计算机中是如何表示的,以及怎样进行运算,了解计算机中最基本和最常用的一些数据表示方法。数据表示是指能由计算机硬件直接识别的数据类型,它能由计算机指令直接调用。数据表示是一个变化和发展的领域,了解和掌握计算机中数据表示是了解计算机各主要部件工作原理的必要基础。

1.2.1 信息编码

所谓信息编码,就是采用少量基本符号(数码)和一定的组合原则来区别和表示信息。基本符号的种类和组合原则是信息编码的两大要素。现实生活中的编码例子并不少见,例如,用字母的组合表示汉语拼音;用0~9这10个数码的组合表示数值等。

在计算机中,信息编码的基本元素是0和1两个数码,称为二进制码。采用二进制码0和1的组合来表示所有的信息称为二进制编码。

计算机内部采用二进制编码表示信息,其主要原因有以下4点。

1. 容易实现

技术实现简单,计算机是由逻辑电路组成,逻辑电路通常只有两个状态,即开关的接通与断开,这两种状态正好可以用1和0表示。

2. 可靠性高

计算机中实现双稳态器件的电路简单,而且两种状态所代表的两个数码在数字传输和处理中不容易出错,因而电路可靠性高。

3. 运算规则简单

在二进制中算术运算特别简单,加法和乘法各有以下4条运算规则。
加法运算规则:$0+0=0, 0+1=1, 1+0=1, 1+1=10$。
乘法运算规则:$0\times 0=0, 0\times 1=0, 1\times 0=0, 1\times 1=1$。
运算规则简单,有利于简化计算机内部结构,提高运算速度。

4. 易于逻辑运算

计算机的工作离不开逻辑运算,二进制数码的1和0正好与逻辑命题的两个值"真"(True)与"假"(False)相对应,这样就为计算机进行逻辑运算和在程序中的逻辑判断提供了方便,使逻辑代数成为计算机电路设计的数学基础。

虽然计算机内部均采用二进制编码来表示各种信息,但计算机与外部交往(计算机的输入/输出形式)仍采用人们熟悉和便于阅读的形式,如十进制数据、中英文文字显示以及图形描述等。其间的转换,则由计算机操作系统自动完成,并不需要人们手工去做。

1.2.2 数制的基本概念

表示一个数的记数方法称为进位记数制,又称数制。数制的种类很多,如"12 个月为 1 年"采用的是十二进制;"1 小时等于 60 分钟,1 分钟等于 60 秒"采用的是六十进制;"7 天为一周"采用的是七进制,而人们日常学习生活中最熟悉最常用的是十进制。在计算机的数据运算中主要涉及 4 种进制:二进制、十进制、八进制和十六进制。

1. 数制的定义

数制也称记数制,是用一组固定的数码符号和统一的规则来表示数值的方法。学习数制,必须首先掌握数码、基数、位权和进位规则这 4 个概念。

(1) 数码:数制中表示基本数值大小的不同数字符号。

十进制有 10 个数码:0,1,2,3,4,5,6,7,8,9。

二进制有两个数码:0,1。

八进制有 8 个数码:0,1,2,3,4,5,6,7。

十六进制有 16 个数码:0,1,2,3,4,5,6,7,8,9,A,B,C,D,E,F。

(2) 基数:数制中所能使用的数码的个数。

十进制的基数为 10;二进制的基数为 2;八进制的基数为 8;十六进制的基数为 16。

(3) 位权:某一位上的数码所表示数值的大小即位权。对于 R 进制数,整数部分第 i 位的位权为 R^{i-1},而小数部分第 j 位的位权为 R^{-j}。例如,十进制数 123.45,1 的位权是 10^{3-1},2 的位权是 10^{2-1},3 的位权是 10^{1-1},4 的位权是 10^{-1},5 的位权是 10^{-2}。

(4) 记数规则:在各种数制中,有一套统一的记数规则,R 进制的记数规则是"逢 R 进一,或者借一为 R"。

2. 十进制数

十进制记数方法为"逢十进一",一个十进制数(Decimal Notation)的每一位都只有 10 种状态,分别用 0~9 共 10 个数码表示,任何一个十进制数都可以表示为数码与 10 的幂次乘积之和。如十进制数 5138.26 可写成

$$(5138.26)_{10} = 5 \times 10^3 + 1 \times 10^2 + 3 \times 10^1 + 8 \times 10^0 + 2 \times 10^{-1} + 6 \times 10^{-2} \tag{1-1}$$

式(1-1)称为数值按位权多项式展开,其中 10 的各次幂称为十进制数的位权,10 称为基数。

3. 二进制数

基数为 2 的记数制称为二进制(Binary Notation),二进制记数方法为"逢二进一",每一位只有 0 和 1 两个数码表示,位权为 2 的各次幂。任何一个二进制数,同样可以用多项式之和来表示,如

$$(1011.01)_2 = 1 \times 2^3 + 0 \times 2^2 + 1 \times 2^1 + 1 \times 2^0 + 0 \times 2^{-1} + 1 \times 2^{-2}$$

一个二进制数,整数部分的位权从最低位开始依次是 $2^0, 2^1, 2^2, 2^3, \cdots$,小数部分的位权从最高位依次是 $2^{-1}, 2^{-2}, 2^{-3}, \cdots$,其位权与十进制数值的对应关系如表 1-1 所示。

表 1-1　二进制的位权与十进制数值的对应关系

二进制的位权	…	2^7	2^6	2^5	2^4	2^3	2^2	2^1	2^0	2^{-1}	2^{-2}	2^{-3}	…
十进制数值	…	128	64	32	16	8	4	2	1	1/2	1/4	1/8	…

4. 八进制数和十六进制数

八进制数(Octal Notation)的基数为 8,记数方法为"逢八进一",使用 0～7 共 8 个符号,位权是 8 的各次幂。八进制数 1372.05 按位权多项式展开可以表示为:

$$(1372.05)_8 = 1\times 8^3 + 3\times 8^2 + 7\times 8^1 + 2\times 8^0 + 0\times 8^{-1} + 5\times 8^{-2}$$

十六进制数(Hexadecimal Notation)的基数为 16,记数方法为"逢十六进一",使用 0～9 及 A,B,C,D,E,F 共 16 个符号,其中 A～F 的十进制数值为 10～15。位权是 16 的各次幂。十六进制数 2C6A.2F 按位权多项式展开可表示为:

$$\begin{aligned}(2C6A.2F)_{16} &= 2\times 16^3 + C\times 16^2 + 6\times 16^1 + A\times 16^0 + 2\times 16^{-1} + F\times 16^{-2}\\ &= 2\times 16^3 + 12\times 16^2 + 6\times 16^1 + 10\times 16^0 + 2\times 16^{-1} + 15\times 16^{-2}\end{aligned}$$

1.2.3　数制之间的转换

同一个数用不同的数制表示,就存在它们之间的相互转换问题。数制之间的转换包括:非十进制数转换为十进制数;十进制数转换为非十进制数;非十进制之间的转换。

1. R 进制数转化为十进制数

将 R 制数转换为十进制数,可以把任意 R 进制数写成按位权展开成多项式后,再求和,可得到该 R 进制数对应的十进制数。例如:

$$\begin{aligned}(11011.101)_2 &= 1\times 2^4 + 1\times 2^3 + 0\times 2^2 + 1\times 2^1 + 1\times 2^0 + 1\times 2^{-1} + 0\times 2^{-2} + 1\times 2^{-3}\\ &= (27.625)_{10}\end{aligned}$$

$$(2576.1)_8 = 2\times 8^3 + 5\times 8^2 + 7\times 8^1 + 6\times 8^0 + 1\times 8^{-1} = (1406.125)_{10}$$

$$(3AB.48)_{16} = 3\times 16^2 + A\times 16^1 + B\times 16^0 + 4\times 16^{-1} + 8\times 16^{-2} = (939.28125)_{10}$$

2. 十进制数转化为 R 进制数

将一个十进制数转换成 R 进制数,十进制数的整数部分与小数部分的转换方法不同,应分别转换,然后将两部分合并才能得到结果。下面以十进制数转换成二进制数为例说明十进制数转换成 R 进制数转换方法。

1) 整数部分转换方法——除基取余法

先将十进制数的整数部分除以基数 R,取余数,该余数为 R 进制数最低位即第 0 位的数码 D_0;再以求得的商除以基数 R,取余数,即为第 1 位的数码 D_1;以此类推,直到求得商为 0 为止。将所得的余数按序排列所得出的数,就是 R 进制数的整数部分。

【例1-1】 将十进制整数14转换为对应的二进制整数。

解：

$$
\begin{array}{r|l l l}
2 & 14 & 余0 & D_0\text{位} \\
2 & 7 & 余1 & D_1\text{位} \\
2 & 3 & 余1 & D_2\text{位} \\
2 & 1 & 余1 & D_3\text{位} \\
  & 0 & &
\end{array}
$$

由此可得

$$(14)_{10} = \times (1110)_2$$

同理,可将十进制整数通过"除8取余法"或者"除16取余法"转换成八进制或者十六进制整数。

2) 小数部分转换方法——乘基取整法

先将十进制数的小数部分乘以基数R,取其积的整数部分,该整数即R进制小数部分中小数点后第一位的数码D_{-1};再以基数R乘以所得积的小数部分,新积的整数即数码D_{-2};以此类推,直至乘积的小数部分为0,或结果已满足所需精度要求为止。

【例1-2】 将十进制纯小数0.3125转换成对应的二进制纯小数。

解：

$0.3125 \times 2 = 0.6250$ 取整 0 D_{-1}位

$0.6250 \times 2 = 1.25$ 取整 1 D_{-2}位

$0.25 \times 2 = 0.5$ 取整 0 D_{-3}位

$0.5 \times 2 = 1.0$ 取整 1 D_{-4}位

由此可得

$$(0.3125)_{10} = (0.0101)_2$$

多次乘2的过程可能是有限的也可能是无限的。当乘2后的数小数部分等于0时,转换即告结束。当乘2后小数部分总不为0时,转换过程将是无限的,这时应根据精度要求取近似值。若提出精度要求,则按照精度要求取相应位数,若未提出精度要求,则一般小数位数取6位。

同理,可将十进制小数通过"乘8取整法"或者"乘16取整法"转换成相应的八进制小数或者十六进制小数。

3) 十进制混合小数转换成二进制数

混合小数由整数和小数两部分组成。只需要将其整数部分和小数部分分别进行转换,然后再用小数点连接起来即可得到所要求的混合二进制数。

【例1-3】 将十进制数14.3125转换成对应的二进制数。

解： 只要将前面两例的结果用小数点连接起来即可。可得

$$(14.3125)_{10} = (1110.0101)_2$$

3. 二进制数、八进制数和十六进制数之间的转换

八进制数和十六进制数是从二进制数演变而来的,由3位二进制组成1位八进制数,4位二进制数组成1位十六进制数。对于一个兼有整数和小数部分的数,以小数点为界,对

小数点前后的数分别进行处理,不足的位数用 0 补充,对整数部分将 0 补在数的左侧,对小数部分将 0 补在数的右侧。这样数值不会发生差错。

1) 二进制数与八进制数之间的转换

(1) 二进制数转换成八进制数:只需以小数点为界,分别向左、向右,每 3 位二进制数分为一组,最后不足 3 位时用 0 补足 3 位(整数部分在高位补 0,小数部分在低位补 0)。然后将每组分别用对应的 1 位八进制数替换,即可完成转换。

【例 1-4】 将二进制数 11110101.0100101 转换成对应的八进制数。

解: $(011\ \ 110\ \ 101.\ 010\ \ 010\ \ 100)_2$
$(\ 3\ \ \ \ \ 6\ \ \ \ \ 5\ \ .\ \ 2\ \ \ \ \ 2\ \ \ \ \ 4\ )_8$

可得
$$(11110101.0100101)_2 = (365.224)_8$$

(2) 八进制数转换成二进制数:由于八进制数的 1 位相当于 3 位二进制数,因此,只要将每位八进制数用相应的三位二进制数替换,即可完成转换。

【例 1-5】 将八进制数 412.367 转换成对应的二进制数。

解: $(\ \underline{4}\ \ \ \ \ \underline{1}\ \ \ \ \ \underline{2}\ .\ \underline{3}\ \ \ \ \ \underline{6}\ \ \ \ \ \underline{7}\ )_8$
$(\ 100\ \ \ \ 001\ \ \ \ 010\ .\ 011\ \ \ 110\ \ \ 111\ )_2$

可得
$$(412.367)_8 = (100001010.011110111)_2$$

2) 二进制数与十六进制数之间的转换

仿照二进制数与八进制数之间的转换方法,很容易得到二进制数与十六进制数之间的转换方法。

(1) 二进制数转换成十六进制数:对于二进制数转换成十六进制数,只需以小数点为界,分别向左向右,每 4 位二进制数分为 1 组,不足 4 位时用 0 补足 4 位(整数在高位补 0,小数在低位补 0)。然后将每组分别用对应的 1 位十六进制数替换,即可完成转换。

【例 1-6】 将二进制数 1011010111.0111101 转换成对应的十六进制数。

解: $(\underline{0010}\ \ \ \underline{1101}\ \ \ \underline{0111}.\underline{0111}\ \ \ \underline{1010})_2$
$(\ \ 2\ \ \ \ \ \ \ D\ \ \ \ \ \ \ 7\ \ .\ \ 7\ \ \ \ \ \ \ A\ )_{16}$

可得
$$(1011010111.0111101)_2 = (2D7.7A)_{16}$$

(2) 十六进制数转换成二进制数:对于十六进制数转换成二进制数,只要将每位十六进制数用相应的 4 位二进制数替换,即可完成转换。

【例 1-7】 将十六进制数 6C5.1F 转换成对应的二进制数。

解: $(\ 6\ \ \ \ \ C\ \ \ \ \ 5\ .\ 1\ \ \ \ \ F\ )_{16}$
$(\ 0110\ \ \ 1100\ \ \ 0101.\ 0001\ \ \ 1111\ )_2$

可得
$$(6C5.1F)_{16} = (11011000101.00011111)_2$$

3) 八进制数与十六进制数之间的转换

简单的方法是,用上述方法将八进制数转换成二进制数,再将此二进制数转换成十六进制数,反之亦然。

从以上可看出,用八进制或十六进制书写要比二进制书写简短,而且又很容易转换成二进制数,因此,计算机工作者经常使用八进制或十六进制数。为清晰起见,常在数字后面加字母 B 表示二进制数(Binary),用 O 表示八进制数(Octal),用 H 表示十六进制数(Hexadecimal),用 D 或不加字母表示十进制数(Decimal),也可在数的右下角注明数制。例如:$(110110.11)_2$ 和 110110.11B 都表示二进制数 110110.11。

表 1-2 列出了常用的十、二、八和十六进制数的表示及其相互之间的对应关系。

表 1-2 4 种进位制对照表

十进制	二进制	八进制	十六进制	十进制	二进制	八进制	十六进制
0	0	0	0	8	1000	10	8
1	1	1	1	9	1001	11	9
2	10	2	2	10	1010	12	A
3	11	3	3	11	1011	13	B
4	100	4	4	12	1100	14	C
5	101	5	5	13	1101	15	D
6	110	6	6	14	1110	16	E
7	111	7	7	15	1111	17	F

1.2.4 数值数据在计算机内的表示

数据信息是计算机加工处理的对象,可以分为数值数据和非数值数据。数值数据有确定的值,并在数轴上有对应的点。非数值数据一般用来表示符号或文字,它没有值的含义。

数值数据在计算机内的表示,要涉及数的长度和符号如何确定、小数点如何表示等问题。

1. 无符号整数格式

无符号整数就是没有符号的整数,它的范围介于 0 到 $+\infty$ 之间。然而,由于计算机不可能表示这个范围的所有整数,因此,计算机通常都定义了一个最大无符号整数的常量。这样,无符号整数的范围就介于 0 到该常量之间。而最大无符号整数则取决于计算机中分配用于保存无符号整数的二进制位数有多少。若某计算机分配用于表示一个无符号整数的二进制位数为 N,则该计算机所能表示的无符号整数的范围为:$0 \sim 2^N - 1$。

存储无符号整数的过程可以简单地概括为以下两步。

(1) 将整数转换为二进制形式。

(2) 如果二进制位数不足 N 位,则在二进制的左边补 0,使它的总数为 N 位。

【例 1-8】 将 15 存储在 8 位字长的存储单元中。

解:首先将 15 转换成二进制数 1111;然后加 4 个 0 使总数为 8 位,得到 00001111;最后将该数存储在存储单元中。

如果试图将一个较大的数(超出计算机所能表示的范围)存储在一个字长较短的存储单元中,则会发生称为溢出的情况。

2. 数的符号表示

1) 机器数与真值

人们通常在数据的绝对值前面加上"+"和"−"来表示数的正和负,然而在计算机中符号必须数码化。通常采用的方法是在数据的前面增设一位符号位,0 表示"+",1 表示"−"。这种在计算机中连同数符一起数码化的数被称为机器数。而按一般习惯书写的形式,即正负号加绝对值表示的数称为机器数的真值。

例如：　　　　真值　　　　　　　机器数
　　　　　　+1011101　　　　　01011101
　　　　　　−1011101　　　　　11011101

计算机中常用的机器数表示方法有三种：原码、反码、补码。

2) 原码表示法

原码是机器数中最简单、最直观的一种表示方法,它约定：数码序列中的最高位为符号位,符号位为 0 表示该数为正,为 1 表示该数为负;有效数值部分(假设为 n 位二进制,下同)则用二进制的绝对值表示。因此,这种方法也称为符号加绝对值表示法。例如：

$X = +1101001B$,其原码表示为 $[X]_原 = 01101001$。

$X = -1101001B$,其原码表示为 $[X]_原 = 11101001$。

原码的主要性质有：

(1) 0 的原码表示不是唯一的,它有两种表示形式,即

　　　　　　$[+0]_原 = 00000000$　　　　　　$[-0]_原 = 10000000$

(2) 符号位不是数值的一部分,它们是人为约定"0 表示正,1 表示负",所以符号位在运算过程中需要单独处理,不能当作数值的一部分直接参与运算。

(3) 原码表示的定点小数,其范围为 $1-2^{-n} \geqslant X \geqslant -1+2^{-n}$,即 $|X| \leqslant 1-2^{-n}$。原码表示的定点整数,其范围为 $2^n-1 \geqslant X \geqslant -2^n+1$,即表示范围限制在 $|X| \leqslant 2^n-1$。

3) 反码表示法

反码也是机器数的一种表示法,求反码时,正数的反码与其原码相同,负数的反码符号位为 1,其余各位按位取反,即 0 变为 1,1 变为 0 即可。例如：

$X = +1101001B$,其反码表示为 $[X]_反 = 01101001$。

$X = -1101001B$,其反码表示为 $[X]_反 = 10010110$。

0 的反码表示也有两种形式,即为：

　　　　　　$[+0]_反 = 00000000$　　　　　　$[-0]_反 = 11111111$

4) 补码表示法

补码表示法是目前计算机中最重要、应用最广泛的数据表示法。设置补码表示法的目的有两个：一个是使符号位也作为数值的一部分直接参与运算,简化加减运算方法,节省运算时间;二是使减法运算转化为加法运算,从而进一步简化计算机中运算器的线路设计。

求补码时,正数的补码与其原码相同,负数的补码等于模(即 2^n)减去它的绝对值。通常求负数的补码可以采用以下的由原码求出补码的简便方法：即是将原码符号位保持 1 之后,其余各位按位取反,末位再加 1 便得到补码,也即是取该数的反码再加 1,即 $[X]_补 = [X]_反 + 1$。这条规律可简称为"变反加 1"。

0 在补码表示中只有唯一的编码,即 $[+0]_补 = [-0]_补 = 00000000$。

【例 1-9】　若 $X = 0.1011011B$,求 X 的原码、反码和补码。

解：$[X]_原 = [X]_反 = [X]_补 = 0.1011011$

【例 1-10】　若 $X = -1011011$,求 X 的原码、反码和补码。

解：$[X]_原 = 11011011$，$[X]_反 = 10100100$，$[X]_补 = 10100101$

3. 数的定点表示和浮点表示

计算机处理的数有整数也有实数。实数有整数部分也有小数部分。机器数的小数点的位置是隐含规定的。若约定小数点的位置是固定的，这就是定点表示法；若小数点的位置是可以变动的，则为浮点表示法。它们不但关系到小数点的问题，而且关系到数的表示范围、精度以及电路复杂程度问题。

1) 数的定点表示

有定点小数表示和定点整数表示两种。

(1) 定点小数表示法：小数点的位置固定在最高有效数位之前，符号位之后，记做 $X_0.X_1X_2\cdots X_n$，这个数是一个纯小数，如图 1-6 所示。

(2) 定点整数表示法：小数点位置隐含固定在最低有效数位之后，记做 $X_0X_1X_2\cdots X_n$，这个数是一个纯整数，如图 1-7 所示。

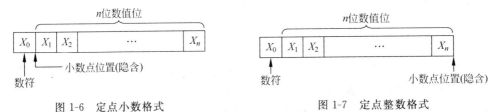

图 1-6　定点小数格式　　　　图 1-7　定点整数格式

原码定点整数的表示范围为：$-(2^n-1) \sim (2^n-1)$。

补码定点整数的表示范围为：$-2^n \sim (2^n-1)$。

在定点表示法中，参加运算的数以及运算的结果都必须确定在该定点数所能表示的数值范围内。如遇到绝对值小于最小正数的数，被当作机器 0 处理，称为"下溢"；而大于最大正数和小于绝对值最大负数的数，统称为"溢出"，这时计算机将暂时中止运算操作，去进行溢出处理。

只能处理定点数的计算机称为定点计算机，在这种计算机中机器指令调用的所有操作数都是定点数。然而，实际需要计算机处理的数往往是混合数，它既有整数部分又有小数部分，此时需要设定一个比例因子，否则会产生"溢出"。

2) 浮点数

在科学计算中，常常会遇到非常大或非常小的数值，例如，电子质量为 9×10^{-28} g，太阳质量为 2×10^{33} g，对这类数据如果采用定点运算，很容易出现较大的误差，或者根本就算不出结果。因此，在计算机中引入了浮点数表示数值。

计算机多数情况下用浮点数表示数值，它与科学记数法相似，把一个二进制数 N 通过移动小数点位置表示成阶码和尾数两部分：

$$N = S \times 2^E$$

其中：E——N 的阶码，是有符号的整数。

S——N 的尾数，是数值的有效数字部分，一般规定取二进制定点纯小数形式。

例如下列二进制数的浮点数表示为：

$$(1011101)_2 = 0.1011101 \times 2^{+111};$$

$$(101.1101)_2 = 0.1011101 \times 2^{+11};$$
$$(0.01011101)_2 = 0.1011101 \times 2^{-1}。$$

计算机中浮点数的机器数表示格式如图1-8所示。浮点数由阶码和尾数两部分组成，底数2在机器数中不出现，是隐含的。阶码的正负符号E_0，在最前位，阶码反映了数N小数点的位置，常用补码表示。二进制数N小数点每左移一位，阶码增加1。二进制数N小数点每右移一位，阶码减少1。

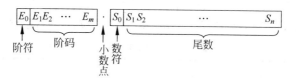

图1-8　浮点数的格式

【例1-11】　写出二进制数$(-101.1101)_2$的浮点数形式，设阶码取4位补码，尾数是8位原码。

解：$-101.1101 = -0.1011101 \times 2^{+11}$

则浮点数的机器数表示形式为：

$$0011\ 11011101$$

其中，阶码0011中的最高位"0"表示指数的符号是正号，后面的"011"表示指数是"3"；尾数11011101的最高位"1"表明整个小数是负数，余下的1011101是真正的尾数。

浮点数运算后结果必须化成规格化形式，所谓规格化，是指对于原码尾数来说，应使最高位数字$S_1=1$，如果不是1且尾数不是全0时就要移动尾数直到$S_1=1$，阶码相应变化，保证N值不变。

【例1-12】　若计算机浮点数格式如下：阶码部分用4位（阶符占一位）补码表示；尾数部分用8位（数符占一位）规格化补码表示，写出$(0.0001011)_2$的规格化浮点数的机器数表示形式。

解：$(0.0001011)_2 = 0.1011 \times 10^{-3}$

$[-3]_补 = (1101)_2$

所以$(0.0001011)_2$的规格化浮点数的机器数表示形式是：

$$1101\ 01011000$$

1.2.5　非数值数据在计算机内的表示

所谓非数值数据，是指字符、字符串、图像、音频和汉字等各种数据，它们通常不用来表示数值的大小，一般情况下不对它们进行算术运算。非数值数据在计算机内的表示本质上是编码的过程。

1. 西文字符

计算机中用得最多的非数值数据是字符和字符串，它是人和计算机相互作用的桥梁。例如，在大多数计算机系统中，操作人员通过键盘上的字符键向计算机输入各种操作命令和原始数据；计算机则把处理的结果以字符的形式输出到显示终端或打印机上，供操作者使用。

由于计算机内部只能识别和处理二进制代码，所以这些字符必须按照一定的规则用一组二进制编码来表示。字符编码方式有很多种，现在用得最广泛的是美国国家信息交换标准字符码（American Standard Code for Information Interchange，ASCII）。

常见的 ASCII 码用 7 位二进制表示一个字符，它包括 10 个十进制数字（0～9）、英文大写和小写共 52 个字母（A～Z,a～z）、34 个专用符号和 32 个控制符号，共计 128 个字符，如表 1-3 所示。其排列次序为 $d_6d_5d_4d_3d_2d_1d_0$，d_6 为最高位，d_0 为最低位。

表 1-3 ASCII 字符编码

$d_3d_2d_1d_0$ \ $d_6d_5d_4$	000	001	010	011	100	101	110	111
0000	NUL	DLE	SP	0	@	P	`	p
0001	SOH	DC1	!	1	A	Q	a	q
0010	STX	DC2	"	2	B	R	b	r
0011	ETX	DC3	#	3	C	S	c	s
0100	EOT	DC4	$	4	D	T	d	t
0101	END	NAK	%	5	E	U	e	u
0110	ACK	SYN	&	6	F	V	f	v
0111	BEL	ETB	,	7	G	W	g	w
1000	BS	CAN	(	8	H	X	h	x
1001	HT	EM	)	9	I	Y	i	y
1010	LF	SUB	*	:	J	Z	j	z
1011	VT	ESC	+	;	K	[	k	{
1100	FF	FS	'	<	L	\	l	|
1101	CR	GS	-	=	M	]	m	}
1110	SO	RS	.	>	N	↑	n	~
1111	SI	US	/	?	O	↓	o	DEL

常用的控制字符的作用如下。

BS(Back Space)：退格；　　　HT(Horizontal Table)：水平制表；
LF(Line Feed)：换行；　　　　VT(Vertical Table)：垂直制表；
FF(Form Feed)：换页；　　　　CR(Carriage Return)：回车；
CAN(Cancel)：取消；　　　　　ESC(Escape)：换码；
SP(Space)：空格；　　　　　　DEL(Delete)：删除。

计算机的内部存储与操作以字节为单位，即以 8 个二进制位为单位。因此，一个字符在计算机内实际是用 8 位存储。正常情况下，最高位 d_7 为 0。在需要奇偶校验时，这一位可用于存放奇偶校验位的值，此时称该位为校验位。

西文字符除了常用的 ASCII 编码外，还有一种扩展的二-十进制交换码（Extended Binary Coded Decimal Interchange Code，EBCDIC 码），这种字符编码主要用在大型机器中。

2. 中文字符

汉字的字数繁多，字形复杂，读音多变，常用汉字有七千个左右。要在计算机中表示汉字,最方便的方法是为汉字安排一个编码,而且要使这些编码与西文字符和其他字符有明显的区别。

在汉字信息处理系统中,首先要解决汉字输入计算机的问题,也就是说,要先将汉字编成汉字输入码,并输入计算机。在计算机内部又必须将汉字输入码转换成汉字机内码,才能进行信息处理及存储。待处理完毕之后,再把汉字机内码转换成汉字字形码,以供显示或打印。

1) 汉字国标码

1981年我国国家标准总局公布了 GB 2312—80,即《信息交换用汉字编码字符集——基本集》,简称国标码。该标准共收集常用汉字6763个,其中一级汉字3755个,按拼音排序;二级汉字3008个,按部首排序;另外还有各种图形符号682个,共计7445个。

GB 2312—80 规定每个汉字、图形符号都用两个字节表示,每个字节只使用低7位编码,因此最多能表示出 $128\times128=16\,384$ 个汉字。例如:"巧"字的国标码是3941H,"啊"字的国标码是3021H。

2) 机内码

因为汉字处理系统要保证中西文的兼容,当系统中同时存在ASCII码和汉字国标码时,将会产生二义性。例如:有两个字节的内容为30H和21H,它既可表示汉字"啊"的国标码,又可表示西文"0"和"!"的ASCII码。为此,汉字机内码应对国标码加以适当处理和变换。

常用的汉字机内码为两字节长的代码,它是在相应汉字国标码的每个字节最高位上加1,即汉字机内码=汉字国标码+8080H。例如,上述"啊"字的国标码是3021H,其汉字机内码则是B0A1H。

3) 字形码

为了将汉字在显示器或打印机上输出,把汉字按图形符号设计成点阵图,就得到了相应的点阵代码(字形码)。

用于显示的字库叫显示字库。显示一个汉字一般采用 16×16 点阵或 24×24 点阵或 48×48 点阵。已知汉字点阵的大小,可以计算出存储一个汉字所需占用的字节空间。

【例 1-13】 用 16×16 点阵表示一个汉字,就是将每个汉字用16行,每行16个点表示,一个点需要1位二进制代码,16个点需用16位二进制代码(即2个字节),共16行,所以需要16行×2字节/行=32字节,即 16×16 点阵表示一个汉字,字形码需用32字节。即:字节数=点阵行数×(点阵列数/8)。用 16×16 点阵表示一个汉字"你",如图1-9所示。

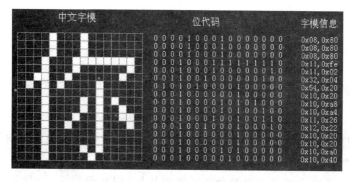

图 1-9 "你"的字形码

用于打印的字库叫打印字库,其中的汉字比显示字库多,而且工作时也不像显示字库需调入内存。

4) 输入码

为了能直接使用西文标准键盘进行输入,必须为汉字设计相应的编码方法,汉字输入码是为了将汉字通过键盘输入计算机而设计的代码。汉字编码方法主要分为三类:数字编码、拼音码和字形编码。

数字编码就是用数字串代表一个汉字的输入,常用的是国标区位码。国标区位码根据国家标准局公布的 6763 个两级汉字(一级汉字有 3755 个,按汉语拼音排列;二级汉字有 3008 个,按偏旁部首排列)分成 94 个区,每个区分 94 位,实际上是把汉字表示成二维数组,区码和位码各两位十进制数字,因此,输入一个汉字需要按键 4 次。

拼音码是以汉语读音为基础的输入方法。由于汉字的同音字太多,输入重码率很高,因此,按拼音输入后还必须进行同音字选择,影响了输入速度。目前常用的有全拼输入法、智能 ABC 输入法、紫光拼音输入法、谷歌拼音输入法等。

字形编码是以汉字的形状确定的编码。汉字的总数虽多,但都是由一笔一画组成,全部汉字的部首和笔画是有限的。因此,把汉字的部首和笔画用字母或数字进行编码,按笔画书写的顺序依次输入,就能表示一个汉字。五笔字型、表形码等便是这种编码法。

计算机处理中文字符,为在计算机内表示汉字而统一的编码方式形成汉字编码叫机内码,机内码是唯一的。为方便汉字输入而形成的汉字编码为输入码,属于汉字的外码,输入码因编码方式不同而不同,是多种多样的。为显示和打印输出汉字而形成的汉字编码为字形码,计算机通过汉字内码在字模库中找出汉字的字形码,实现其转换。汉字信息处理中各编码及流程如图 1-10 所示。其中虚框中的编码是对国标码而言的。

图 1-10　汉字处理信息系统的模型

3. 声音媒体的数字化

声音本身是一种具有振幅和频率的波,通过麦克风可以把它转为模拟电信号,称为模拟音频信号。模拟音频信号要送入计算机,则需要经过"模拟/数字(A/D)"转换电路通过采样和量化转变成数字音频信号。计算机才能对其进行识别、处理和存储。数字音频信号经过计算机处理后,播放时,又需要经过"数字/模拟(D/A)"转换电路还原为模拟信号,放大输出到扬声器。

4. 视觉信息的数字化

视觉信息分为静态和动态图像两大类,静态图像根据原理不同又分为位图图像和矢量图形两类,动态图像又分为视频和动画两类,习惯上将通过摄像机拍摄得到的动态图像称为视频,而由计算机或绘画方法生成的动态图像称为动画。

在计算机中,使用视频采集卡配合视频处理软件,把从摄像机、录像机和电视机这些模拟信息源输入的模拟信号转换成数字视频信号,有的视频采集设备还能对转换后的数字视频信息直接进行压缩处理并转存起来,以利于对其做进一步的编辑和处理。

总之,计算机中处理的数值型数据和非数值型数据在计算机内部全部是二进制形式。有关声音、图像等方面的知识,请参阅第 1.5 节。

1.3 计算机系统

虽然计算机的制造技术从计算机出现到今天已经发生了极大的变化,但在基本的硬件结构方面还是一直沿袭美籍匈牙利数学家冯·诺依曼在 1946 年提出的计算机体系结构的思想来进行设计,即冯·诺依曼结构。其特点概括如下。

1. 计算机的硬件结构

计算机硬件应由运算器、控制器、存储器、输入设备和输出设备 5 大基本部件组成。

2. 采用二进制

计算机内部采用二进制。二进制数与十进制数之间的转换相当容易。人们使用计算机时可以仍然使用自己所习惯的十进制数,而计算机将其自动转换成二进制数存储和处理,输出处理结果时又将二进制数自动转换成十进制数,这给工作带来了极大的方便。

3. 存储程序、程序控制原理

为解决某个问题,需事先编制好程序。程序是由一系列指令组成的。程序输入到计算机中,存储在内存中(存储原理),在运行时,控制器按地址顺序取出存放在内存储器中的指令(按地址顺序访问指令),然后分析指令,执行指令的功能,遇到转移指令时,则转移到转移地址,再按地址顺序访问指令(程序控制)。

1.3.1 计算机系统组成

计算机是一种能独立对各种信息进行快速处理的电子设备。一个完整的计算机系统应该包括硬件系统和软件系统两大部分,其结构如图 1-11 所示。

硬件系统一般指用电子器件和机电装置组成的计算机实体,是指物理上存在的机器部件,是计算机系统的物质基础。软件系统是为运行、管理和维护计算机而编制的各种程序、数据和文档的总称。

硬件是躯体,是物质基础;软件是智慧,是灵魂,是硬件功能的完善与扩充。没有硬件,或者没有良好的硬件,就无从谈起运行软件,也就无法计算、处理某一方面的问题。没有软件,或者没有优秀的软件,计算机就是一个空壳,根本无法工作,或者不能高效率地工作。因此,硬件与软件是相互渗透、相互依存、互相配合、互相促进的关系,二者缺一不可。硬件与软件的组合构成了实用的计算机系统。

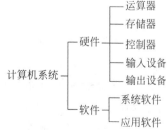

图 1-11 计算机系统的基本组成

1. 计算机硬件系统的组成

计算机硬件系统通常由控制器、运算器、存储器、输入设备和输出设备5大部分组成。

1) 运算器

运算器又叫算术逻辑单元(Arithmetic Logic Unit,ALU),主要完成算术运算和逻辑运算,是对信息进行加工和处理的部件。

2) 控制器

控制器是计算机的指挥中心,用来协调和指挥整个计算机系统的操作。

运算器和控制器是计算机的核心,它们被集成到一块芯片中,称为中央处理器(Central Processing Unit),简称CPU。

3) 存储器

存储器是存储信息的重要功能部件,它分为内存储器和外存储器。

(1) 内存储器:内存储器又称为主存储器,简称内存,用来存放当前正在使用的或随时要使用的程序或者数据。因此,需要处理的数据和需要执行的程序都必须先装入内存中,才能被处理和执行。

微型机的内存通常分为RAM(随机存储器)和ROM(只读存储器)两种。前者可读可写,掉电后信息丢失;后者只读不写,掉电后信息不丢失。

(2) 外存储器:外存储器又称为辅助存储器,简称外存。外存中的数据应先调入内存,再由CPU进行处理。微型机常见的外存有磁盘、光盘、磁带等。

内存和外存虽然同为存储器,但有很大的区别。内存速度快,外存速度慢;内存容量小,外存容量大;大部分内存是不能长期保存信息的随机存储器(RAM,断电后信息丢失),而存放在外存中的信息可以长期保存。

4) 输入设备

输入设备接收用户输入的数据和程序,并将其转换为计算机能够识别的机器语言存放到内存中。常见的输入设备有键盘、鼠标、扫描仪等。

5) 输出设备

输出设备是将计算机处理后的结果转换成人们能够识别的形式。常见的输出设备有显示器、打印机、音箱等。

2. 计算机软件系统的组成

计算机软件系统由系统软件和应用软件组成,如图1-12所示。

1) 系统软件

系统软件是计算机厂家为实现计算机系统的管理、调度、监视和服务等功能而提供给用户使用的软件。它位于计算机系统中最靠近硬件的一层,与具体应用领域无关,但其他软件一般均要通过它才能发挥作用。系统软件的目的是方便用户,提高使用效率,扩充系统功能。系统软件一般

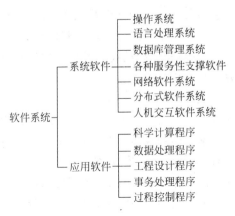

图1-12 计算机软件系统的分类

包含操作系统、语言处理系统、数据库管理系统、各种服务性支撑软件分布式软件系统、网络软件系统、人机交互软件系统。

(1) 操作系统：操作系统 OS(Operating System)是管理和控制计算机各种资源、自动调度用户作业程序、处理各种中断的系统软件。它是用户和计算机之间的接口，提供了软件开发环境和运行环境。操作系统是系统软件的核心，一般包括存储管理、设备管理、信息管理、作业管理等，其性能在很大程度上决定了整个计算机系统工作的优劣。操作系统的规模和功能可大可小，随不同的要求而异。操作系统的种类很多，如 IBM AS/400 使用的 OS/400，Digital 计算机使用的 Open VMS，现代个人计算机目前广泛配备的操作系统有 DOS，微软公司的 Windows 以及 UNIX、Linux 等。新的面向各种应用的操作系统还在不断产生。

(2) 语言处理系统：计算机能识别的语言与它直接能执行的语言并不一致。计算机能识别的语言种类较多，例如汇编语言、BASIC 语言、C 语言、Java 语言等。它们都有相应的基本符号及语法规则，用这些语言编写的程序叫源程序。而计算机能直接执行的只有机器语言，用机器语言构成的程序叫目标程序。用户用程序设计语言编写的源程序必须通过语言处理程序进行转换才能运行。

语言处理系统包括各种类型的语言处理程序，如解释程序、汇编程序、编译程序、编辑程序、装配程序等。例如解释程序与编译程序，前者对源程序的处理采用边解释、边执行的方法，并不生成目标程序，称之为解释执行；后者则须先将源程序转换成目标程序后，才能开始执行，称之为编译执行。

(3) 数据库管理系统：数据库管理系统是用于支持数据管理和存取的软件，它包括数据库及其管理系统。

数据库(Database)是相互关联的、在某种特定数据模式指导下组织而成的各种类型数据的集合。也就是说，数据库是长期储存在计算机内、有组织、可共享的数据集合。数据库中的数据按一定的数据模型组织、描述和储存，具有较小的冗余度、较高的数据独立性和易扩展性，并可为各种用户共享。

数据库管理系统简称 DBMS(Database Management System)，是为数据库的建立、使用和维护而配置的软件。它建立在操作系统的基础上，对数据库进行统一的管理和控制。一般包括模式翻译、应用程序的编译、交互式查询、数据的组织与存取、事务运行管理、数据库的维护等。

(4) 分布式软件系统：这是管理和支撑分布式计算机系统的软件，即管理分布式计算机系统资源，控制分布式程序的运行，提供分布式程序设计语言和工具，提供分布式文件系统管理和分布式数据库管理系统等。一般包括分布式操作系统、分布式程序设计语言及其编译程序、分布式 DBMS、分布式算法及软件包、分布式开发工具包等。

(5) 网络软件系统：这是在计算机网络环境中用于支持数据通信和各种网络活动的软件系统。它包括通信软件、网络协议软件、网络应用系统、网络服务管理系统以及用于特殊网络站点的软件等。

(6) 人机交互软件系统：这是提供用户与计算机系统之间按照一定的约定进行信息交互的软件系统，它可为用户提供一个友善的人机界面。一般包括人机接口软件、命令语言及其处理系统、用户接口管理系统、多媒体软件、超文本软件等。

(7) 各种服务性支撑软件：支撑软件是用于支撑软件开发与维护的软件。随着计算机科学技术的发展，软件的开发与维护所占的比重越来越大。支撑软件的研究与开发，对软件的发展有着重大的意义。软件开发环境（Software Development Environment）是现代支撑软件的代表，它是支持软件产品开发的软件系统，由软件工具和环境集成机制构成，前者用来支持软件开发的相关过程、活动和任务，后者为工具集成和软件开发、维护及管理提供统一的支持。

2) 应用软件

应用软件是用户为解决某个特定应用领域的实际问题而编制的程序。计算机的应用领域极为广泛，几乎没有一个部门可以完全不用计算机。例如，解决科学与工程计算问题的科学计算软件，实现生产过程自动化的控制软件，用于企业管理的管理软件，具有人工智能的专家系统，以及计算机辅助设计、辅助制造和辅助教学的软件，智能产品嵌入式软件，办公自动化软件等。应用软件在计算机的推广应用方面大显身手，使得传统的产业部门面貌一新，并且创造了巨大的经济效益和社会效益。

1.3.2 计算机的工作原理

计算机的工作过程实质是执行程序的过程，而执行程序的过程就是逐条执行指令的过程，因此，了解指令执行过程是了解计算机工作过程的基础。通过指令执行过程的讨论，还将具体地了解计算机各组成部件是如何协调工作的以及它们之间的功能联系。

1. 计算机的指令系统

指令是能被计算机识别并执行的二进制代码，它规定了计算机能完成的某一种操作。指令的数量和类型由 CPU 决定。一条指令中必须明确包含的信息有：

(1) 操作码；

(2) 地址码（操作数）。

操作码：指明该指令要完成的操作的类型或性质，如取数、做加法或输出数据等。

操作数：指明操作对象的内容或所在的单元地址。操作数在大多数情况下是地址码，地址码可以有 0~3 个，从地址码得到的仅是数据所在的地址，可以是源操作数的存放地址，也可以是操作结果的存放地址。

操作码	操作数地址

图 1-13 指令的组成

指令格式如图 1-13 所示。

【例 1-14】 字长 16 位的双地址指令：0110000010000100。

第 15~12 位为操作码，0110 表示"加"操作；

第 11~6 位为操作数之一地址码，000010 表示存储器 B；

第 5~0 位为目标操作数地址码，000100 表示存储器 A。

该指令在运行时，执行将存储器 A 中的内容与存储器 B 中的内容相加，结果存放在存储器 A 中。

一台计算机的所有指令的集合，称为该计算机的指令系统。不同类型的计算机，指令系统的指令条数有所不同。

程序是为解决某一问题而设计的一系列指令。

2. 计算机的工作原理

计算机的工作过程实际上是快速地执行指令的过程。计算机在工作时，有两种信息在执行指令的过程中流动：数据流和控制流，如图 1-14 所示（粗线是数据流，细线是控制流）。

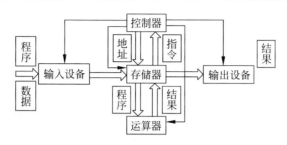

图 1-14　计算机硬件结构图

数据流是指原始数据、中间结果、结果数据、源程序等。控制流是由控制器对指令进行分析、解释后向各部件发出的控制命令，指挥各部件协调地工作。

下面以指令的执行过程深入理解计算机的基本工作原理。指令执行的过程分为以下 4 个步骤。

（1）取指令：按照程序计数器中的地址，从内存储器中取出指令，并送往指令寄存器。

（2）分析指令：对指令寄存器中存放的指令进行分析，由译码器对操作码进行译码，将指令的操作码转换成相应的控制电位信号；由地址码确定操作数的地址。

（3）执行指令：由操作控制线路发出完成该操作所需要的一系列控制信息，去完成该指令所要求的操作。

（4）完成指令：一条指令执行完成，程序计数器加 1，或将转移地址码送入程序计数器，然后回到(1)这一步继续。

一般把计算机完成一条指令所花费的时间称为一个指令周期，指令周期越短，指令执行得越快。通常所说的 CPU 的主频就反映了指令执行周期的长短。

计算机在运行时，CPU 从内存读出一条指令到 CPU 内执行，指令执行完，再从内存读出下一条指令到 CPU 内执行。CPU 不断地取指令、分析指令、执行指令，这就是程序的执行过程。计算机如此周而复始地执行程序中的每条指令，直到整个程序执行完为止。

1.4　微型计算机系统

微型计算机（Microcomputer）是指以微处理器为核心，配上存储器、输入/输出接口电路等所组成的计算机（又称为主机）。微型计算机机系统（Microcomputer System）是指以微型计算机为中心，配以相应的外围设备、电源和辅助电路（统称硬件）以及指挥计算机工作的系统软件所构成的系统。

与一般的计算机系统一样，微型计算机系统也是由硬件和软件两部分组成的。其中，根据功能，将微型计算机硬件分成主机系统和外部设备两大部分，如图 1-15 所示。

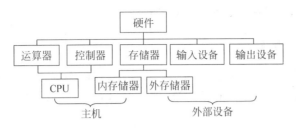

图 1-15　微型计算机硬件系统

1.4.1　主机系统

主机是计算机的核心,计算机的一切操作都要经过它来完成,并协调主机与外部设备之间的通信。在主机箱内的部件还有主板、电源、CPU、硬盘驱动器、软盘驱动器、光盘驱动器和实现各种多媒体的功能卡(包括显示卡、声卡、网卡等)。在标准配置中,主机箱内的主要硬件如图 1-16 所示。

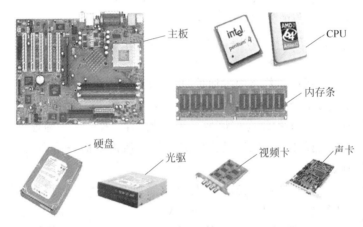

图 1-16　主机箱内部分硬件

1. 主板

主板是微型计算机中最大的一块集成电路板,是微型计算机中各种设备的连接载体。在微型计算机中通过主板将 CPU 等各种器件和外部设备有机地结合起来,形成一套完整的系统。

2. CPU

CPU(中央处理器)是计算机的核心部件之一。CPU 的运算速度对计算机的整体运行速度起着决定性的作用。从 1971 年 Intel 公司推出了世界上第一台 4 位微处理器以来,CPU 经历了 8086、286、386、486 直到现在的 Pentium 时代。最新的 Pentium 4 处理器已经达到了 3GHz 以上的高速度。市场上常见的 CPU 有 Intel Pentium(奔腾)、Celeron(赛扬)、AMD、CYRIX 等品牌。

目前流行的双核处理器是基于单个半导体的一个处理器拥有两个一样功能的处理器核

心,就是将两个物理处理器核心整合入一个内核中。

3. 内存储器

内存储器简称内存或主存。用来存放当前正在使用或随时要使用的数据和程序,CPU可直接访问。内存储器按其功能特征可分为只读存储器(Read Only Memory,ROM)和随机存储器(Random Access Memory,RAM)。

1) 随机存储器

它也叫读写存储器。一种内容可改变的存储器,在加电时,可随时向存储器中写或读信息,一旦停电,哪怕仅一瞬间,RAM中的信息全部丢失。

依据存储元件结构的不同,RAM又分为静态内存储器(Static Random Access Memory,SRAM)和动态内存储器(Dynamic Random Access Memory,DRAM)。

(1) SRAM是利用其中触发器的两个稳态来表示所存储的0和1的。这类存储器集成度低、价格高,与CPU接口简单,存取速度快,常用做高速缓冲存储器(Cache)。

(2) DRAM则是用半导体器件中分布电容上有无电荷来表示0和1。因为保存在分布电容上的电荷会随着电容器的漏电而逐渐消失,所以需要周期性地给电容充电,称为刷新。这类存储器集成度高、价格低,与CPU的接口较SRAM复杂,由于要周期性地刷新,所以存取速度慢。

通常在购机时所说的计算机内存容量指的就是RAM的容量。例如,某计算机的内存是1GB,就是指该计算机具有的RAM容量是:

$$1(GB) = 1 \times 1024 \times 1024 \times 1024 = 2^{30} (Byte)$$

2) 只读存储器

只读存储器(ROM)是一种固定存储器,所存储的信息由生产厂家在生产时一次性写入,使用时只能读出,不能写入,断电后,存储器中的信息不会变化,永不丢失,可靠性高。ROM用来存放基本输入/输出系统BIOS(BIOS是一组机器语言程序,负责对计算机进行加电后自动检测)。

只读存储器的种类:可编程只读存储器(Programmable Read-Only Memory,PROM)、可擦除的可编程只读存储器(Erasable Programmable Rom,EPROM)、掩膜型只读存储器(Mask Rom,MROM)等。需要通过特殊手段来改变其中的内容。

微型计算机使用的动态随机存储器以内存条的形式出现,如图1-16所示的内存条。

内存容量的大小同样是影响计算机运行速度的重要因素之一,增加或者更换内存条操作简单、见效明显,是计算机升级的不错选择。目前512MB~2GB的内存条已成为用户使用的主流。

4. 外存储器

1) 软盘和软盘驱动器

软盘驱动器曾经是计算机一个不可缺少的部件,使用者常常用软盘传递和备份一些比较小的文件。在必要的时候,软盘还可以用来启动计算机。

软盘都必须插入为它们专门设计的软盘驱动器,也就是软驱中,才能进行读/写操作。目前,软盘和软盘驱动器已被移动存储器(U盘、移动硬盘)所取代。

2）硬盘驱动器

硬盘与软盘相比具有容量大、速度快的优点。硬盘是用来存储一些需要长期保存的数据的载体。目前硬盘的发展主要是向大容量、高速存储、小体积、高可靠性这几个方面进行，主流产品的硬盘容量为 250～320GB。

当前市场上常见的硬盘有迈拓（Maxtor）、希捷（Seagate）、三星（SAMSUNG）等多种品牌。

3）光盘驱动器

光盘驱动器简称光驱，是采取光学方式的记忆装置，具有容量大、可靠性高、存储成本低的优点。光盘驱动器通常包括 CD-ROM 驱动器、DVD 驱动器、CD-R/CD-RW 刻录机等种类。

5. 电源

电源是计算机很重要的一个部件。因为计算机中的其他配件都需要电源来供电，所以计算机的使用与电源的质量也是密不可分的。计算机的电源内部有一个变压器，把普通的 220V 电压转变为计算机各部件所需的电压。

6. 显卡

显卡又称为显示适配器，是连接显示器和主板的重要元件。它是插在主板上的扩展槽里，主要负责把主机向显示器发出的显示信号转化为一般电信号，使得显示器能明白计算机要让它干什么。显示卡上也有存储器，称为"显存"。显存的大小将直接影响显示器的显示效果，如清晰程度和色彩丰富程度等。

7. 声卡

声卡是多媒体计算机的主要部件之一，它是记录和播放声音所需的硬件。声卡的作用主要是将数字信号转化为音频信号输出，达到播放声音的功能。

8. 调制解调器和网卡

随着网络的普及，Internet 走进了人们的生活。过去，大多数家庭用 Modem 通过电话线连接网络。Modem(Modulator-Demodulator)，也就是平时人们常说的"猫"，用于计算机通过电话线进行数据传输时的数模信号的转换，这一过程包括"调制"和"解调"，所以 Modem 又叫做调制解调器。Modem 分为内置式和外置式，一般而言，外置 Modem 性能优越，内置 Modem 则有价格上的优势。现在，使用 ADSL 方式接入 Internet 正在普及。

网络接口卡(Network Interface Card,NIC)简称网卡，是计算机中必不可少的网络基本设备，它为计算机之间的数据通信提供物理连接。一台计算机要接入网络需要安装网卡。网卡一般安装在计算机主板的扩展插槽上。

1.4.2 外部设备

计算机的外部设备种类繁多，包括各种输入/输出部件，常见的有显示器、键盘、鼠标、音箱等。其中键盘、鼠标属于输入设备，而显示器、音箱属于输出设备。主要的输入设备还有扫描仪、数码相机、数字化仪、条形码读入仪、光笔、触摸屏等，输出设备还有打印机、绘图仪等。

1. 显示器

显示器（Monitor）又称监视器，与显示卡一起构成了计算机的显示系统。显示器把电信号转换成可视信息并显示于屏幕上，是计算机的主要输出设备。目前常用的显示器有阴极射线管（Cathode Ray Tube，CRT）显示器和液晶（Liguid Crystal Display，LCD）显示器两种。

显示器是计算机向外界展示魅力的窗口，现在的显示器正朝着可视区域越来越大、显示效果越来越好的方向发展。纯平、液晶、绿色环保的显示器日益受到人们的青睐。

2. 键盘和鼠标

键盘（Keyboard）是用户向计算机输入指令和信息的必备工具之一，是计算机的主要输入设备。通过键盘，用户可以将命令、程序和数据等信息输入到计算机中，计算机再根据接收的信息作相应的处理。

鼠标（Mouse）是一个可以在屏幕上精确定位的输入设备，它可以在一个不大的平面上移动，然后将移动位置的变化转换成信号传送给CPU，再由CPU转换并在显示器上显示出相应的变化。传统鼠标一般为机械式鼠标，目前比较流行的是更为精确的光电鼠标。

3. 打印机

打印机也是计算机的常用输出设备，用于打印各种文字或图形。目前常用的打印机分为针式打印机、喷墨式打印机和激光打印机。

4. 移动存储设备

随着接口技术的不断完善，出现了各式各样的移动存储设备。当前最流行、最常见的是U盘和移动硬盘。

1.4.3　微型计算机软件系统

微型计算机系统的软件分为两大类，即系统软件和应用软件。

1. 系统软件

系统软件主要功能在于对计算机系统的管理、调度、监视和服务等。其目的在于提高计算机的使用效率，扩展系统的功能，系统软件主要分为以下4类。

1）操作系统

操作系统（Operating System，OS）其主要功能是管理计算机软件硬件资源，组织计算机的工作流程，方便用户的使用，是典型的系统软件。例如，DOS、Windows、Linux和UNIX都为操作系统软件。目前应用较为广泛的是Microsoft公司的Windows XP操作系统。

2) 数据库管理系统

数据库就是实现有组织地、动态地存储大量相关数据,方便用户查询、检索、修改、访问相关信息的一种特殊软件。常见的数据库有 Access,Oracle,SQL Server。

3) 语言处理程序

常用的语言处理程序包括汇编程序、编译程序和解释程序等。

4) 服务性程序

服务性程序是一类辅助性的程序,它提供各种运行所需的服务。例如用于程序的装入、链接、编辑和调试用的装入程序、链接程序、编辑程序及调试程序,以及故障诊断程序、纠错程序等。

2. 应用软件

应用软件是指为用户利用计算机来解决某些实际问题所编制的软件,如文字处理软件、电子表格软件、绘图软件、网络通信软件及各种游戏软件等。

1.5 多媒体技术基础

在计算机发展的初期,人们只能用数值这种媒体承载信息。当时只能通过 0 和 1 两种符号表示信息,即用纸带和卡片的有孔和无孔表示信息,纸带机和卡片机是主要的输入/输出设备。0 和 1 很不直观,很不方便,输入输出的内容很难理解,而且容易出错,出错时也不容易发现。这一时代是使用机器语言的时代,因此计算机应用只能限于极少数计算机专业人员。

20 世纪 50 年代到 70 年代,出现了高级程序设计语言,开始用文字作为信息的载体,人们可以用文字(如英文)编写源程序,输入计算机,计算机处理的结果也可以用文字表示输出。这样,人与计算机交往就直观、容易得多,计算机的应用也就扩大到具有一般文化程度的科技人员。这时的输入/输出设备主要是打字机、键盘和显示终端。使用英文文字同计算机交往,对于文化水平较低,特别是非英语国家,仍然是件困难的事情。

20 世纪 80 年代开始,人们致力于研究将声音、图形和图像作为新的信息媒体输入输出计算机,这将使计算机的应用更为直观、容易。1984 年 Apple 公司的 Macintosh 个人计算机,首先引进了"位映射"的图形机理,用户接口开始使用 Mouse 驱动的窗口技术和图标(Windows and Icon),受到广大用户的欢迎。这使得文化水平较低的公众,包括儿童在内都能使用计算机。由于 Apple 采取发展多媒体技术、扩大用户层的方针,使得它在个人计算机市场上成为唯一能同 IBM 公司相抗衡的力量。今天,国际上下述几项技术又有了突出的进展。

- 超大规模集成电路的密度增加了。
- 超大规模集成电路的速度增加了。
- CD-ROM 可作为低成本、大容量只读存储器,每片容量为 650MB 以及每片单面 DVD 容量为 4.7GB。
- 双通道 VRAM 的引进。
- 网络技术的广泛使用。

这 5 项计算机基本技术的进展,有效地带动了数字视频压缩算法和视频处理器结构的改进,促使 10 年前的单色文本/图形子系统转变成今天的色彩丰富、高清晰度显示子系统,同时能够做到全屏幕、全运动的视频图像,高清晰度的静态图像,视频特技,三维实时的全电视信号以及高速真彩色图形。同时还有高保真度的音响信息。

综上所述,无论从半导体的发展还是从计算机进步的角度,或者从普及计算机应用、拓宽计算机处理信息类型看,利用多媒体是计算机技术发展的必然趋势。

1.5.1 多媒体技术的基本概念

1. 媒体及其分类

媒体在计算机领域中有两种含义,其一是指用以存储信息的实体,如磁带、磁盘、光盘和U 盘等;另一种含义是指信息的载体,如文字、图形、图像、声音等。多媒体计算机技术中的"媒体"指后者。

国际电话电报咨询委员会 CCITT(Consultative Committee on International Telephone and Telegraph)制定了媒体分类标准,将信息的表示形式、信息编码、信息转换与存储设备、信息传输网络等统一规定为媒体,并划分为以下 5 种类型。

(1) 感觉媒体(Perception Medium):是指能够直接作用于人的感觉器官,使人产生直接感觉(视、听、嗅、味、触觉)的媒体,如语言、音乐、各种图像、图形、动画、文本等。

(2) 表示媒体(Representation Medium):是指为了传送感觉媒体而人为研究出来的媒体,借助这一媒体可以更加有效地存储感觉媒体,或者是将感觉媒体从一个地方传送到远处另外一个地方的媒体,如语言编码、电报码、条形码、语音编码、静止和活动图像编码以及文本编码等。

(3) 表现媒体(Presentation Medium):是显示感觉媒体的设备,指的是用于通信中使电信号和感觉媒体间产生转换用的媒体。显示媒体又分为两类,一类是输入显示媒体,如话筒,摄像机、光笔以及键盘等,另一种为输出显示媒体,如扬声器、显示器以及打印机等。

(4) 存储媒体(Storage Medium):用于存储表示媒体,即存放感觉媒体数字化后的代码的媒体称为存储媒体。例如磁盘、光盘、磁带、纸张等。简而言之,是指用于存放某种媒体的载体。

(5) 传输媒体(Transmission Medium):传输媒体是指传输信号的物理载体,例如同轴电缆、光纤、双绞线以及电磁波等都是传输媒体。

在上述的各种媒体中,表示媒体是核心。图 1-17 反映了不同媒体与计算机信息处理过程的关系。

多媒体是指信息表示媒体的多样化,如文字、图形、图像、声音、音乐、视频和动画等多种形式。多媒体计算机则是指计算机综合处理多种媒体信息,使多种信息建立逻辑连接,集成为一个系统并具有交互性。所以,多媒体计算机具有信息载体多样性、集成性和交互性的特点。把一台普通的计算机变成多媒体计算机需要解决的关键技术是音频、视频信号获取技术和多媒体数据压缩编码、解码技术。

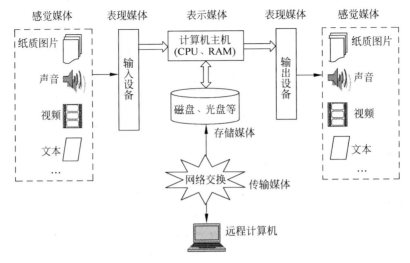

图 1-17　媒体与计算机系统

2．多媒体技术与多媒体计算机

多媒体技术是利用计算机及相应的多媒体设备，采用数字化处理技术，将文字、声音、图形、图像、动画和视频等多种媒体有机结合起来进行处理的技术。多媒体技术最显著的特点是，它具有媒体的多样性、交互性和集成性。

多媒体计算机是能够综合处理各种媒体信息组合的计算机，使多种媒体信息集成为一个系统并具有交互性。多媒体计算机简称为 MPC(Multimedia Personal Computer)。

3．多媒体技术的关键特性

多媒体技术除信息载体的多样化以外，还具有以下的关键特性。

（1）集成性：采用了数字信号，可以综合处理文字、声音、图形、动画、图像、视频等多种信息，并将这些不同类型的信息有机地结合在一起。

（2）交互性：信息以超媒体结构进行组织，可以方便地实现人机交互。换言之，人可以按照自己的思维习惯，按照自己的意愿主动地选择和接收信息，拟定观看内容的路径。

（3）智能性：提供了易于操作、十分友好的界面，使计算机更直观，更方便，更亲切，更人性化。

（4）易扩展性：可方便地与各种外部设备挂接，实现数据交换，监视控制等多种功能。此外，采用数字化信息有效地解决了数据在处理传输过程中的失真问题。

4．多媒体技术的应用

在 20 世纪 50 年代计算机诞生之后，计算机从只能认识 0,1 组合的二进制代码，逐渐发展成能处理文本和简单的几何图形计算机系统，并具备了处理更复杂信息的技术潜力。随着技术的发展，到 20 世纪 70 年代中期，出现了广播、出版和计算机三者融合发展电子媒体的趋势，这为多媒体技术的快速形成创造了良好的条件。习惯上，人们把 1984 年美国 Apple 公司推出 Macintosh 机作为计算机多媒体时代到来的标志。

多媒体技术是在大众传媒、通信和计算机技术协调发展和相互推进的过程中产生和发展起来的。

1978年，美国麻省理工学院的"构造机器小组"有感于广播、出版和计算机三者融合成为电子传播的新趋势，对人机界面问题进行研究，提出了计算机界面的"所见即所得"的基本观念。

1981年美国Maryland大学研制成的EMOB机，用于进行模式识别、图像处理、并行计算等研究。

1984年，Apple公司率先推出的Macintosh机引入了位图（Bitmap）的概念来对图形进行处理，并使用了窗口图形符号（Icon）作为用户接口。这是当前普遍应用的Windows系列操作系统的雏形。Macintosh机的推出，标志着计算机多媒体时代的到来。

1986年3月，飞利浦公司与索尼公司联合推出了交互式紧凑光盘系统CD-I，把各种多媒体信息以数字化的形式存放在容量为650MB的只读光盘上。

1987年3月，RCA公司推出了交互式数字视频系统DVI，它以计算机技术为基础，用标准光盘片来存储和检索静止图像、活动图像、声音和其他数据。

1990年11月由微软公司、飞利浦公司等14家厂商组成的多媒体市场协会应运而生，并制定了MPC标准。与此同时，ISO和CCITT等国际标准化组织先后制定并颁布了JPEG，MPEG-1，G721，G727和G728等国际标准，有力地推动了多媒体技术的快速发展。

目前，多媒体技术已经取得了非常巨大的成就，应用范围已经拓宽到各行各业，又因为应用领域的广大也促进了多媒体技术的进一步发展。多媒体技术使计算机能同时处理视频、音频和文本等多种信息，提高了信息的多样性；网络通信技术的发展更使得信息获取突破了地域限制，提高了信息的实时性。二者结合产生的多媒体通信技术把计算机的交互性、通信的分布性及电视的真实性有效地融为一体，成为当今信息社会的一个重要标志。

在工业应用领域，一些公司通过应用多媒体技术开拓市场、培训员工，以降低生产成本，提高产品质量，增强市场竞争能力。通过对多媒体信息的采集、监视、存储、传输，以及结合分析处理，可以做到信息处理的综合化、智能化，从而提高了工业生产和管理的自动化水平，实现了管理的无人化。

现在教师上课不会使用多媒体已经不存在了，这使得传统的由教师主讲的教学模式被多媒体教学模式所打破。多媒体教学模式能使得教学内容更充实、更形象、更有吸引力，从而提高学生的学习热情和学习效率。许多中学和大学建立的多媒体远程教育系统，使得边远地区的学生能够享受到一流学校优秀教师的现场教学。

在医疗诊断中经常采用的实时动态视频扫描、声影处理等技术都是多媒体技术成功应用的例证。多媒体数据库技术从根本上解决了医疗影像的另一关键问题——影像存储管理问题。多媒体和网络技术的应用使得远程医疗从理想变成现实。利用电视会议与病人"面对面"地交谈，进行远程咨询和检查，从而进行会诊，甚至在远程专家指导下进行复杂的手术，并将医院与医院之间，甚至国与国之间的医疗系统建立信息通道，实现信息共享。医学特征图像如图1-18所示。

总之，多媒体技术的发展使计算机的信息处理在规范化和标准化的基础上更加多样化和人性化，特别是多媒体技术与网络通信技术的结合，使得远距离多媒体应用成为可能，也加速了多媒体技术在经济、科技、教育、医疗、文化、传媒、娱乐等各个领域的广泛应用。

(a) X光图像　　(b) 指纹图像　　(c) 核磁共振图像　　(d) 虹膜图像　　(e) CT图像

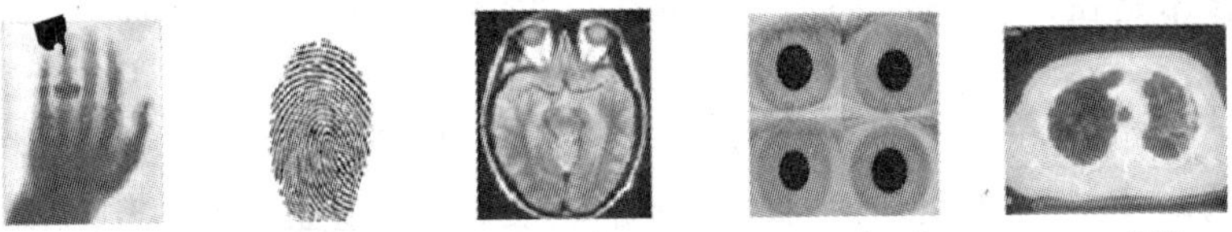

图 1-18　医学特征图像

5. 多媒体技术的发展趋势

多媒体技术总的发展趋势是具有更简易、更自然、更人性化的交互性,更大范围和更多形式的信息服务,为未来人类生活创造出一个在功能、空间、时间及人与人交互方面更完美的崭新世界。目前的研究主要集中在以下几个方面。

(1) 研究和建立新一代多媒体通信网络环境,使多媒体从单机、单点向分布、协同多媒体环境发展。

(2) 利用图像理解、语音识别、全文检索等技术,研究多媒体基于内容的处理,开发能进行基于内容处理的系统。

(3) 多媒体标准仍是研究的重点。

(4) 多媒体技术与相邻技术相结合,提供完善的人机交互环境。

(5) 多媒体技术与外围技术构造的虚拟现实研究。

把人工智能领域某些研究课题和多媒体计算机技术很好地结合,就是多媒体计算机长远的发展方向。

1.5.2　多媒体计算机系统

多媒体计算机系统是一种趋于人性化的多维信息处理系统,它以计算机系统为核心,利用多媒体技术,实现多媒体信息(包括文本、声音、图形图像、视频、动画等)的采集、数据压缩编码、实时处理、存储、传输、解压缩、还原输出等综合处理功能,并提供友好的人机交互方式。事实上,多媒体计算机是在原有的 PC 上增加多媒体套件而构成,即在原有的 PC 上增加多媒体硬件和多媒体软件系统。

构成多媒体硬件系统除了需要较高的计算机主机硬件以外,通常还需要音频、视频处理设备、各种媒体输入/输出设备等,多媒体计算机硬件系统如图 1-19 所示。

这些设备主要有:

(1) 输入设备:光驱、麦克风、电子琴键盘、扫描仪、录音机、VCD/DVD、数码相机、摄像机等。

(2) 功能卡:包括电视卡、声卡、Modem 卡、视讯会议卡、视频输出卡、VCD 压缩卡等。

(3) 输出设备:包括刻录机、音箱、立体声耳机、打印机、投影机等。

现实中的多媒体计算机并不是一定要配齐上述所有设备,而要视具体应用需求合理配置。

多媒体计算机软件系统按功能主要分为系统软件和应用软件,其软件层次结构如图 1-20 所示。

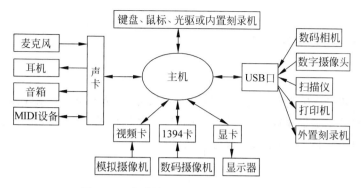

图 1-19　多媒体计算机硬件系统示意图

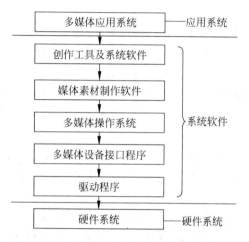

图 1-20　多媒体计算机软件系统结构图

多媒体系统软件是多媒体系统的核心,多媒体各种软件要运行于多媒体操作系统平台(如 Windows)上,故操作系统平台是软件的核心。多媒体计算机系统的主要系统软件有如下几种。

(1) 多媒体驱动软件:是最底层硬件的软件支撑环境,直接与计算机硬件相关的,完成设备初始、各种设备操作、设备的打开和关闭、基于硬件的压缩/解压缩、图像快速变换及功能调用等。通常驱动软件有视频子系统、音频子系统以及视频/音频信号获取子系统。

(2) 多媒体设备接口程序:是高层软件与驱动程序之间的接口软件。为高层软件建立虚拟设备。

(3) 多媒体操作系统:实现多媒体环境下多任务调度,保证音频视频同步控制及信息处理的实时性,提供多媒体信息的各种基本操作和管理,具有对设备的相对独立性和可操作性。操作系统还具有独立于硬件设备和较强的可扩展性。

(4) 多媒体素材制作软件及多媒体库函数:为多媒体应用程序进行数据准备的程序,主要为多媒体数据采集软件,作为开发环境的工具库,供设计者调用。

(5) 多媒体创作工具、开发环境:主要用于编辑生成多媒体特定领域的应用软件。是在多媒体操作系统上进行开发的软件工具。

多媒体应用软件是在多媒体创作平台上设计开发的面向应用领域的软件系统。

1.5.3 媒体信息的表示

媒体信息是指多媒体应用中可以显示给用户的媒体组成,一般指感觉媒体。感觉媒体帮助人类来感觉环境。感觉媒体通常又分为视觉媒体、听觉媒体、触觉媒体、味觉、嗅觉等,这些还没有在多媒体中集成进来,随着科技的进步,多媒体的含义和范围还将不断扩展。在这些媒体信息中,使用较多的是视觉媒体和听觉媒体。

1. 视觉媒体

视觉类媒体主要包括文本、图像、视频、动画等媒体信息。

1) 文本

文本是指以各种文字和专用符号表达的信息形式,包括字体、字号、颜色、格式等各种信息。数字和文字可以统称为文本。文本是计算机中使用得最为广泛的信息交流方式,在多媒体软件中依然是处于核心地位。文本具有内容表述准确、简洁、直接、有力的特点,特别是在有大段内容需要表达的时候,这也是多媒体中使用文本的首要原因,但在使用过程中一定要注意用词的准确。一般情况下,图形软件或者多媒体编辑软件中都可以直接进行多媒体文本的制作。

在目前的各种软件中,可以建立文本文件的软件非常多,如 Windows 中的记事本、Word 等软件。文本文件格式一般为:TXT,DOC,RTF,PDF 等。

2) 图像

实体的各种形状,在计算机中表示就是图形。自然界多姿多彩的景物通过人们的视觉器官在大脑留下的印象,这就是图像。图像是计算机中一类常用又重要的媒体信息。

计算机显示的图像主要有两大类:矢量图和位图。

矢量图就是指图形,是指由外部轮廓线条构成,即由计算机绘制的直线、圆、矩形、曲线、图表等。在几何学中,几何元素通常是用矢量表示的,故也称矢量图。矢量图特别适用于图例和三维建模,基于矢量的绘图和分辨率无关,所以它可以无限放大图形中的细节,不用担心图形的失真问题。如图 1-21 所示,用 Flash 可以制作矢量图。

位图图像又称为点阵图像,是由像素的单个点组成的。当放大位图时,可以看见构成整个图像的无数的单个方块,扩大位图尺寸其实就是增加像素个数,从而使得整个图像的线条变得参差不齐,图像变得模糊不清了,如图 1-22 所示。

图 1-21　矢量图

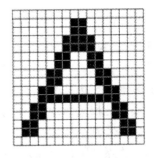
图 1-22　位图图像

关于图形(图像)的一些相关技术指标有分辨率、色彩度、图形灰度。

分辨率：就是屏幕图像的精密度，是指显示器所能显示的像素的多少。由于屏幕上的点、线和面都是由像素组成的，显示器可显示的像素越多，画面就越精细，同样的屏幕区域内能显示的信息也越多，所以分辨率是个非常重要的性能指标之一。可以把整个图像想象成是一个大型的棋盘，而分辨率的表示方式就是所有经线和纬线交叉点的数目。

色彩度：计算机中用来表示每个像素的颜色值，用位(b)表示，一般是 2^n，n 代表位数。当图(图像)达到 2^{24} 时。可表现 1677 万种颜色，即通常所说的真彩色，因为自然界中的颜色种类也不过如此。现在显示器的颜色质量一般设置为 2^{32}，这个值非常大，所以能够将图像以真实的颜色还原出来，达到跟真实世界实景一样的效果。

图形灰度：即图形中的像素不是彩色的，而是灰度的。在计算机领域中，灰度数字图像是每个像素只有一个采样颜色的图像，颜色只有黑白和浓淡之分。这类图像通常显示为从最暗黑色到最亮的白色的灰度。

图像数字化过程如图 1-23 所示，彩色图像的表示如图 1-24 所示，通过示意图，读者应大体明白计算机对图像的处理。

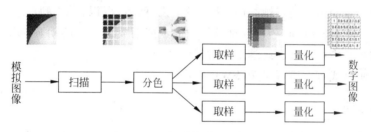

图 1-23　图像数字化的过程

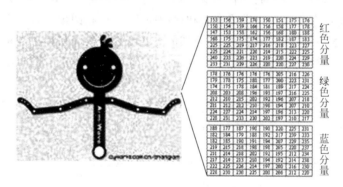

图 1-24　彩色图像的表示

常见的图形文件格式：BMP、DIB、DIF、GIF、JPG、TIF、PSD 等。

3) 视频

视频主要是由一些有关联的图像数据连续播放形成的。每帧图像是通过实时摄取自然景象或活动对象获得的。平时所看到的电影、电视节目可以说是视频信息，但那些多数都是模拟信号，计算机中的视频信息则是数字信号。目前数字电视节目正在普及而数字电视机也已经批量生产投入使用，但与计算机中的数字视频相比还是有些差距的。画面能够比单纯文字提供的信息更多，同样活动画面在某些情况下比静止图像能提供更丰富、更具说服力的信息。近年来,随着计算机硬件性能的不断提高、家庭计算机和宽带的普及,人们在多媒体计算机中观看电影、电视剧已经成为日常生活的一部分。

视频信息在计算机中存放的格式有很多,如:Quicktime,AVI,MPEG,RM/RMVB,ASF,WMV 等。

4) 动画

动画就是通过以每秒 15 到 20 帧的速度顺序地播放静止图像帧以产生运动的错觉,实质上是多幅静态图像的连续播放。动画中的图像采用的是计算机创作或人工绘制的图像。在各种媒体的创作系统中,动画创作要求的硬件环境可以说是最高的,需要高速的 CPU、大容量内存、高品质的显卡,如果需要编程实现,则会更加复杂。计算机动画是借助于计算机生成一系列可供动态实时演播的连续图像的技术。从动画制作的原理上可分为两类:计算机辅助动画和基于造型动画。计算机辅助动画属于二维动画,主要用计算机辅助系统的卡通版制作。基于造型动画属于三维动画,它首先建立三维空间中几何形体的造型,然后使之产生各种运动。

按照动画的记录方式分类,可分为逐帧方式动画系统和实时方式动画系统。逐帧方式是指由计算机生成动画中的每帧画面,并记录下来,然后,可以按 24 帧/秒(电影)或 25 帧/秒(电视 PAL 制式)或 30 帧/秒(NTSC 制式)的速度播放。目前的动画制作系统大多属于此类。实时方式是指可直接在终端上实时显示动画图像。

常见的动画格式有 GIF 格式和 SWF 格式。

2. 听觉类媒体

听觉类媒体主要指各种声音。声音是携带信息的重要载体,是多媒体技术研究中的一个重要内容。声音包括人们的语音、音乐、自然界的各种环境音等。音频主要用于节目解说、背景音乐及特殊音响等。如果将音频和视频同步,则视频图像更具真实性。多媒体计算机增加了音频通道,采用人们最熟悉、最习惯的方式与计算机交换信息。例如:在计算机的MIC(麦克风)孔中插入录音设备(麦克风),让计算机听懂、理解人的讲话,这就是语音识别;在计算机的耳机孔中接上放音设备(音箱),让计算机能够讲话和放音乐,这就是语音和音乐合成。声音信号数字化过程如图 1-25 所示,波形声音的重建过程如图 1-26 所示,通过示意图,读者应大体明白计算机对声音的处理。

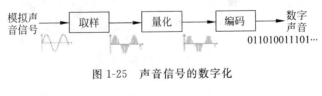

图 1-25 声音信号的数字化

图 1-26 波形声音的重建

常见的声音文件格式有 Wave 格式、MPEG3 格式(MP3)、MIDI 格式、CD Audio 格式、Real Audio 格式等。

3. 触觉类媒体

"虚拟现实"中用到了触觉。触觉类媒体通过直接或间接与人体接触,使人能够感觉到对象的位置、大小、方向、方位、质地等性质。

1.5.4 常用多媒体信息处理工具

多媒体信息处理工具的数量很多,下面按这些处理工具的分类简单介绍各类处理工具。

1. 图像处理类

图像处理软件的主要特点是以照片或其他光栅图像为基础进行诸如拼贴、组合、调整色彩、质感等编辑,通常也带有一些画笔工具,供用户绘图使用。主要是用来调整图像,或对已有图像进行二次创作。

这是当前计算机艺术领域品种最多的一类软件,如:Adobe Photoshop、Macromedia Fireworks、Corel Photo House、Ulead PhotoImpact、可牛影像、光影魔术手等。

2. 矢量插图类

基于矢量图形技术的绘图软件也有很多。一类是工程制图软件,如 AutoCAD 等,另一类是图形艺术创作软件。专业图形设计领域软件有 FreeHand、CorelDRAW 等。

3. 自然媒体绘画类

利用专门的压感笔进行创作,作品带有很强的个人手法特点。这类软件还带有很多具有特殊笔触效果的处理工具,可以创作出像著名画家个人特点的作品。软件包括 MetaCreation Paintrer 和 Dabbler 等。

4. 二维动画类

平面动画类软件当数 Flash 最流行,还包括 GIF Animator、Animator Pro 等软件。

5. 音频类

音频类处理工具分为音频制作软件和基于 MIDI 技术的作曲软件两大类。由于很多专业的音乐制作软件也同时集成了这两种功能,所以一并介绍。

目前流行的音频制作工具有 CoolEdit、GoldWave、录音机及声卡附带的录音程序等。MIDI 作曲程序包括易学易用的"音乐大师"、MIDI 编辑能力和音频处理功能并存的 CakeWalk 等。还有很多音乐播放器程序,如:酷我音乐盒、千千静听、QQ 音乐、Media Player 等。

6. 视频播放及处理类

常见的视频播放类软件包括 Media Player、RealPlayer、QuickTime、暴风影音、UUSee(网络电视)、PIPI(皮皮免费高清影视)、Funshion(风行网络电影)等。不同的软件播放的文件格式不尽相同,现在有不少播放软件都支持多种格式,如 PIPI、暴风影音都可以播放 RMVB、VOD、AVI、MPEG 等格式。

视频编辑类软件不仅能够播放视频文件,还能对视频片段进行剪辑、组合并进行配音,在计算机上实现节目的编辑。常用的视频编辑软件有 Adobe Premiere、DV Station、MGI VideoWave、Ulead VideoStudio 等。

7. 多媒体著作工具类

用多媒体创作工具可以制作各种电子出版物及各种教材、参考书、导游和地图、医药卫生、商业手册及游戏娱乐节目。著作工具的分类如下。

1) 以时间为基础的多媒体著作工具

以时间为基础的多媒体著作工具所制作出来的节目最像电影或卡通片。它们是以可视的时间轴来决定事件的顺序和对象显示上演的时段。这种时间轴包括许多行道或频道,以便安排多种对象同时呈现。它还可以用来编程控制转向一个序列中的任何位置的节目,从而增加了导航和交互控制。通常该类多媒体著作工具中都会有一个控制播放的面板,它与一般录音机的控制面板类似。在这些创作系统中,各种成分和事件按时间路线组织。这种控制方式的优点是操作简便,形象直观,在一个时间段内,可任意调整多媒体素材的属性(如位置、转向、出图方式等)。缺点:要对每一素材的呈现时间做出精确安排、调试工作量大。这类多媒体著作工具的典型产品有 Director 和 Action 等。

2) 以图标为基础的多媒体著作工具

在这些创作工具中,多媒体成分和交互队列(事件)以结构化框架或过程组织为对象。

它使项目的组织方式简化而且多数情况下是显示沿各分支路径上各种活动的流程图。创作多媒体作品时,创作工具提供一条流程线(Line),供放置不同类型的图标使用,使用流程图隐语去"构造"程序。多媒体素材的呈现是以流程为依据的,在流程图上可以对任一图标进行编辑。优点是调试方便,在复杂的航行结构中,这个流程图对开发过程特别有用。缺点是当多媒体应用软件制作很大时,图表及分支很多。这类创作工具有 Authorware、IconAuthor。

3) 以页式或卡片为基础的多媒体著作工具

以页式或卡片为基础的多媒体著作工具,都是提供一种可以将对象连接于页面或卡片的工作环境。一页或一张卡片便是数据结构中的一个节点,它类似于教科书中的一页或数据袋内的一张卡片。只是这种页面或卡片的数据比教科书上的一页或数据袋内一张卡片的数据多样化罢了。在多媒体著作工具中,可以将这些页面或卡片连接成有序的序列。

这类多媒体著作工具是以面向对象的方式来处理多媒体元素,这些元素用属性来定义,用剧本来规范,允许播放声音元素以及动画和数字化视频节目。在结构化的导航模型中,可以根据命令跳至所需的任何一页,形成多媒体作品。其优点是便于组织和管理多媒体素材;缺点是在要处理的内容非常多时,卡片或页面数量过大,不利于维护与修改。这类创作工具主要有 ToolBook 及 HyperCard。

4) 以传统程序语言为基础的创作工具

以传统程序语言为基础的创作工具需要大量编程,可重复性差,不便于组织和管理多媒体素材,且调试困难,如 Visual C++,Visual Basic,其他如综合类的多媒体节目编制有系统的通用性差和操作不规范等缺点。

8. 三维类

三维软件的三维指在计算机中建立起一系列的物体的三维空间数学模型,有了这些模型,就可以在计算机中任意旋转该物体,能够观察到该物体的不同"面",让它动起来。

三维类软件有 3D Studio MAX、3D Studio Wiz、Maya、Soft Image、Smith Micro Poser Pro、Caligari Truespace 3D 等。在三维类软件中,每种软件与相应的应用领域联系非常密切,这种专业性要比二维软件明显得多。例如,3D Studio MAX 是关于 3D 建模、动画和渲染的软件;Smith Micro Poser Pro 是一款人体三维动画制作软件,俗称"人物造型大师";Maya 应用对象是专业的影视广告,角色动画,电影特技等;Caligari Truespace 3D 是卡通、插画、设计、美术、建筑、多媒体、游戏的 3D 图形软件,包括新的粒子引擎、非线性编辑、3D 动画软体,可选择的表面细化、本地环境的快速精确物理建模、几何喷绘等。

本节是对多媒体计算机技术有一个概括的了解,为继续学习打下一个良好基础。多媒体技术的发展促进了多媒体数据库、多媒体通信、多媒体创作工具的发展及应用。多媒体计算机将朝着高分辨率、提高显示质量、高速化、简单化、智能化的方向发展。

1.6 本章小结

从第一台计算机的诞生到现在,计算机的发展已经经历了 4 代,目前正朝着人工智能的方向发展。计算机的生命在于它的广泛应用,应用的范围几乎涉及人类社会的所有领域。归纳起来,在科学计算、自动控制、测量与测试、信息处理、教育卫生、家庭娱乐、人工智能等领域的应用成就最为突出。

计算机内部采用二进制表示指令和数据。人们编写程序或书写指令时,通常采用八进制数或十六进制数。二进制与八进制、十六进制数间的转换简单方便,只需将一个八进制数码与三位二进制数码对应、一个十六进制数码与 4 位二进制数码对应即可。一个 N 进制数转换为十进制数时采用按位权展开相加的方法。一个十进制数转换为 N 进制数整数部分采用除 N 逆取余数法,小数部分采用 N 乘顺取整数法。

数据信息是计算机加工处理的对象,可以分为数值数据和非数值数据。常用的机器数表示方法有三种:原码、补码、反码。其中原码表示比较直观,但补码表示能简化加减运算方法。现在大部分的计算机使用二进制补码整数法。浮点数包括整数和小数部分。在计算机中需要存储数符、阶码和尾数三部分。尾数通常采取规格化形式,它能简化运算。与相同字长的定点表示相比,浮点数的表示范围要大得多。

非数值数据是指字符、字符串、图像、音频和汉字等各种数据。ASCII 码是使用最广泛的字符编码方式。汉字在计算机中的编码主要采用国标码。图像使用位图图像或矢量图像来表示信息。音频数据通过采样、量化和编码转化为二进制信息。

计算机硬件是由有形的电子器件等构成的,包括运算器、控制器、存储器、输入设备和输出设备 5 大部件,也常划分为三个子系统:CPU、主存和输入输出子系统。存储程序,程序控制是冯·诺依曼型计算机的工作原理,也是计算机自动化工作的关键。程序是由一系列指令组成的。一般把指令执行过程分为三个阶段:取指令、译码和执行指令。

CPU 用于数据的运算,存储器用来存放数据和程序。存储系统常分为三级:高速缓冲存储器、主存和辅存。高速缓冲存储器的速度快,但容量较小,价格较高。辅存的存储容量大,可靠性高,价格低,在脱机的情况下能永久地保存信息,其存取速度慢。输入输出设备是完成计算机与外部世界进行沟通的设备。常见的输入/输出设备有键盘、鼠标、显示器和打印机等。

计算机的软件是计算机系统结构的重要组成部分,也是计算机不同于一般电子设备的本质所在。计算机软件一般分为系统软件和应用软件两大类。系统软件用来简化程序设计,简化使用方法,提高计算机的使用效率,发挥和扩大计算机的功能和用途,它包括操作系统、语言处理系统、数据库管理系统和各种服务性支撑软件等。应用软件是针对某一应用课题领域开发的软件。

计算机系统是一个由硬件、软件组成的。计算机主要有运算速度快、运算精度高、记忆功能强、通用性广、自动运算等特点。常用来描述计算机性能的参数有主频、运算速度、运算精度、存储容量、存取周期、系统配置、RASIS特性、兼容性、性能价格比等。

计算机除了可以处理文字以外,还可以处理声音、图形图像、视频等最直观的信息,大大增强了计算机的应用研究深度和广度。初步了解各类媒体在计算机中的数字化过程。

1.7 习题

一、填空题

1. 计算机中,中央处理器CPU由控制器和_____两部分组成。
2. 第二代计算机采用大规模和超大规模_____作为主要电子元件。
3. 微机的内存储器比外存储器存取速度_____,内存储器可与微处理器直接交换信息,内存储器根据工作方式的不同又可分为_____和_____。
4. 一个完整的计算机系统是由_____和_____两部分组成的。
5. 八进制数$(26710)_8$对应的十六进制数是_____。
6. 二进制数$(11010)_2$对应的十进制数是_____。
7. 标准ASCII码用_____位二进制数表示字符,用来表示_____种不同的字符。
8. _____语言是能够直接被计算机识别和执行的计算机程序设计语言。
9. 操作系统(Operating System,OS)主要功能是_____。
10. _____是计算机综合处理多种媒体信息,使多种信息建立逻辑连接,集成为一个系统并交互性的技术。

二、单项选择题

1. 计算机中最重要的核心部件是_____。
   A. CPU　　　　B. DRAM　　　　C. CD-ROM　　　　D. CRT
2. 一条指令通常由_____和操作数两部分组成。
   A. 程序　　　　B. 操作码　　　　C. 机器码　　　　D. 二进制数
3. 指令设计及调试过程称为_____设计。
   A. 系统　　　　B. 计算机　　　　C. 集成　　　　D. 程序
4. 指令的数量与类型由_____决定。
   A. BIOS　　　　B. CPU　　　　C. SRAM　　　　D. DRAM

5. 用 7 位 ASCII 码表示字符 5 和 9 是_____。
   A. 0110011 和 0111001　　　　　B. 1010011 和 1101001
   C. 0110101 和 0111001　　　　　D. 1010101 和 1101001

三、简答题

1. 微型计算机硬件由哪几个部分组成？
2. 内存和外存有什么区别？
3. 指令和程序有什么区别？
4. 假定某台计算机的机器数占 8 位，试写出十进制数 －68 的原码、反码和补码。
5. 浮点数在计算机中是如何表示的？
6. 什么是 ASCII 码？请查 D、d、6 和空格的 ASCII 码值。
7. 简述计算机的工作原理。
8. 多媒体技术研究的主要内容有哪些？

第 2 章 Windows XP 操作系统

在第 1 章中,已经了解到硬件是计算机系统的物质基础,软件是用户有效使用计算机的工具。计算机系统的所有软、硬件资源之所以能相互配合、协调一致地工作,是借助于操作系统的控制、管理而实现的。操作系统是最重要的系统软件,它直接运行在裸机之上,是对计算机硬件系统的第一次扩充。操作系统是大型程序,它由许多具有控制和管理功能的子程序组成。Windows 是基于图形用户界面的操作系统。因其生动、形象的用户界面,十分简便的操作方法,吸引着成千上万的用户,成为目前装机普及率最高的一种操作系统。

2.1 操作系统概述

操作系统(Operating System,OS)是控制与管理计算机硬件和软件资源,合理组织计算机的工作流程以及方便用户使用计算机资源的程序和数据的集合。

操作系统作为计算机系统资源的管理者,能对系统中的所有软硬件资源进行合理而有效的管理和调度,提高计算机系统的整体性能;同时它向用户提供了一个有效、友好的工作环境,让用户使用起来非常灵活、方便。因此可以说,操作系统既是计算机硬件和其他软件的接口,也是用户和计算机之间的接口。操作系统的地位如图 2-1 所示。

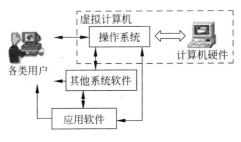

图 2-1 操作系统的地位

2.1.1 操作系统的功能

操作系统是一个庞大的管理控制程序,其功能可归纳为以下 5 个方面:处理机管理、文件管理、设备管理、存储管理、作业管理。

1. 处理机管理

处理机管理是指对处理器(CPU)资源的管理。CPU 是计算机的核心硬件资源,它的处理速度要比内存储器、外存储器及其他外部设备的工作速度要快得多,因此,根据一定的策略将处理器交替地分配给系统内等待运行的程序,可以使计算机系统的工作效率得到充分的发挥。

2. 文件管理

文件管理是指对数据信息资源的管理。计算机系统中的软件包括程序和数据,它们都是以文件的形式存放在外存储器中的,计算机处理文件时可以根据需要将它们读入到内存中。文件管理主要向用户提供了一个文件系统,一个文件系统可以向用户提供创建文件、删除文件、读写文件、保存文件、打开和关闭文件、删除文件、索引文件等功能,有了文件系统后,用户可按文件名存取数据而无须知道这些数据存放在哪里。此外,文件管理还包括对文件设置读取权限等功能。

3. 设备管理

设备管理是指对所有外部设备的管理。操作系统可以管理外部设备,并控制外部设备按用户程序的要求进行操作。计算机有很多的外部设备,如 U 盘、移动硬盘等,当连接上计算机时,就可以通过操作系统识别、管理该设备,而且外部设备的工作速度要比处理器的工作速度慢得多,操作系统通常会在内存中设定缓冲区实现成批数据的传送,提高运算速度。

4. 存储管理

存储管理是指对内存储器资源的管理。所有程序和数据都要先存放到内存中才能由 CPU 访问并处理,操作系统可以有效地管理内存资源,把内存单元分配给需要内存的程序以便让它执行,在程序执行结束后将它占用的内存单元收回以便再使用。另外,还有存储保护、内存扩充等功能。

5. 作业管理

作业管理是对用户提交的诸多作业进行的管理,包括作业的组织、控制和调度等。作业管理功能是为用户提供一个使用系统的良好环境和界面,使用户能方便地运行程序,有效地组织自己的工作流程,并使整个系统高效地运行。

2.1.2 操作系统的分类

经过多年的迅速发展,操作系统的形态非常多样,功能也相差很大,从简单到复杂,从手机的嵌入式系统到超级计算机的大型操作系统,一应俱全,已经能够适应各种不同的应用和各种不同的硬件配置。目前流行的操作系统种类很多,一般可以根据以下 4 种不同方式对其进行分类。

1. 以能够支持的用户数目为标准分类

(1) 单用户操作系统,即系统的所有软件、硬件资源只能为一个用户提供服务。如 MS DOS,OS/2,Windows 95/98 等。

(2) 多用户操作系统,即系统能为多个用户提供服务,它能够管理和控制由多台计算机通过通信口连接起来组成的一个工作环境。如 UNIX,MVS,Xenix 等。

2. 以能否运行多个任务为标准分类

（1）单任务操作系统，即用户一次只能提交一个任务，待该任务处理完毕后才能提交下一个任务，CPU 的运行效率较低。如 MS DOS。

（2）多任务操作系统，即允许多个程序或多个作业同时存在或运行。如 UNIX，Novell Netware，Windows 2000，Windows XP，Windows 7 等。

3. 以应用领域为标准分类

（1）桌面操作系统，也可以说是个人计算机系统，一般指的是安装在个人计算机上的图形界面操作系统软件。

（2）服务器操作系统，一般指的是安装在网站服务器上的操作系统软件，是企业 IT 系统的基础架构平台。同时，服务器操作系统也可以安装在个人计算机上。相比个人版操作系统，在一个具体的网络中，服务器操作系统要承担额外的管理、配置、稳定、安全等功能，处于每个网络中的心脏部位。服务器操作系统主要分为 4 大流派：Windows，Netware，UNIX，Linux。

（3）主机操作系统，它是一种针对像 IBM 公司的 zSeries 900（z900）大型机而设计的一款计算机操作系统。

（4）嵌入式操作系统（Embedded Operating System，EOS），它被固化在嵌入式计算机系统中，在系统的实时高效性、硬件的相关依赖性、软件固态化以及应用的专用性等方面具有较为突出的特点。在这种操作系统上，已经推出了很多应用非常广泛的 EOS 产品系列，如计算机微波炉、录像机、电视遥控板、机顶盒、调制解调器等都是嵌入式应用系统。EOS 产品已经渗透到我们生活的各个角落。

4. 以系统的功能为标准分类

（1）批处理操作系统，它以作业为处理对象，连续处理在计算机系统中运行的作业流。批处理操作系统现在已经不多见了。

（2）分时操作系统，它支持位于不同终端的多个用户同时使用一台计算机，彼此独立互不干扰，用户感到好像一台计算机全为自己所用。

分时操作系统的工作方式是：一台主机连接了若干个终端，每个终端有一个用户在使用。用户交互式地向系统提出命令请求，系统接收每个用户的命令，采用时间片轮转方式处理服务请求，并通过交互方式在终端上向用户显示结果。分时操作系统将 CPU 的时间划分成若干个片段，称为时间片。操作系统以时间片为单位，轮流为每个终端用户服务。每个用户轮流使用一个时间片而使每个用户并不感到有别的用户存在。分时系统具有多路性、交互性、独占性和及时性的特征。多路性是指宏观上看是多个人同时使用一个 CPU，微观上是多个人在不同时刻轮流使用 CPU。交互性是指用户可以根据系统上次响应结果进一步提出新的命令请求。独占性是指用户感觉不到计算机为其他人服务，就像整个系统为他所独占。及时性是指系统对用户提出的请求及时响应。典型的分时系统有 UNIX，Linux 等。

（3）实时操作系统，它是鉴于对工业工程的控制和对信息进行实时处理的需要而产生的。它使计算机能及时响应外部事件的请求并在严格规定的时间内完成对该事件的处理，控制所有实时设备和实时任务协调一致地工作的操作系统。实时操作系统具有实时性、高可靠性和完整性的特点。此外，它还有较强的容错能力。常用的实时系统有 RDOS 等。

（4）网络操作系统，它是在各种计算机操作系统上按照网络体系结构协议标准开发的软件，包括网络管理、通信、安全、资源共享和各种网络应用。在其支持下，网络中的各台计算机能互相通信和共享资源，具有基本的网络管理功能。常用的网络操作系统有 Windows 2000 Server，Netware，UNIX 和 Linux 等。

（5）分布式操作系统，它是为分布式计算机系统配置的操作系统。大量的计算机不分主次通过通信网络连接在一起，任意计算机之间可以传递、交换信息，也可以并行运行、互相协作共同完成一个任务，这种系统被称做分布式系统。它在资源管理、通信控制和操作系统的结构等方面都与其他操作系统有较大的区别。由于分布计算机系统的资源分布于系统的不同计算机上，操作系统对用户的资源需求不能像一般的操作系统那样等待有资源时直接分配，而是要在系统的各台计算机上搜索，找到所需资源后才可以进行分配。为了保证若干个用户对同一个文件所同时读出的数据是一致的，分布式操作系统还可以控制文件的读、写操作，使得多个用户可同时读一个文件，而任一时刻最多只能有一个用户在修改文件。分布式操作系统的通信功能类似于网络操作系统，但由于分布计算机系统不像网络分布得很广，同时分布操作系统还要支持并行处理，因此它提供的通信机制和网络操作系统提供的有所不同，它要求的通信速度比较高。分布操作系统的结构也不同于其他操作系统，主要体现在它分布于系统的各台计算机上，能并行地处理用户的各种需求，有较强的容错能力。

2.1.3 常用操作系统简介

1. DOS 操作系统

DOS 操作系统（Disk Operating System）是一种单用户单任务命令行界面操作系统，它简单易学，对硬件要求较低，但功能有限。它曾经广泛地应用在 PC 中，但现在基本被 Windows 替代。

2. Windows

Windows 是一种图形界面的操作系统。因其友好的用户界面、简单的操作方法，成为目前装机普及率最高的一种操作系统。Windows 主要有两个系列：一是用于低档 PC 上的操作系统，如：Windows 95、Windows 98、Windows 2000 Professional、Windows XP 等；二是高档服务器上的网络操作系统，如 Windows NT 4.0，Windows 2000 Server 等。

3. UNIX

UNIX 是一种多用户多任务的操作系统，它有较好的移植性、较高的可靠性和安全性，网络管理功能较强，但没有统一的标准，应用程序较少，并且不易学习，从而限制了它的普及应用。

4. Linux

Linux 是在 UNIX 基础上发展起来的,与 UNIX 兼容,继承了 UNIX 以网络为核心的设计思想,支持多任务、多用户、多进程、多 CPU。而且,它是一种源代码开放的操作系统。用户可以通过 Internet 免费获取 Linux 及其生成工具的源代码,然后进行扩充和修改,开发自己的 Linux 软件。Linux 版本众多,厂商利用免费的 Linux 核心程序,再加上一些外挂程序,就变成了现在的各种版本。如 Red Hat Linux、Turbo Linux、红旗 Linux、蓝点 Linux 等。

5. 其他操作系统

操作系统还有许多,如 IBM 公司推出的为 PS/2 设计的一种操作系统 OS/2d;苹果公司为在苹果机上运行而推出的一种操作系统 Mac OS;Novell Netware 是一个用于构建局域网的基于文件服务和目录服务的网络操作系统;Google 设计的基于网络的云端轻量级开源操作系统 Chrome,常用于手机和机顶盒上,开机仅需几秒钟。

2.2 Windows XP 的基本知识和基本操作

2.2.1 Windows 的家族及发展

Windows 是 Microsoft 公司为个人计算机和服务器用户设计的操作系统,它有时也被称为"视窗操作系统",用户通过这个视窗直接管理、控制和使用计算机。

1985 年 11 月,Windows 1.0 发布,这是微软公司第一次对个人计算机操作平台进行用户图形界面的尝试。随后在 1987 年推出了 Windows 2.0 版,它采用了层叠式的窗口系统,但这并没有引起人们的关注。直到 1990 年正式发布的 Windows 3.0 版才迎来了 Windows 划时代的发展,它提供了全新的用户界面和方便的操作手段,并且对内存管理技术进行了重大改进,可在任何方式下使用扩展内存。最终以压倒性的商业成功确定了 Windows 系统在 PC 领域的垄断地位,现今流行的 Windows 窗口界面的基本形式也是从 Windows 3.0 开始基本确定的。1992 年还推出了具有对桌面出版很有用的 TrueType 字体的 Windows 3.1 操作系统。

1995 年,Windows 95 发布,它出色的多媒体特性、人性化的操作、美观的界面令 Windows 95 获得空前成功。2000 年,Microsoft 公司推出了 Windows 2000,这是微软公司又一个划时代的产品。它集成了 Windows NT,Windows 95/98 的优点于一身,具有低成本、高可靠性、全面支持 Internet、包含新的 NTFS 文件系统、EFS 文件加密、增强硬件支持等新特性。

2001 年 10 月 25 日,Windows XP 发布。Windows XP 是微软公司把所有用户要求合成一个操作系统的尝试,和以前的 Windows 桌面系统相比稳定性有所提高,而且把很多以前由第三方提供的软件整合到操作系统中,如防火墙、媒体播放器(Windows Media Player)、即时通信软件(Windows Messenger)等。2003 年 4 月,Windows Server 2003 发布。它对活动目录、组策略操作和管理、磁盘管理等面向服务器的功能作了较大改进,提高了安全性、可靠性、运行性，进一步扩展了服务器的应用范围。2009 年 10 月 22 日，Microsoft 公司正式发布 Windows 7 正式版，并计划在以后发布 Windows 8。

1. Windows XP

Windows XP 原来的代号是 Whistler，字母 XP 表示英文单词的"体验"(experience)。微软公司最初发行了两个版本：专业版(Professional)和家庭版(Home Edition)，后来又发行了媒体中心版(Media Center Edition)和平板计算机版(Tablet PC Edition)等。家庭版的消费对象是家庭用户，用于一般的个人计算机以及笔记本电脑，只支持单处理器，最低支持 64MB 的内存(在 64MB 的内存条件下会丧失某些功能)，最高支持 1GB 的内存。专业版除了包含家庭版的一切功能，还添加了新的为面向商业用户设计的网络认证、双处理器支持等特性，最高支持 2GB 的内存，主要用于工作站、高端个人计算机以及笔记本电脑。

Windows XP 的主要技术特点有以下几点。

(1) 系统可靠性大大增强：由于 Windows XP 采用了完全受保护的内存模型，几乎消灭了 Windows 98 的蓝屏现象。在 Windows XP 中，重要的内核数据结构都是只读的，因此应用程序不能破坏它们。所有设备驱动程序都是只读的，并且进行了页保护，因此恶意的程序将不能影响操作系统的核心区域。为了提高系统可靠性，微软还采用了并行 DLL 技术、核心文件保护技术等措施。

(2) 更好的系统性能：加快了微机启动和关机时间，减少了系统重新启动的情况，增强了图形、音频、视频、网络处理系统的性能。

(3) 系统还原功能：可以自动创建可标志的还原点，使用户将计算机还原到指定日期前的系统状态，由于还原功能不恢复用户目前的数据文件，因此还原时不会丢失用户的数据文件、电子邮件等。

(4) 更好的安全性：采用防火墙技术，保护用户不受因特网上的一般攻击。支持加密文件系统(Encrypting File System，EFS)，可以产生密钥加密文件，加密和解密过程对用户来说是透明的。

2. Windows 7

Windows 7 常见有以下 5 个版本。

(1) Windows 7 简易版，比较简单易用，保留了 Windows 为用户所熟悉的特点和兼容性，并吸收了在可靠性和响应速度方面的最新技术进步。

(2) Windows 7 家庭普通版，使用户的日常操作变得更快、更简单，如可以更快、更方便地访问使用最频繁的程序和文档。

(3) Windows 7 家庭高级版，具有最佳的娱乐体验，可以轻松地欣赏和共享用户喜爱的电视节目、照片、视频和音乐。

(4) Windows 7 专业版，提供办公和家用所需的一切功能，如各种商务功能，以及家庭高级版所提供的卓越的媒体和娱乐功能。

(5) Windows 7 旗舰版，集各版本功能之大全。它不仅具备 Windows 7 家庭高级版的所有娱乐功能和专业版的所有商务功能，同时增加了安全功能以及在多语言环境下工作的灵活性。

2.2.2 Windows XP 的运行环境和安装

本章以 Windows XP Professional 为例介绍其使用方法和操作技巧。

1. Windows XP 的运行环境

用户要安装运行 Windows XP 操作系统，必须保证计算机具有如下最基本的配置。
（1）CPU：Pentium Ⅱ 350MHz。
（2）内存：128MB。
（3）硬盘：至少 1GB 的安装空间；200MB 的运行空间。
（4）显示器：VGA 或分辨率更高的监视器。
（5）其他配件：键盘、鼠标、光驱等。

2. Windows XP 的安装

Windows XP 提供了高智能化的安装向导，使安装过程的大部分操作都由操作系统自动完成，因此即使是初学者也能够轻松顺利地完成安装。

Windows XP 的安装可以分为三种：升级安装、多系统共存安装和全新安装。
（1）升级安装：当用户希望保留当前操作系统中的应用程序、数据文件和计算机设置时，可以选择升级安装。
（2）多系统共存安装：当用户在安装 Windows XP 操作系统时，想保留原有的操作系统，可以选择多系统共存安装。在安装过程中，用户需要选择另外一个独立的分区作为安装路径，使两个操作系统互相独立，互不干扰。安装完成后，系统会自动生成开机启动时的操作系统选择菜单。
（3）全新安装：当用户新买的一台计算机里没有任何操作系统时，或者希望对硬盘进行彻底清理时，可以选择全新安装。

2.2.3 Windows XP 的启动、注销与关机

1. Windows XP 的启动

打开显示器及主机电源开关，就可启动 Windows XP 操作系统。Windows XP 启动时，首先出现用户登录界面，要求用户选择用户账户名，并且输入口令，操作正确后进入 Windows XP 桌面。

Windows XP 是一个支持多用户的操作系统，它允许多个用户登录到计算机系统中，为了安全，Windows XP 要求使用计算机的每一个用户都有一个专用的账户。用户账户的创建或更改可以通过控制面板中的"用户账户"完成。

2. Windows XP 的注销

为使不同用户快速方便地进行系统登录，Windows XP 提供了注销功能，通过这种功能

用户可以在不需重新启动计算机的情况下登录系统,系统只更改用户的一些个人设置。要注销当前的用户,打开"开始"菜单,单击"注销"命令选项,打开"注销 Windows"对话框,如图 2-2 所示。

单击"切换用户"命令,则在不注销当前用户的情况下登录另一个用户。

单击"注销"命令,则关闭当前登录的用户,另选择新的用户身份重新登录,见图 2-2。

3. Windows XP 的关机

用户需要关闭 Windows XP 操作系统,则需要单击"开始"菜单,选择"关闭计算机"选项,出现"关闭计算机"对话框,用户可以根据自己的需要,选择对计算机进行三种操作:待机(或休眠)、关闭和重新启动,如图 2-3 所示。

图 2-2　注销 Windows 的界面

图 2-3　关闭计算机的界面

各种操作的不同作用如下。

(1) 待机:当用户只是短时间不使用计算机,又不希望别人以自己的身份使用计算机时,则应该选择"待机"命令。系统将保持当前的一切会话,数据仍然保存在内存中,只是计算机进入低耗电状态运行。当用户需要使用计算机时,只需移动鼠标即可使系统停止待机状态,打开"输入密码"对话框,在此输入用户密码即可快速恢复待机前的会话状态。

(2) 休眠:如果按住 Shift 键,并单击"待机"按钮,则系统进入"休眠"状态。当用户离开较长时间时,则应该选择"休眠"选项。系统将内存中的所有内容保存到硬盘,关闭监视器和硬盘,然后关闭计算机。重新启动计算机时,桌面将恢复到离开时的状态。使计算机脱离休眠状态要比脱离待机状态所花的时间长。

(3) 关闭:当用户不再使用计算机时,则应该选择"关闭"命令。系统将自动并安全地关闭电源。

(4) 重新启动:当用户需要重新启动计算机时,则应该选择"重新启动"命令。系统将结束当前的所有会话,关闭 Windows,然后自动重新启动系统。

2.2.4　鼠标与键盘

鼠标和键盘是常用的输入工具。在 Windows 环境中,绝大部分的操作都可以通过鼠标来实现。

1. 鼠标的基本操作方法

使用 Windows 操作系统之后,鼠标就广为使用,它可以非常方便、灵活、快速地执行某个操作。常用的鼠标有两键式和三键式两种。两键式鼠标有两个键,其中左键称为拾取键,右键称为菜单键。三键式鼠标还增加了一个滚轮,有滚轮向上翻滚、向下翻滚及滚轮按下三种操作。下面是一些有关鼠标操作的常用术语。

(1) 指向:在不按下任何鼠标按钮的情况下,移动鼠标指针到某个位置。一般用于打开子菜单或者显示当前对象的一些文字说明。

(2) 单击:将鼠标固定在某个位置上,按下鼠标左键后立即松开。通常用于实现光标定位、菜单命令选择等。

(3) 右击:将鼠标固定在某个位置上,按下鼠标右键后立即松开。通常用于打开"快捷"菜单。

(4) 拖动:将鼠标指针停在某一对象或某处,再按住鼠标左键不松开,移动到另一位置后再松开鼠标左键。通常用于实现选择,以及把选择的内容移动位置等。

(5) 双击:将鼠标固定在某个位置上,快速连按两下鼠标左键。通常用于实现所选择程序的执行。

鼠标指针的形状不是固定不变的,它会随着当前所指的对象或者所要执行的操作命令的不同而改变。不同形状的鼠标指针代表不同的含义,如表 2-1 所示。

表 2-1 鼠标指针

状态指示	指针	状态指示	指针	状态指示	指针
正常选择	↖	精度定位	+	调整垂直	↕
帮助选择	↖?	选定文本	I	水平调整	↔
后台运行	↖⌛	手写	✎	沿对角线调整 1	↘
忙	⌛	不可用	⊘	沿对角线调整 2	↗
移动	✥	候选	↑	链接选择	☝

2. 键盘的使用

键盘是计算机系统中非常重要的一个输入设备,承担着输入命令、程序、数据等功能。常用键盘有 101 键盘、104 键盘、107 键盘。104 键盘,如图 2-4 所示,可划分为 4 个区:左部的基本键区、右部的编辑键区、上部的功能键区和数字小键盘区。

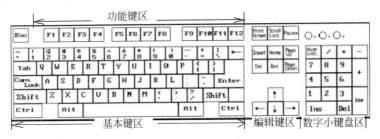

图 2-4 键盘示意图

基本键区用于字母、数字、符号的输入,在英文输入状态下,输入的符号即按键上标注的字母、数字或西文标点,要输入中文标点,必须切换到中文标点输入状态;编辑键区主要用于屏幕编辑、移动光标等操作,如插入状态切换键 Insert 可以进行插入/改写状态切换;功能键区所提供的功能随软件的不同而不同,如按键 F1 一般用于打开帮助窗口或弹出助手;数字小键盘区具有数字输入和移动光标的功能,其左上角的 Num Lock 键就是相应功能开关。另外,Ctrl、Shift、Alt 等键与其他键同时按组成组合键,称为快捷键,可以实现相应功能操作,部分常用快捷键及其功能如表 2-2 所示。

表 2-2 常用组合键及其功能

组合键	功　能	组合键	功　能
Ctrl+Space	打开/关闭汉字输入法	Win+D	显示桌面
Ctrl+Shift	切换汉字输入法	Alt+F4	关闭当前窗口或关闭计算机
Ctrl+A	选择全部对象	Win+E	打开"我的电脑"窗口
Ctrl+Tab	在当前对话框不同的选项卡间切换	Alt+菜单名带下划线字母	执行相应的菜单命令
Ctrl+Esc	打开"开始"菜单	Alt+Tab 或 Alt+Esc	在已打开的程序窗口间切换
Ctrl+Alt+Del	打开 Windows 任务管理器	Win+M	最小化当前所有打开窗口
Shift+Space	全角/半角间切换	Win+F1	打开 Windows 帮助和支持中心

2.3　图形用户界面与操作

在 Windows 操作系统下,用户界面由窗口、菜单、对话框和图标这些基本部件组成。用户界面的操作就是要熟练掌握这些基本部件的使用。

2.3.1　桌面

桌面就是用户启动计算机登录到系统后看到的整个屏幕界面,由"开始"按钮、任务栏、图标、空白区组成。它是用户和计算机进行交流的窗口,上面可以存放用户经常用到的应用程序和文件夹图标,用户可以根据自己的需要在桌面上添加各种快捷图标,在使用时双击图标就能够快速启动相应的程序或文件。

通过桌面,用户可以有效地管理自己的计算机,与以往任何版本的 Windows 相比,Windows XP 桌面有着更加漂亮的画面、更富个性的设置和更为强大的管理功能。Windows XP 的桌面如图 2-5 所示。

任务栏是位于桌面最下方的一个小长条,它显示了系统正在运行的程序和打开的窗口、当前时间等内容,用户通过任务栏可以完成许多操作,而且也可以对它进行一系列的设置。

1. "开始"菜单和任务栏

系统默认的任务栏位于桌面的最下方,用户可以根据自己的需要把它拖到桌面的任何边缘处及改变任务栏的宽度,通过改变任务栏的属性,还可以让它自动隐藏。

图 2-5 Windows XP 桌面

用鼠标单击"开始"菜单，弹出如图 2-6 所示的菜单，它包含了使用 Windows XP 所需的全部命令。该菜单以当前用户标志为标题，在经典开始菜单中，左列是常用应用程序列表，右列是 Windows 系统文件夹列表，最底部依次是"所有程序"、"注销"和"关闭计算机"按钮。表 2-3 简要描述了各个命令的功能。

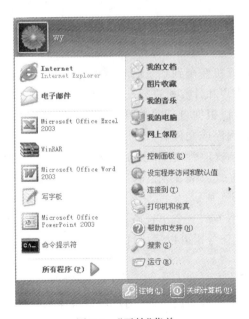

图 2-6 "开始"菜单

表 2-3 "开始"菜单中各命令的功能

命　　令	功　　能
程序	显示可以运行的程序清单
文档	显示以前打开过的文档
设置	显示能更改系统设置的组件清单
查找	查找文件、文件夹等信息
帮助	启动"Windows XP 帮助"
运行	打开文件夹或运行程序及命令
关闭计算机	注销、关机或重新启动

　　Windows XP 是一个多任务操作系统,可以同时启动多个程序,但是位于前台的任务只有一个。当一个应用程序被打开时,会在任务栏中出现一个表示该应用程序的按钮,任务栏上的每个按钮表示正在运行的一个程序或已打开的一个窗口。通过单击任务栏上的按钮,可以在运行程序之间进行切换。关闭一个窗口后,其按钮也从"任务栏"上消失。如果要隐藏任务栏,右击"任务栏"空白处,选择"属性"命令,在弹出的对话框中设置相应的属性。

　　"快速启动栏"是启动这些应用程序的捷径,只要用鼠标单击就可启动相应程序。

　　双击"任务栏"最右端的时钟,弹出如图 2-7 所示的对话框,用户可以在该窗口中设置日期、时间和时区。

　　单击"任务栏"上的输入法按钮,弹出如图 2-8 所示的输入法菜单,用户可以从中选择一种输入法,选择的输入法左边会有一个"√"符号。

图 2-7 "日期和时间属性"对话框

图 2-8 输入法菜单

2. 桌面常见图标含义

　　桌面的左边显示一系列图标,常见的有"我的文档"、"我的电脑"、"网上邻居"、"回收站"和 Internet Explorer。

　　(1) "我的文档":是一个文件夹,用做数据的默认存储位置。

　　(2) "我的电脑":是一个文件夹,使用该文件夹可以快速查看硬盘、光驱、U 盘等外存储器上的所有内容,还可打开"控制面板"配置计算机中的多项设置。

　　(3) "网上邻居":是一个文件夹,用来浏览整个网络上的共享资源。

(4)"Internet Explorer"：是一个 Internet 浏览器，用于访问网络资源。

(5)"回收站"：是一个文件夹，用来存储被删除的文件、文件夹等数据，直到清空为止。用户也可以把"回收站"中的文件恢复到它们在系统中原来的位置。

注意：刚安装 Windows XP 操作系统时，默认的图标是"回收站"。如果想显示其他常见图标，可右击桌面空白处，选择快捷菜单中的"属性"命令，在弹出的"显示属性"对话框中单击"桌面"标签，再单击"自定义桌面"按钮，弹出如图 2-9 所示的"桌面项目"对话框，选中"桌面图标"中相应的复选框，最后单击"确定"按钮即可。

图 2-9 "桌面项目"对话框

2.3.2 窗口和对话框

Windows XP 是一个图形用户界面的操作系统，其图形除了桌面以外，还有两个部分：窗口和对话框。

1. 窗口的组成

窗口是 Windows XP 应用程序运行的基本框架，它限定每一个应用程序或文档都必须在该区域内运行或显示，即无论进行什么操作都是在窗口中进行的。在 Windows XP 中有许多种窗口，其中大部分都包括了相同的元素，如图 2-10 所示是一个标准的窗口，它由标题栏、菜单栏、工具栏、状态栏、"最小化"按钮、"最大化"/"还原"按钮、"关闭"按钮、滚动条（或称滑块）、窗口边框、编辑区、控制菜单图标等组成。

(1)标题栏：标题栏位于窗口的上方，用于显示应用程序或文档的名称，标题栏高亮显示则表示该窗口为前台窗口。它也可以用来移动窗口，只需拖动标题栏，窗口就会被移到新的位置上。利用标题栏也可以达到快速改变窗口大小的目的，双击标题栏，会将一个正常大小的窗口变为最大化，再次双击最大化窗口的标题栏，则窗口会恢复至原先的大小。

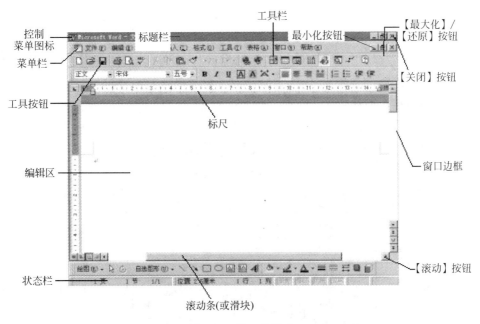

图 2-10 窗口的组成

标题栏的最左端是控制按钮,单击控制按钮可以弹出对本窗口的一些控制命令;标题栏的右端依次是"最小化"、"最大化"和"关闭"按钮。单击"最小化"按钮可以将窗口缩成任务栏上的一个对应的按钮;单击"最大化"按钮可使窗口扩大到整个桌面,此时"最大化"按钮变成"还原"按钮;单击"关闭"按钮关闭当前窗口。

注意:当应用程序的窗口最小化成任务栏上的一个按钮后,该应用程序依然在后台运行,仍然占用内存资源。所以当不再使用应用程序时,应该关闭应用程序。

(2) 菜单栏:位于标题栏的下方,有文件、编辑、查看、工具等菜单项。它提供了用户在操作过程中要用到的各种命令。

(3) 工具栏:它是图形化的菜单,是访问应用程序命令的快速方法。

(4) 滚动条:当窗口的大小不能完全显示所需的内容时,窗口的左端(或下端)就会出现相应的垂直滚动条(或水平滚动条)。滚动条的上下端(或左右端)各有一个小三角,在滚动条内还有一个"滑块",用户可以通过单击小三角或者滑块的上下端将窗口的内容移动一行或一页,也可以通过拖动滑块任意移动。

(5) 编辑区:它在窗口中所占的比例最大,显示了应用程序界面或文件中的全部内容。

(6) 状态栏:位于窗口的底部,用于显示当前窗口的一些状态信息。

注意:窗口一般重叠显示,如何对窗口进行排列呢?右击"任务栏"空白处可看到如图 2-11 所示的菜单,即可选择"层叠窗口"、"横向平铺窗口"、"纵向平铺窗口"中的一种方式进行排列。

2. 对话框

对话框指使用某一应用程序执行基本命令时弹出的矩形区域。

图 2-11 "任务栏"菜单

它在 Windows XP 中占有重要的地位,是用户与计算机系统之间进行信息交流的窗口。用户通过在对话框中选择相应的选项,对对象属性进行设置或修改。对话框的组成和窗口有相似之处,例如都有标题栏,但对话框要比窗口更简洁、更直观、更侧重于与用户的交流,它一般包含标题栏、选项卡与标签、文本框、列表框、命令按钮、单选按钮和复选框等几部分。如图 2-12 所示就是一个普通的对话框界面。

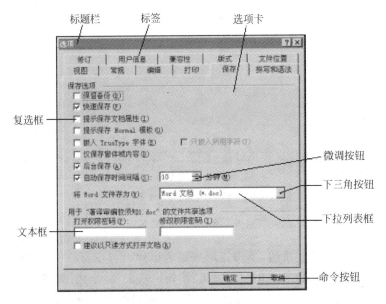

图 2-12 对话框界面

(1) 标题栏:位于对话框顶部,系统默认是深蓝色,上面左侧标明了该对话框的名称,右侧有"关闭"按钮,有的对话框还有帮助按钮。

(2) 选项卡与标签:对话框如果有许多参数设置时,窗口放不下,可以将一些功能相关的参数设置放在一张卡片上,即选项卡。利用"选项卡"控件可以在多个选项卡中来回切换,当选中相应的选项卡标签时,选项卡标签会呈凸起状态。

(3) 文本框:用于输入文本内容的空白区域。

(4) 列表框:由一个方框和项目列表及方框旁边的滚动条组成,通过使用滚动条或是单击滚动箭头可以上下滚动翻阅项目清单。

(5) 下拉列表框:只显示单行内容的列表框形式,单击右侧的下三角按钮会弹出一列表供用户选择。

(6) 单选按钮:一组选项中必须且只能选中一种,选中后其圆形按钮中出现黑点。

(7) 复选框:可同时选中多个选项或不选,选中后其方形框中出现"√"标记。

(8) "微调"按钮:一种特殊的文本框,其右侧有向上和向下两个按钮,用于对该文本框中的内容(一般为数字)进行调节。

(9) "命令"按钮:一般有"确定"、"取消"、"是"、"否"等选项,使用鼠标单击所需要的命令按钮即可执行相应的操作。

注意:命令按钮上如果有省略号,表示单击该按钮还会打开一个新的对话框;如果命令按钮呈浅灰色显示,表示此命令当前不可执行。

2.3.3 菜单

把应用程序提供的各种功能命令设计成菜单的形式,可以极大地方便了用户的使用。菜单的种类如表 2-4 所示。

表 2-4 菜单的种类

	"开始"菜单	"控制"菜单	"快捷"菜单	"菜单栏"菜单
功能	Windows XP 的命令	控制窗口的大小、位置等命令	作用于对象的命令	应用程序的命令
打开	单击"开始"按钮或按 Ctrl+Esc	单击"控制"按钮或右击标题栏	右击对象	单击菜单名或用快捷键

打开菜单后,如果不想从菜单中选择命令或选项,就用鼠标单击菜单以外的任何地方或按 Esc 键。一个菜单中含有若干个命令项,命令项的不同标记有不同的含义,如表 2-5 所示。

表 2-5 菜单命令项的含义

命 令 项	说 明
暗淡的	不可选用
带省略号(…)	打开一个新的对话框,需要用户输入信息
前有符号(√)	命令有效。再一次选择,消失,命令无效
带符号"●"	当前命令项被选中
带组合键	按下组合键直接执行相应的命令,而不必通过菜单
带符号(▶)	鼠标指向时,弹出一个子菜单
向下的双箭头	用鼠标指向它时,会显示一个完整的菜单

2.3.4 剪贴板

剪贴板是内存中临时开辟的一块存储区域,可以存储文字、图像、声音等信息。所以,它是应用程序内部和应用程序之间交换信息的工具,某些信息从一个程序"剪切"或"复制"下来时,它将存放在剪贴板区,通过"粘贴"命令可以将这些信息复制到另一位置。

1. 将信息放入剪贴板

(1) 剪切(快捷键为 Ctrl+X):将选定的信息移动到剪贴板中。

(2) 复制(快捷键为 Ctrl+C):将选定的信息复制到剪贴板中。

(3) 屏幕复制:将整个屏幕或某个活动窗口以图形的形式复制到剪贴板中。按下 Print Screen 键,可将整个屏幕信息以图形的形式复制到剪贴板中;同时按下 Alt+Print Screen 键,可将当前活动窗口中的信息以图形的形式复制到剪贴板中。

2. 从剪贴板中粘贴信息

使用"粘贴"(快捷键为 Ctrl+V)命令,可以将剪贴板中的信息插入到指定的位置。

注意:剪贴板上的信息可以多次粘贴,也可在不同文件中粘贴。

2.3.5 帮助系统

Windows XP 操作系统的"帮助和支持中心"是一个功能强大的帮助系统。

注意:除了 Windows XP 操作系统的"帮助和支持中心",一般应用程序都有自己的帮助系统,常见的打开帮助系统的方法有以下三种。

方法 1:单击对话框的帮助按钮"?"获得帮助信息。

方法 2:单击应用程序的"帮助"菜单获得帮助信息。

方法 3:按"F1"功能键。

2.3.6 任务管理器

如果应用程序运行不正常,用户可按下 Ctrl+Alt+Del 键,系统弹出"任务管理器"窗口,在该窗口中,用户可以了解正在运行的所有程序和进程的相关信息等内容。具体来说,有下列功能。

(1) 查看 CPU 和内存使用情况。

(2) 查看正在运行的所有程序的状态,并终止已停止响应的程序。

(3) 查看正在运行的所有进程的信息,进程的信息最多可以达到 15 个参数。

(4) 如果与网络连接,则可以查看网络状态,了解网络的运行情况。

(5) 如果有多个用户连接到计算机,则可以查看到连接的用户以及活动情况,还可以发送消息。

2.4 文件及文件夹管理

2.4.1 文件与文件夹的概念

文件是一组相关信息的集合,由文件名标识进行区别。文件是最小的数据组织单元,所有的程序和数据都是以文件的形式存放在外存储器上。

磁盘是存储信息的设备,一个磁盘上通常存储了大量的文件。为了便于管理,可以将相关文件分类后存放在不同的目录中,这些目录称为文件夹。子目录则是文件夹的文件夹(也称为子文件夹)。

1. 文件的命名

文件是按名存取的,每个文件必须有一个文件名。文件名由文件主名与可选的扩展名两部分组成,两者之间用点符号"."进行分隔。扩展名用于标识文件的类型。Windows XP 的文件命名时必须遵循以下规定。

(1) 文件名或文件夹名最多可使用 255 个字符,这些字符可以是字母、空格、数字、汉字或一些特定符号。

文件名除去开头以外的任何地方都可以有空格,但不能是下列 9 个字符:\,/,:,*,?,",<,>,|。

(2) Windows XP 保留文件名的大小写格式,但是不能用英文大小写区分文件。如:shiyan.doc 和 SHIYAN.DOC 是同一个文件。

(3) 可使用多分隔符的名字。如可创建文件名为 jsj.shiyan.doc 的文件。

(4) 查找和显示时可以使用通配符"*"和"?"。其中,"*"可以代表文件名中任意的一个字符串,"?"则代表文件中的一个字符。

(5) 不可使用 Windows 默认的设备名作为文件名。例如:CON,AUX,COM1,COM2,NUL,PRN,LPT1,LPT2,LPT3 等。

2. 文件的类型

Windows XP 利用文件的扩展名来区别每个文件的类型。在 Windows XP 中,每个文件在打开前都是以图标的形式显示。每个文件的图标可能会因为文件类型的不同而不同,而系统正是以不同的图标来向用户提示文件的类型。在 Windows XP 中常见的文件类型有:

程序文件(.EXE 或.COM);
批处理文件(.BAT);
文本文件(.TXT);
图片文件(.JPG 或.BMP 或.GIF);
声音文件(.MP3);
视频文件(.AVI 或.RMVB);
网页文件(.HTM 或.HTML);
备份文件(.BAK);
数据文件(.MDB 或.DBF)。

3. 文件夹

在 Windows XP 中,为了有效地组织文件存放,Windows XP 把盘分成一级级文件夹用于存放一些性质相类似的文件。

文件存放在文件夹中,文件夹采用层次结构。每个磁盘的根部可以直接存放文件,叫做根目录。根目录下面还可放子目录(子文件夹),子目录下面还可再放子目录(子文件夹),即 Windows XP 采用树形结构以文件夹的形式组织和管理文件,如图 2-13 所示。

图 2-13 "树"形目录结构

文件夹的命名规则与文件的命名规则是一致的,但给文件夹命名时,通常不加扩展名。

2.4.2 资源管理器

Windows XP 利用"我的电脑"和"资源管理器"来管理计算机系统资源。包括查看计算机资源,启动应用程序,管理磁盘、文件、文件夹,软、硬件设置等。"我的电脑"与"资源管理器"

的功能基本一样。"我的电脑"的存储是采用分层结构,而"资源管理器"采用树形结构存储。

1． "资源管理器"的启动方法

方法 1：右击"我的电脑"图标,单击"资源管理器"命令。
方法 2：单击"开始"菜单,执行"程序"｜" 附件"｜"资源管理器"命令。
方法 3：鼠标右击"开始"菜单,单击"资源管理器"命令。

2． "资源管理器"窗口

如图 2-14 所示,资源管理器窗口除了标题栏、菜单栏、工具栏、状态栏外,其工作区分为左、右两个窗格,左窗格为一棵文件夹树,显示计算机资源的结构组织,右窗格中显示左窗格中选定对象所包含的内容。如果一个文件夹包含下一层的子文件夹,则在左窗格中该文件夹的左边有一个方框,其中包含一个加号"＋"或减号"－"。当单击某文件夹左边含有加号"＋"的方框时,就会展开该文件夹,并且"＋"变成"－"。展开后再次单击,则将文件夹折叠,并且"－"变成"＋"。也可以用双击文件夹图标或文件夹名的方法,展开或折叠一层文件夹。

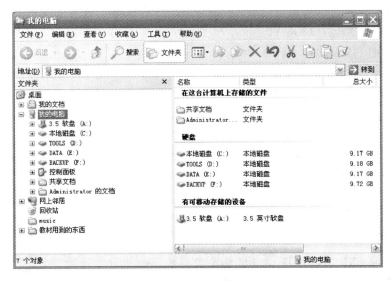

图 2-14 "资源管理器"窗口

2.4.3 查看文件和文件夹

1. 文件和文件夹的显示方式

(1) 大图标：以大图标的方式显示。
(2) 小图标：以多列方式显示小图标。
(3) 列表：以单列方式排列小图标。
(4) 详细资料：可显示文件和文件夹的名称、大小、类型及修改时间等信息。
(5) 缩略图：可以快速浏览文件夹中的多个图像。
通过单击"查看"菜单或工具栏选择相应的命令项即可修改显示方式。

2．文件和文件夹的排序

用户单击"查看"菜单后选择"排列图标"的子菜单即可改变排序方式，常见的排序命令有"按名称"、"按类型"、"按大小"、"按日期"及"自动排序"。另外，用户也可以通过在"详细资料"的显示方式下单击右边域中某一列的名称进行排序。

（1）名称：选择此排序方式，文件夹中的对象会以名称的先后顺序进行排序。若是英文名字，则是按照英文字母的顺序排序；若是汉字名字，则是按照汉字的拼音字母顺序排序；若汉字和英文名字同时存在时，英文名字默认排序在汉字名字前面。此方式方便用户查找某一特定名称的文件。

（2）修改时间：选择此排序方式，文件夹中的对象会以修改时间的先后顺序排序。此方式方便用户查找某一特定时间创建或修改过的文件。

（3）类型：选择此排序方式，文件夹中的对象会以文件类型进行排序，即将相同扩展名的文件放在一起，以扩展名中英文字母的先后顺序归类排序。此方式方便用户查找某个特定类型的文件。

（4）大小：选择此排序方式，文件夹中的对象会以文件容量大小进行排序。若反复选择此方式，则可以在"从小到大"和"从大到小"两种具体方式中切换。此方式方便用户查找某个特定大小的文件。

3．修改其他查看选项

"工具"菜单中的"文件夹选项"可以用来设置其他查看方式，如图 2-15 和图 2-16 所示。例如：是否显示所有的文件和文件夹；隐藏还是显示已知文件类型的扩展名；在同一窗口中打开文件夹还是在不同窗口中打开文件夹等。

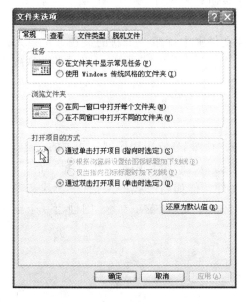
图 2-15 "文件夹选项"对话框中的"常规"选项卡

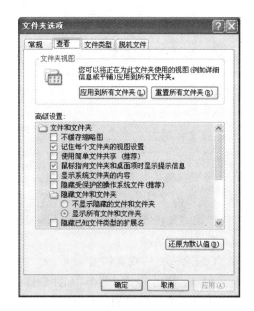
图 2-16 "文件夹选项"对话框中的"查看"选项卡

2.4.4 管理文件和文件夹

在 Windows XP 中管理文件和文件夹就是用户根据系统和日常管理及使用的需要对文件和文件夹进行创建、浏览、选择、移动、重命名、复制、删除和隐藏等操作。这些基本操作一般都要遵循"先选定、后操作"的原则。

1．选择文件或文件夹

（1）选择单个文件或文件夹，单击它即可将其选中。

（2）选择多个不连续的文件或文件夹，按下 Ctrl 键的同时，逐个单击要选中的对象（如果单击已选中的对象将取消选中）。

（3）选择多个连续的文件或文件夹，先单击连续区域的第一个对象，按住 Shift 键后再单击连续区域的最后一个对象。

（4）单击"编辑"菜单下的"全部选定（Ctrl+A）"可以选中当前文件夹中的所有对象。

（5）单击"编辑"菜单下"反向选择"可以取消原来的选择，而原未被选择的对象均被选择。

注意：在选择文件或文件夹的过程中，如果用户单击了窗口中的空白处，先前的选择将自动取消，需要重新选择。

2．创建、删除、重命名文件或文件夹

1）创建文件夹

为了将文件按类型或按一定的关系组织起来存放，必须先创建文件夹。

方法1：在"桌面"上创建一个新的文件夹。在桌面右击鼠标，执行"新建"|"文件夹"菜单命令。

方法2：在"资源管理器"或"我的电脑"或其他文件夹中创建一个新的文件夹。首先打开要在其中创建文件夹的驱动器或文件夹，然后执行"文件"|"新建"|"文件夹"菜单命令（图 2-17）。

2）创建文件

创建文件的方式有很多，下面介绍两种。

方法1：利用"写字板"、"记事本"、Word、Excel、"画图"等应用程序创建相关的文件。

方法2：在某个文件夹中的空白处右击，在弹出的"快捷菜单"中把光标移到"新建"，选择所要创建的文件类型处单击，出现一个空的新文件。例如，在"我的文档"中新建文本文件。在"我的文档"的空白处右击鼠标，执行"新建"|"文本文档"菜单命令，则创建一个空文件，如图 2-18 所示。

3）删除该文件或文件夹

方法1：使用"文件"菜单中的"删除"命令。

方法2：直接使用 Delete 键。

方法3：单击工具栏中"删除"按钮。

方法4：使用快捷菜单的"删除"命令。

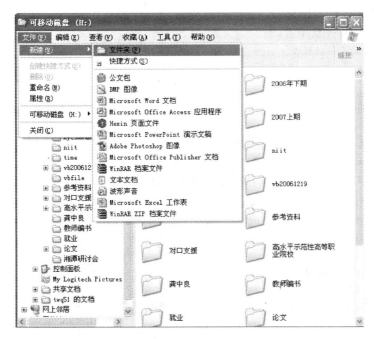

图 2-17 新建文件夹

图 2-18 新建文件

注意：当执行删除命令时会出现如图 2-19 所示的"确认文件删除"对话框，在提示框中单击"是"按钮即可。这种方法也称为逻辑删除。Windows XP 实际上并未真正删除它们，只是将这些对象移到硬盘上一个名叫"回收站"的文件夹中。在清空回收站之前，可以到回收站中对被删除的对象进行恢复。如果用户想永久删除硬盘上的文件或文件夹，不再恢复，在选中这些文件或文件夹后，按 Shift+Delete 键即可。从网络驱动器、U 盘上删除的文件或文件夹不会被移动到回收站。因此，也无法恢复，操作时需要特别小心。

4）重命名文件或文件夹

方法1：使用快捷菜单方式。

方法2：执行"文件"菜单中"重命名(M)"命令。

图 2-19 "确认文件删除"对话框

3．复制文件或文件夹

方法1：使用剪贴板：选中要复制的文件或文件夹并右击，选择"复制"（或按下 Ctrl＋C 组合键），然后打开目标驱动器或文件夹，执行"粘贴"（或按下 Ctrl＋V 组合键），即可完成复制文件或文件夹的操作。

方法2：使用拖动的方法：先选中要复制的文件或文件夹，如果在不同的磁盘驱动器中，则用鼠标直接将其拖曳到目标驱动器或文件夹中即可。

注意：若是同一驱动器间复制需按住 Ctrl 键拖动。

4．移动文件或文件夹

方法1：使用剪贴板。选中要进行移动的文件或文件夹，选择"剪切"（或按下 Ctrl＋X 组合键），执行"粘贴"（或按 Ctrl＋V 组合键）。

方法2：使用拖动的方法。先选择要移动的文件或文件夹，如果在同一磁盘驱动器中，则直接用鼠标拖曳对象到目标文件夹窗口，如图 2-20 所示。

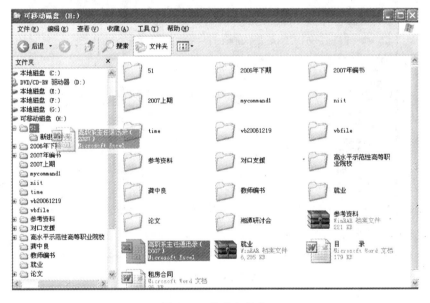

图 2-20 移动文件夹

注意：若是不同驱动器间移动需按住 Shift 键拖动。

5．文件或文件夹的属性操作

在 Windows XP 环境下的文件有只读、存档、隐藏等属性。其中，只读是指文件只允许读，不允许改变；存档是指普通的可读写文件；隐藏是指将文件隐藏起来，在一般的文件操作中不显示这些文件。

注意：如果确定要显示隐藏文件或文件夹，可选择"工具"菜单中的"文件夹选项"，再单击"查看"标签，选中"高级设置"中的"显示所有文件和文件夹"单选按钮，如图 2-16 所示，最后单击"确定"即可。

更改文件或文件夹属性的操作方法如下：可右击要设置属性的文件或文件夹，从弹出的快捷菜单中选择"属性"命令，打开其属性对话框，如图 2-21 所示。在"常规"选项卡下，除了显示了文件的大小、位置、类型等信息之外，还可设置对象的属性，选中底部的"隐藏"（或"只读"、"存档"）复选框，单击"确定"按钮即可。

6. 搜索文件或文件夹

单击"开始"菜单中的"搜索"命令，打开"搜索结果"对话框，如图 2-22 所示。在"全部或部分文件名"文本框中输入要查找文件或文件夹的文件名，如果用户记得不是很清楚，还可以在"文件中的一个字或词组"文本框中输入文件中的某个字或词组，在"在这里寻找"框中通过下拉列表设置搜索的范围，

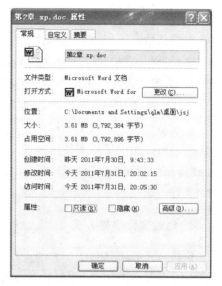

图 2-21 文件"属性"对话框

可以是整个本地资源，也可以是 C 盘、D 盘等磁盘驱动器或具体某个磁盘下的文件夹。如果用户想指定更多的搜索条件，以提高搜索的效率，可单击"什么时候修改的？"、"大小是？"、"更多高级选项"打开更多搜索参数。

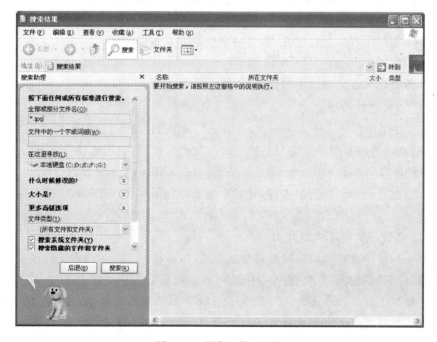

图 2-22 搜索文件对话框

注意：在搜索中可以包含通配符"＊"、"？"。"＊"可代表任意多个合法字符，"？"代表任意一个合法字符。如：＊.jpg 表示只要文件名的后 4 个字符是".jpg"的文件都是搜索对象，即所有扩展名为.jpg 的文件。

7. 使用回收站

在默认情况下，用户在删除文件或文件夹时，系统只是在逻辑上对这些文件或文件夹进行了删除操作，它们实际上被移到了回收站中。所以它们仍然占据着磁盘空间，如果要彻底删除它们，可在回收站中永久删除它们。用户若误删了某个文件或文件夹，可以通过回收站的还原功能将其恢复。若回收站已满，并且磁盘空间有限，用户可以将回收站中清空，清空后的回收站中将无任何文件和文件夹，并无法进行还原。

要从回收站中还原文件或文件夹，只要在回收站窗口中右击准备要还原的文件或文件夹，在弹出的快捷菜单中选择"还原"命令，这时即可将该文件和文件夹还原到被删除之前所在的位置。

8. 创建文件快捷方式

快捷方式并不是它所代表的应用程序、文档或文件夹的真正图标，快捷方式只是一种特殊的 Windows XP 文件，它们具有.LNK 文件扩展名，且每个快捷方式都与一个具体的应用程序、文档或文件夹相联系，用户双击快捷方式的实际效果与双击快捷方式所对应的应用程序、文档或文件夹是相同的。每个快捷方式用一个左下角带有弧形箭头的图标表示，称之为快捷图标，如图 2-23 所示。

普通图标　快捷方式图标

图 2-23　快捷方式图标与普通图标

对快捷方式的改名、移动或复制只影响快捷方式文件本身而不影响其所对应的应用程序、文档或文件夹。

一个应用程序可有多个快捷方式，而一个快捷方式最多只能对应一个应用程序。

创建快捷方式的方法有以下两种。

方法 1：直接创建快捷方式。

例如：要在桌面创建一个 Microsoft Office Word 的快捷方式图标，方法是在桌面的空白位置右击，在出现的菜单中单击"新建"｜"快捷方式"，然后在"创建快捷方式"对话框的命令行文本框中输入"C:\Program Files\Microsoft Office\Office 12\WINWORD.exe"（图 2-24），单击"下一步"｜"完成"按钮，此时桌面上出现了一个 WINWORD 图标，这样就创建了一个快捷方式。

方法 2：通过拖放创建快捷方式。

有一种更简单的方法可以用来创建快捷方式，即拖放的方法。选中文件或文件夹，按住鼠标右键拖放到目标位置，在快捷菜单中选中"在当前位置创建快捷方式"。

注意：要创建桌面上的快捷方式图标，除了上面的两种方法外，还可以通过下面的方法进行创建：选中要创建快捷方式的文件或文件夹，右击鼠标，执行"发送到"｜"桌面快捷方式"命令。

图 2-24　创建快捷方式对话框

9．磁盘管理

磁盘可以视为一个特殊的文件夹，它有一些特殊的管理操作，如：利用"我的电脑"或"资源管理器"可以进行硬盘分区、格式化磁盘等。

（1）硬盘分区：计算机中存放信息的主要的存储设备就是硬盘，但是硬盘不能直接使用，必须对硬盘进行分割，分割成的一块一块的硬盘区域就是磁盘分区。

在传统的磁盘管理中，将一个硬盘分为两大类分区：主分区和扩展分区。主分区是能够安装操作系统，能够进行计算机启动的分区，这样的分区可以直接格式化，然后安装系统，直接存放文件。在一个硬盘中最多只能存在 4 个主分区。如果一个硬盘上需要超过 4 个以上的磁盘分块的话，那么就需要使用扩展分区。如果使用扩展分区，那么一个物理硬盘上最多只能有 3 个主分区和 1 个扩展分区。扩展分区不能直接使用，它必须经过第二次分割成为一个一个的逻辑分区，然后才可以使用。一个扩展分区中的逻辑分区可以有任意多个。

（2）磁盘格式化：磁盘分区后，必须经过格式化才能正式使用。如果对旧磁盘进行格式化，将删除磁盘上的原有信息。磁盘可以被格式化的条件是：磁盘不能处于写保护状态，磁盘上不能有打开的文件。

磁盘格式化的操作方法是在"我的电脑"或"资源管理器"窗口中，选定要格式化的磁盘驱动器图标。选择"文件"菜单中的"格式化"命令，或者在磁盘驱动器图标上右击鼠标，从快捷菜单中选择"格式化"命令。

（3）磁盘备份：单击"开始"菜单，执行"程序"|"附件"|"系统工具"命令，可以打开磁盘备份。保护数据最有效的办法就是对磁盘上的所有文件进行备份，一旦文件破坏或丢失，可以通过备份恢复回来。

使用"备份"程序备份文件时，可以选择备份整个系统，或者备份选定的文件和文件夹，也可以恢复备份文件。

（4）磁盘清理：执行"系统工具"命令后，也可以打开"磁盘清理"，"磁盘清理"是一个系统级压缩工具，用来帮助用户缓解不断增长的信息存储容量与固定硬盘容量的矛盾。

（5）磁盘碎片整理程序：当文件被存储于不连续的磁盘扇区中时，就会出现碎片，碎片会使得计算机花费更长的时间去读取或写入文件。执行"系统工具"命令后，也可以打开"磁盘碎片整理程序"，"磁盘碎片整理程序"可以对磁盘中文件和数据存放的位置进行整理。

2.5 系统配置与管理

控制面板是用来对系统进行设置的一个工具集,这些工具几乎涵盖了 Windows 系统的所有方面。用户可以根据自己的喜好设置显示、键盘、鼠标器、桌面等对象,还可以添加或删除程序、添加硬件等以便更有效地使用。启动控制面板的方法很多,如以下两种。

方法 1:执行"开始"|"设置"|"控制面板"命令。

方法 2:在"我的电脑"窗口中双击控制面板图标。

控制面板视图有两种形式:经典视图和分类视图。

经典视图是传统的窗口形式。

分类视图是 Windows XP 提供的最新的窗口形式,它把相关的控制面板项目和常用的任务组合在一起以组的形式呈现在用户面前,如图 2-25 所示。

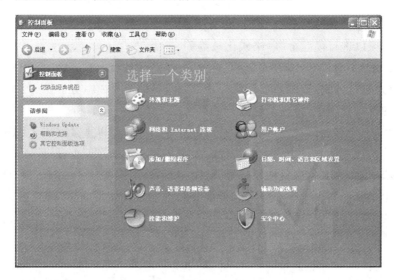

图 2-25 "控制面板"窗口

2.5.1 设置显示属性

在"控制面板"窗口中,单击"外观和主题"中的"显示"图标,将打开如图 2-26 所示对话框。也可右击桌面空白处,选择"属性"命令直接打开"显示 属性"对话框。在"显示 属性"对话框中包括了"主题"、"桌面"、"屏幕保护程序"、"外观"和"设置"5 个选项卡。

1. "主题"选项卡

主题是桌面背景、按钮、窗口形式、图标形式和一组声音的综合。用户可以通过"主题"下拉列表修改主题类型。

2. "桌面"选项卡

打开"桌面"选项卡,如图 2-27 所示。在此选项卡中可以设置桌面墙纸(即桌面所采用的图案)的效果,也可以使用自定义桌面功能定制桌面显示图标的类型和图标效果。设置桌面的操作如下:在"背景"列表框中选择一种图标作为桌面的背景,也可以单击"浏览"按钮,从本地计算机或其他地方选择需要的图片。在"位置"下拉列表中可选择"拉伸"、"平铺"或"居中"的图片显示方式。如不需要背景图片则选择"无"。如果用户需要自定义桌面,则单击"自定义桌面"按钮,可以打开"桌面项目"对话框,对桌面显示的项目进行设置。

图 2-26 "显示 属性"窗口

图 2-27 "桌面"选项卡

3. "屏幕保护程序"选项卡

在用户暂时不使用计算机时屏蔽用户计算机的屏幕,有利于保护计算机的屏幕和节约用电,而且还可以防止他人查看用户屏幕上的数据。

如图 2-28 所示,在"屏幕保护程序"下拉列表框中选择屏幕保护程序,输入"等待"分钟数,则在指定时间内没有输入操作时,系统将会自动启动屏幕保护程序。若选中"在恢复时使用密码保护",则当结束屏幕保护程序时,系统会要求输入密码。单击"电源"按钮,可以设置在指定时间内如果没有输入操作时,可由系统自动关闭显示器。

4. "外观"选项卡

在"外观"选项卡下,用户可以设置 Windows XP 系统在显示字体、图标、菜单和对话框时所使用的颜色、样式和字体大小。如:用户可以设置窗口和按钮的样式、选择色彩方案、设置菜单和图标的动态效果,如图 2-29 所示。

5. "设置"选项卡

如图 2-30 所示,在"设置"选项卡下,用户可以设置屏幕颜色、分辨率和刷新率等参数。屏幕分辨率是指屏幕所支持的像素的多少;颜色质量是指屏幕上有多少的色彩组合;刷新率是指屏幕每秒钟显示的帧的数目,单击"高级"按钮可以设置屏幕刷新率。

 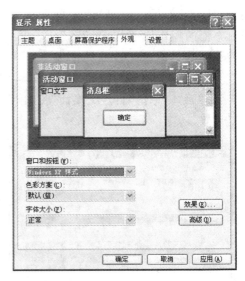

图 2-28 "屏幕保护程序"选项卡　　　　图 2-29 "外观"选项卡

2.5.2 添加／删除输入法

在"控制面板"窗口中,执行"日期、时间、语言和区域设置"|"区域语言选项"命令,在"区域和语言选项"对话框中选择"语言"选项卡,单击"详细信息"按钮,将打开如图 2-31 所示的"文字服务和输入语言"对话框。

要添加输入法,单击"添加"按钮,打开如图 2-31 所示对话框,在"键盘布局/输入法"下拉列表中选择需要的输入法,单击"确定"即完成安装。要删除输入法,在"文字服务和输入语言"对话框中选中相应的输入法,单击"删除"按钮并确定即可。

 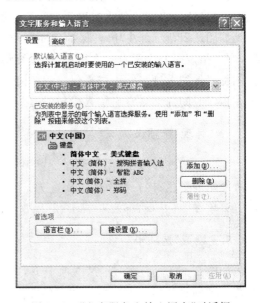

图 2-30 "设置"选项卡　　　　图 2-31 "文字服务和输入语言"对话框

2.5.3 用户账户

Windows XP 中允许设定多个用户共同使用一台计算机，而每个用户可以拥有独立的个性化的环境配置，即每个用户在同一台计算机上可以有不同的桌面、收藏夹、开始菜单等。每个用户还可以具有不同的对资源的访问方式。

在 Windows XP 中用户可以分为两种类型：管理员和受限制账户。

1. 管理员

管理员是一种超级用户，具有操作这台计算机的所有权限。如创建或删除用户；设置账户密码等。一台计算机必须有一个管理员账户，可以有多个。

2. 受限制账户

受限制账户是一般用户，由管理员创建，在计算机使用及系统设置方面有限制。如不能更改大多数计算机设置；不能更改账户名或账户类型；不能安装软件或硬件，只能访问已经安装的程序等。

2.5.4 安装/删除程序

使用控制面板中的"添加/删除程序"，可以更改或删除程序、添加新程序、添加/删除 Windows 组件、设定程序访问和默认值。

在"控制面板"窗口中双击"添加/删除程序"图标，打开如图 2-32 所示的"添加或删除程序"对话框。

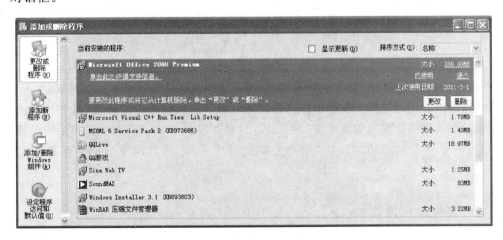

图 2-32 "更改或删除程序"窗口

Windows XP 使用一个名为"注册表"的特殊数据库来记录重要的信息。当可以安装一个程序，更改屏幕保护程序设置，或者进行任何 Windows XP 应该记住的重要更改时，这些信息都被存储在注册表中。当卸载一个程序时，必须使用正确的方法，这样 Windows XP 才能正确地更新注册表,并调整 Windows XP 在此程序被删除后的工作方式。

要更改或删除应用程序,单击左窗格的"更改或删除程序"按钮,再选中要更改或删除的程序,单击相应的"更改"或"删除"按钮。使用控制面板中的"添加/删除程序"可以将应用程序彻底地更改或删除。

要安装应用程序,单击"添加新程序"按钮,可通过单击"CD 或软盘"按钮从光驱安装应用程序,此时系统会自动进入应用程序的安装。

单击"添加/删除 Windows 组件"按钮,将出现如图 2-33 所示的"Windows 组件向导"对话框。系统先检查已经安装的组件,然后显示"Windows 组件"列表,其中被选中的项(前面打勾)为已经安装的组件。如果未被安装,可在放入操作系统安装盘后,选择需要添加的 Windows 组件再单击"下一步"按钮按照提示安装相应组件。

图 2-33 "Windows 组件向导"窗口

2.5.5 添加新硬件

计算机中的硬件设备必须要安装相应的驱动程序才能被系统识别和使用。在安装操作系统时,会安装上常见硬件设备的驱动程序,还有很多硬件设备需要在使用时安装。一般来说可分为即插即用的硬件和非即插即用的硬件。对于即插即用型的硬件,操作系统会自动检测该设备的当前设置并安装正确的驱动程序,必要时在光驱中插入含有相应驱动程序的安装盘;对于非即插即用的硬件,用户必须自己添加,不过目前非即插即用设备的数量很少。

2.5.6 其他常用设置

1. 键盘的设置

双击控制面板中的"键盘"图标,出现如图 2-34 所示"键盘 属性"对话框。在"速度"选项卡中可以设置字符重复延时以及调整光标闪烁频率等;在"硬件"选项卡中可以查看到键盘的基本属性。

2．鼠标的设置

双击控制面板中的"鼠标"图标,出现如图 2-35 所示"鼠标 属性"对话框。在"鼠标键"选项卡中可以将右键设置为主要按钮,调整双击的速度等;在"指针"选项卡中可以改变指针的形状。在"指针选项"选项卡中可以调整指针移动速度,显示指针踪迹等。

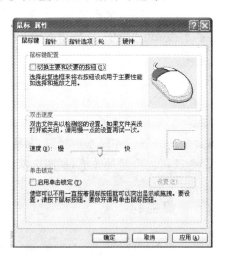

图 2-34 "键盘 属性"对话框　　　　图 2-35 "鼠标 属性"对话框

3．打印机的设置

为了设置与安装打印机,可以在控制面板窗口中单击"打印机和其他硬件"中的"打印机和传真"选项,打开"打印机和传真"窗口。要添加打印机,单击左窗格中的"添加打印机"链接,打开"添加打印机向导"对话框,然后按向导指示一步步执行即可,如图 2-36 所示。

图 2-36 "打印机和传真"窗口

要设置打印机属性,在打印机窗口中单击"设置打印机属性"图标,然后在"属性"对话框中按要求进行设置。

2.6 Windows XP 的娱乐附件

单击"开始"菜单,执行"程序"|"附件"命令,可以看到 Windows XP 系统附带的一些实用程序。下面介绍"娱乐"子菜单下的几个应用软件。

2.6.1 录音机

"录音机"是用于数字录音的应用程序。它可以录制、播放声音,也可以对声音进行编辑及特殊效果的处理。在录制声音前,需要将麦克风插入声卡中。单击"娱乐"子菜单中的"录音机"命令就可以启动录音机,如图 2-37 所示的"录音机"窗口。

2.6.2 音量控制

在装有声卡的计算机上,Windows XP 任务栏的右端有一个"音量控制"图标。可以单击该图标来调整音量,也可单击"开始"|"所有程序"|"附件"|"娱乐"|"音量控制"命令,将出现如图 2-38 所示的"音量控制"窗口。它可以提供即时的静音功能,也可通过调节扬声器、波形、软件合成器、CD 唱机的音量、左右声道的平衡等进行音量控制。

图 2-37 录音机

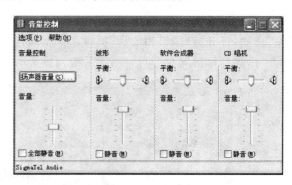

图 2-38 音量控制

2.6.3 多媒体播放器 Windows Media Player

Windows Media Player 是 Windows XP 自带的音频/视频播放器,支持多种音频/视频文件格式,如 AVI、ASF、WMA、WAV、MPEG、MPG、MP3、MOV 等。它不仅可以播放本地计算机上的多媒体类型文件,也可以播放来自 Internet 的流式媒体文件。

单击"娱乐"子菜单中的 Windows Media Player 命令就可以打开 Windows Media Player 播放器,如图 2-39 所示。

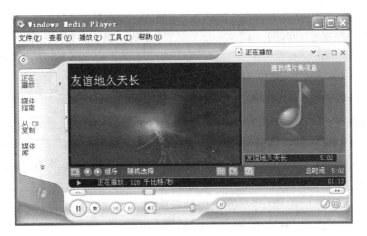

图 2-39　Windows Media Player 播放器

2.7　本章小结

本章介绍了 Windows XP 操作系统的发展过程、基本操作以及对用户界面、文件和程序的管理，还介绍了 Windows XP 的常用系统配置及娱乐软件的使用。本章既能学习 Windows XP 的必备知识，也对今后学习 Windows 平台下的其他软件（如 Office 系列）有很大的帮助，因为它们的风格基本一致。

本章帮助读者学习了以下内容。

了解了操作系统的概念、功能，介绍了常见的几种操作系统，特别是 Windows 系统的发展历程。

学习了 Windows XP 的启动、注销、关机等基本操作，应掌握鼠标和键盘的使用。

介绍了 Windows XP 中的几种图形，包括桌面、窗口、对话框、菜单的组成及含义，读者应熟练掌握对它们的使用。除此之外，读者还应能通过 Windows XP 操作系统的"帮助和支持中心"学习更多知识。

介绍了文件和文件夹的概念、命名规则，熟练运用"我的电脑"或"资源管理器"对文件和文件夹进行管理，包括查看、选定、创建、删除、重命名、复制、移动、搜索文件或文件夹，设置文件或文件夹的属性等。读者应理解文件和文件快捷方式的区别，还应理解剪贴板、回收站的含义和作用。

介绍了控制面板中的常见设置，包括显示、用户账户、安装/删除程序等，并介绍了使用控制面板进行常见设置。

介绍了"附件"中娱乐软件的使用，读者应尝试使用"附件"中的其他实用软件。

2.8　习题

一、单项选择题

1. 在 Windows XP 中，启动或关闭中文输入法的默认功能键是＿＿＿＿。
   A. Ctrl＋Esc　　　B. Ctrl＋空格键　　　C. Ctrl＋Alt　　　D. Alt＋Tab

2. Windows XP 中查找文件时,如果输入"*.doc",表明要查找的是_____。
   A. 文件名为*.doc 的文件　　　　　B. 文件名中有一个*的 doc 文件
   C. 所有的 doc 文件　　　　　　　　D. 文件名长度为一个字符的 doc 文件
3. 在 Windows XP 中,各应用程序之间的信息交换可以通过_____进行。
   A. 记事本　　　　B. 画图　　　　C. 剪贴板　　　　D. 写字板
4. 在 Windows XP 中,回收站中的文件或文件夹仍然占用_____。
   A. 内存　　　　　B. 硬盘　　　　C. 软盘　　　　　D. 光盘
5. 删除 Windows XP 桌面上的 Microsoft Word 快捷图标,意味着_____。
   A. 该应用程序连同其图标一起被删除
   B. 只删除了该应用程序,对应的图标被隐藏
   C. 只删除了图标,对应的应用程序被保留
   D. 下次启动后图标会自动恢复
6. 在 Windows XP 中,当一个已存文档被关闭后,该文档将_____。
   A. 保存在外存中　　　　　　　　　B. 保存在内存中
   C. 保存在剪贴板中　　　　　　　　D. 保存在回收站中
7. 在 Windows XP 中,"捕获"整个桌面图像的方法是按_____键。
   A. Print Screen　　　　　　　　　B. Alt＋Print Screen
   C. Alt＋F4　　　　　　　　　　　D. Ctrl＋Print Screen
8. 在 Windows XP 中,操作具有_____的特点。
   A. 先选择操作命令,再选择操作对象
   B. 先选择操作对象,再选择操作命令
   C. 需同时选择操作命令和操作对象
   D. 允许用户任意选择
9. 如果要彻底删除系统中已安装的应用软件,正确的方法是_____。
   A. 直接找到该文件或文件夹进行删除操作
   B. 利用控制面板中的"添加/删除程序"项进行操作
   C. 删除该文件及快捷图标
   D. 对磁盘进行碎片整理操作
10. 在 Windows XP 中,设置系统日期或时间通过_____进行。
    A. 剪贴板　　　　B. Excel　　　　C. Word　　　　　D. 控制面板

二、简答题
1. 简述操作系统的主要功能。
2. 如何查找 C 盘上所有扩展名为.jpg 的文件?
3. 在 Windows XP 中,启动一个程序有哪几种途径?
4. 如果有应用程序不再响应,用户应如何处理?
5. 回收站的功能是什么?什么样的文件删除后不能恢复?

三、操作题
1. 在目录 D:\下建立一个新的文件夹,并以自己的名字命名。在刚创建的文件夹中再创建一个以"练习"命名的新文件夹。

2. 在"练习"文件夹中创建如下文件：hello.txt，NEW.bat，my.jpg。

3. 在文件 hello.txt 中输入内容"HELLO"。

4. 设置文件 NEW.bat 的属性为"只读"和"隐藏"属性（取消其他属性）。

5. 在"练习"文件夹中创建一个新文件夹，并命名为"图片"。将文件 my.jpg 移动到"图片"文件夹中。

6. 在"我的电脑"中搜索两张小于 50KB 的图片文件，并复制到"图片"文件夹中。

第3章 文字处理软件 Word 2003

Microsoft Office 2003 是办公处理软件的代表产品,其办公和管理平台可以更好地提高工作人员的工作效率和决策能力。Microsoft Office 2003 不仅是办公软件和工具软件的集合体,还融合了最先进的 Internet 技术,具有更强大的网络功能;Microsoft Office 2003 为适应汉语的特点,增加了许多中文方面的新功能。例如,添加汉语拼音、中文校对、中文断词、简繁体转换等。

Word 2003 是一个功能非常强大的文字处理软件,是 Microsoft Office 2003 中最主要和最常用的软件之一。使用其便捷全面的功能,不仅可以实现各种书刊、杂志、信函等文档的录入、编辑、排版,而且还可以对各种表格、图像等文件进行处理。

3.1 Word 2003 简介

Word 2003 是美国 Microsoft 公司推出的文字处理软件。它继承了 Windows 友好的图形界面,可以方便地进行文字、图形、图像等数据的处理,是目前流行的文字处理软件。

3.1.1 Word 2003 的主要功能和特点

通常,文字处理软件的功能分为基本应用和高级应用。基本应用主要包括文档的建立、编辑、排版与打印;高级应用包括文档格式设置、图文混排技术、添加艺术字及文档页面格式设置等。Word 2003 的主要功能和特点如下。

1. 友好的用户界面

Word 2003 操作界面直观易用,提供了大量的菜单和工具栏按钮,用户用很短的时间就可以掌握 Word 2003 的常用功能。

2. 强大的排版功能

Word 2003 强大的排版功能使用户可以游刃有余地制作出各种版式的文档。

3. 简单的表格制作功能

利用 Word 2003 不仅可以制作出各种样式的表格,还支持一些表格内的数据处理功能,如数值运算、排序等。

4. 灵活的图文混排

可以将各种图片、表格、对象与文字灵活地结合在一起,形成图文并茂的文档。

5．丰富的自动功能

Word 2003 具有丰富的自动功能，如自动替换可以自动修改在输入英文常用词时易犯的拼写错误、快速地输入常用词组以及特殊符号；宏可以自动地完成一系列重复操作；拼写和语法检查可以随时检查拼写和语法错误并提出修改建议。

6．制作简单的网页

可以方便地将 Word 2003 制作的文档保存为超文本文件，可以使用此项功能制作出简单的网页。

3.1.2　Word 2003 的启动与退出

1．启动

Word 2003 应用程序安装默认的目录是 C:\Program Files\Microsoft Office\OFFICE11\WINWORD.EXE。启动 Word 2003 应用程序的方法如下。

- 执行"开始"|"程序"|Microsoft Office|Microsoft Office Word 2003 菜单命令，即可启动 Word 2003。
- 利用桌面的快捷方式：双击桌面上的 Word 2003 快捷方式图标 可以启动 Word 2003。
- 在"资源管理器"或文件夹窗口中双击 Word 文件可以启动 Word 2003。

2．退出

退出 Word 2003 的方法如下。

- 执行"文件"|"退出"菜单命令。
- 单击 Word 2003 标题栏右边的"关闭"按钮。
- 使用键盘，按 Alt+F4 组合键。
- 双击 Word 2003 窗口的"控制菜单"。

如果在退出 Word 2003 时，当前编辑的文档还没有保存，在执行退出操作时，系统将提示用户是否存盘。

3.1.3　Word 2003 的窗口与视图

1．Word 2003 窗口

启动 Word 2003 时，屏幕上就会出现如图 3-1 所示的窗口。该窗口由标题栏、菜单栏、工具栏、标尺、编辑区、滚动条、状态栏、任务窗格等组成。

1）标题栏

标题栏位于 Word 窗口的最上方，用来显示当前文档的标题。左侧有"控制菜单"图标、

图 3-1　Word 2003 窗口

文档的名称和应用程序的名称，右侧有窗口的"最小化"、"最大化"与"关闭"按钮。

2）菜单栏

菜单栏位于标题栏的下方，由 9 个命令菜单组成。用鼠标单击菜单项可以打开对应的菜单。此外，也可以按 Alt 键和菜单项后面带下划线的字母来打开菜单，例如按组合键 Alt＋E 可以打开"编辑"菜单。

3）工具栏

菜单栏下面就是工具栏，它包含了 Word 经常用到的工具，利用工具栏上的按钮，用户可以快速、直观地对文档进行各种操作。默认状态下只打开常用、格式和绘图三个工具栏，如果用户还有其他要求，可以通过"视图"|"工具栏"命令进行设置，选中的工具前面会有"√"标志。

4）标尺

标尺分为水平标尺和垂直标尺，它的主要用途是查看正文、图片、表格的高度和宽度，还可以调节页边距、设定段落缩进等。

5）编辑区

编辑区是 Word 进行文字输入、图片插入和表格编辑等操作的工作区域，是用户工作的直接反映。在工作区域中有一个不断闪动的光标，即当前插入点。

6）滚动条

滚动条可以分为水平滚动条和垂直滚动条两种。利用滚动条可以上下左右滚动文档，使用户可以看到文档的全部内容。

7）状态栏

状态栏位于窗口的底部，显示当前系统的工作状态信息。包括当前编辑文档的总页数、插入点所在页的页数及插入点所在的行数和列数等信息。

8）任务窗格

由"开始工作"、"帮助"、"剪贴板"、"新建文档"等任务窗格组成，单击右侧的下三角按钮可以选择相应的任务窗格。

2. 文档视图

Word 2003 提供了多种显示方式,称为视图,包括普通视图、Web 版式视图、页面视图、大纲视图和阅读版式视图。用户可以根据需要,随时调整视图的方式,以适应不同的要求。需要注意的一点是,文档视图方式的改变不会对文档本身作任何修改。

1) 普通视图

普通视图方式为文本录入和图片插入提供了最好的编辑环境。在这种方式下,几乎所有的排版信息都会显示出来,页与页之间用单虚线(分页符)表示分页,节与节之间用双虚线(分节符)表示分节。这样可以缩短显示和查找的时间,而且在屏幕上文档也显得比较连贯易读。

从其他视图方式切换到普通视图方式时,可以采用以下几种操作方法。

- 执行"视图"|"普通"命令。
- 单击屏幕左下角水平滚动条左边的"普通视图"按钮(≡)。

在普通视图方式下,不能显示页眉和页脚,在多栏排版时,也不能显示多栏,只能在一个栏中输入和显示。此外,在这种方式下也不能绘图。

2) Web 版式视图

Web 版式视图能优化 Web 页面,使其外观与在 Web 或 Internet 上发布时的外观一致,还可看到背景、自选图形。

从其他视图方式切换到 Web 版式视图方式时,可以采用以下几种操作方法。

- 执行"视图"|"Web 版式"命令。
- 单击屏幕左下角水平滚动条左边的"Web 版式视图"按钮(▭)。

3) 页面视图

页面视图就是使文档在屏幕上看上去就像在纸上一样,不仅显示文档的正文格式和图像对象,而且显示文档的页面布局,如页眉/页脚、分栏、文本框等复杂格式。在普通视图下见到的分页符,在页面视图下就成了两张不同的纸。

从其他视图方式切换到页面视图方式,可以采用以下几种操作方法。

- 执行"视图"|"页面"命令。
- 单击屏幕左下角水平滚动条左边的"页面视图"按钮(▭)。

页面视图除了能显示普通视图方式所能显示的所有内容之外,还能显示页眉、页脚、脚注及批注等,适合进行绘图、插入图表和一些排版操作。

4) 大纲视图

大纲视图方式是将文档所有的标题分级显示出来,层次分明。可以通过对标题的操作,改变文档的层次结构。

从其他视图方式切换到大纲视图方式,可以采用以下几种操作方法。

- 执行"视图"|"大纲"命令。
- 单击屏幕左下角水平滚动条左边的"大纲视图"按钮(▭)。

大纲视图特别适用于较多层次的文档,如报告文体和章节排版等,但是图形对象不可见。

5) 阅读版式视图

阅读版式视图是 Word 2003 中新增的一种视图方式,该视图方式使用户在计算机上阅读和审阅文档比以前更容易,而且可以在阅读文档时标注建议和注释。阅读版式视图以书页的形式显示文档,页面被设计为正好填满屏幕,并且文本自动使用 Microsoft ClearType 技术显示,该技术使得文档更易于阅读。

从其他视图方式切换到阅读版式视图方式,可以采用以下几种操作方法。
- 执行"视图"|"阅读版式"命令。
- 单击屏幕左下角水平滚动条左边的"阅读版式"按钮( )。
- 单击常用工具栏上的"阅读"按钮(阅读(R))。

3.2 Word 的文档管理

进入 Word 工作窗口后,首先要做的事情是文档管理,它包括创建文档、打开文档和保存文档。下面将详细介绍文档的具体操作。

3.2.1 创建文档

在 Word 2003 中可建立多种类型的文档,如空白文档、网页文档、电子邮件文档、XML 文档以及从现有文档创建新的文档等。Word 文档的扩展名为.doc。

1. 创建空白文档

要建立新的空白文档,有以下两种方法。
- 单击常用工具栏的"新建空白文档"按钮( ),Word 会创建一个空白 Word 文档。Word 2003 在建立的第一个文档标题栏中显示"文档1",以后建立的其他文档的序号名称依次递增,如"文档2"、"文档3"等。
- 执行"文件"|"新建"命令菜单,打开窗口右侧的"新建文档"任务窗格,单击"空白文档"选项,创建一个新的空白 Word 文档。

2. 使用模板创建文档

当用户对 Word 2003 的功能不了解,不会编辑、排版或不熟悉一些特殊公文的格式时,就可以利用 Word 2003 提供的丰富的文档模板来创建相应的文档。Word 2003 提供了上百种常用的文档模板,几乎涵盖了所有的公文样式,如报告、出版物、信函与传真、英文信件等。要使用模板创建文档,执行"文件"|"新建"菜单命令,在右边的"新建文档"任务窗格中单击"本机上的模板"图标,打开如图 3-2 所示的"模板"对话框。选择"常用"、"报告"、"备忘录"、"出版物"等选项卡,在列表框中选取要创建文档的类型,在右边的预览框中可以预览到该文档的外观,然后单击"确定"按钮即可用模板创建文档,或进入向导界面按照提示创建文档。

3. 根据现有文档创建新文档

可将选择的文档以副本方式在一个新的文档中打开,用户可以在新的文档(即文档的副本)中操作,而不会影响到原有的文档。操作方法为:执行"文件"|"新建"菜单命令,打开

图 3-2 "模板"对话框

"新建文档"任务窗格,在"新建"选项组中选择"根据现有文档"选项,这时将弹出如图 3-3 所示的"根据现有文档新建"对话框,在其中选择要创建文档副本的文档,单击"创建"按钮即可。

图 3-3 根据现有文档创建新文档

3.2.2 打开文档

在进行文字处理等操作时,很难一次性完成全部工作,而是需要对已建立的文档进行补充、修改或打印,这就要将存储在磁盘上的文档调入 Word 工作窗口,也就是打开文档。

1. 打开文档

操作方法为:执行"文件"|"打开"命令,或单击常用工具栏上的"打开"按钮( ),都可以弹出"打开"对话框,如图 3-4 所示。在对话框内选择文档所在的磁盘、路径、文件后,单击"打开"按钮,或者双击选中的文档都可以打开文档。

2. 打开最近编辑的文档

Word 会把最近编辑过的文档列在"文件"菜单的底部(默认为 4 个)。要打开这些文

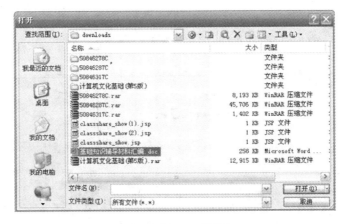

图 3-4 "打开"对话框

档,只需单击相应的文件名即可。

3.2.3 保存文档

保存文档是把文档作为一个磁盘文件存储起来,这一步非常重要,因为在 Word 中建立的文档是驻留在计算机内存和保存在磁盘上的临时文件中的,内存和临时文件中的信息会随着计算机的断电而丢失,因此需要将所编辑的文档保存到外存上。

1. 新建文档的保存

对于一个新建的文档,系统默认给出一个文件名,如文档1、文档2等。用户第一次保存该文件,执行"文件"|"保存"命令,或者单击工具栏上的"保存"按钮( ),都会弹出如图 3-5 所示的"另存为"对话框。在"保存位置"下拉列表框中选择保存文档的位置,在"文件名"文本框中输入文档的名称,在"保存类型"下拉列表框中选择保存文档的类型,默认状态为 Word 文档,最后单击"保存"按钮。

图 3-5 "另存为"对话框

2. 已存在文档的保存

第一次保存文档后,若用户又对该文档作了修改,可以用下面任意一种方法保存修改后的文档。

- 执行"文件"|"保存"命令。
- 单击常用工具栏"保存"按钮( )。
- 使用组合键 Ctrl+S。

注意:通过上述方法保存修改之后的内容,而修改之前的内容被覆盖。如果既想保存修改后的文档,又不想覆盖修改前的内容,则可以执行"文件"|"另存为"菜单命令。如图 3-5 所示,给当前文档重新命名或选择新的保存位置进行保存,则当前文档就会变成新命名或者新位置的这个文档,而原来的文档仍然在原来的位置,且内容保持不变。

3. 自动保存

自动保存就是 Word 每隔一定时间为用户自动保存一次文档,这是一项非常有用的功能。用户有时可能向文档中输入了很多内容或做了很多修改而没有存盘,如果此时突然发生断电或计算机死机,则所有的工作都将付诸东流。而有了"自动保存"功能,这种意外损失就可以减少到最小,具体设置方法如下。

(1) 执行"工具"|"选项"菜单命令,打开"选项"对话框,单击"保存"选项卡。
(2) 选中"自动保存时间间隔"复选框,并在右边微调框中选择或输入时间间隔。
(3) 单击"确定"按钮。

3.2.4 关闭文档

关闭当前正在编辑的文档,操作方法为:执行"文件"|"关闭"菜单命令,或单击窗口右上角"关闭"按钮( )。如果当前文档没有保存,Word 会提示用户保存该文档,如图 3-6 所示。

图 3-6 "关闭文档"对话框

3.3 Word 的编辑功能

Word 2003 的编辑功能包括对文档进行插入、删除、移动、复制、替换等操作。

3.3.1 插入操作

启动 Word,创建或打开一个文档后,就要进行字符的输入和编辑修改。

1. 插入点

在窗口的编辑区中,时刻闪烁着一个竖条(I)光标,称为插入点。在输入文本时,所输入的字符总是位于插入点所在的位置。可以通过设置插入点来确定文本输入的位置。

2. 定位插入点

利用鼠标或者键盘可以快速设置插入点。表 3-1 列出了可以快速设置插入点的一些常用组合键。

表 3-1 快速设置插入点的常用组合键

组合键	功　能	组合键	功　能
←	把插入点左移一个字符或汉字	Ctrl+←	把插入点左移一个单词
→	把插入点右移一个字符或汉字	Ctrl+→	把插入点右移一个单词
↑	把插入点上移一行	PageUp	把插入点上移一屏
↓	把插入点下移一行	PageDn	把插入点下移一屏
Home	把插入点移到行的最前面	Ctrl+Home	把插入点移到文章的开始
End	把插入点移到行的最后面	Ctrl+End	把插入点移到文章的末尾
Ctrl+↑	把插入点移到当前段的开始	Ctrl+PageUp	把插入点移到上一页的第一个字符
Ctrl+↓	把插入点移到下一段的开始	Ctrl+PageDn	把插入点移到下一页的第一个字符

3. 插入文本

在文档的某一个位置插入文本时,设置好插入点后,输入文本即可,在输入过程中,插入点右面的字符会自动右移,当输入的文本到达右方边界时 Word 会自动换行,只有在建立另一新段落时才按 Enter 键。Enter 键表示一个段落的结束,新段落的开始。需要特别注意的是,此时文档应该处于非"改写"状态,即"插入"状态。在"插入"状态下,状态栏"改写"标记为灰色。否则当"改写"标志为黑色(选中)时,即"改写"状态,插入的新文本将替换其后原来的文本。可以通过如下方法来切换"插入/改写"状态。

• 使用鼠标

通过鼠标双击状态栏上的"改写"标志来打开或关闭改写模式。

• 使用键盘

通过反复按键盘上 Insert 键可以在插入和改写模式之间进行切换。

4. 插入符号

插入一般符号,如"§☯❶Ωü◇≈∞●√≤≠♪♫♠📖〜☺☞➔▦🖬⊠Ω",具体操作步骤如下。

(1) 将插入点移到要插入符号的位置。

(2) 执行"插入"|" 符号"菜单命令,弹出"符号"对话框。

(3) 在"符号"选项卡中的"字体"列表框中选择包含该符号的字体。

(4) 选择符号表中所需的符号,单击"插入"按钮。

5. 插入特殊符号

插入特殊符号,如"₤∵『±☆♀♂ǎěǐǔ⑻⑧Ⅷ",具体操作步骤如下。

(1) 执行"插入"|" 特殊符号"菜单命令,打开"特殊符号"对话框。

(2) 单击需插入的符号并确定。

3.3.2 选择文本

在 Word 中创建一个文档后,常常需要对文档进行删除、移动、复制、替换等编辑操作,这些基本操作都要遵守"先选定,后执行"的原则。

选择文本是编辑文本的前提,在一般情况下,Word 2003 的显示是白底黑字,而被选中的文本则是黑底白字,很容易和未被选中的文本区分开来。

选择文本可以利用鼠标或键盘来进行。常用的文本选定操作方法有以下几种。其中"文本选择区"指的是文字左边的页边空白区,在文本选择区鼠标指针的形状变成指向右上方的箭头。

1. 鼠标选定文本

鼠标拖过要选定的文本,或者单击要选定内容的起始处,然后滚动要选定内容的结尾处,按住 Shift 键同时单击,都可以选定大块的文本;按住 Alt 键,然后将鼠标拖过要选定的文本,可以选定一个矩形区域;选定一行可以将鼠标指针移动到该行的"文本选择区",直到指针变为指向右边的箭头,然后单击;在"文本选择区",双击可以选定鼠标所在的段落,三击可以选定整篇文档。

2. 组合键选定文本

使用组合键 Ctrl+A,可以选定整篇文档。

3. 用扩展功能键 F8

在"扩展"模式处于关闭状态(状态栏上的"扩展"按钮处于不可用状态)时,按下 F8 键则打开"扩展"模式。在打开"扩展"模式后,按 F8 键可增加所选内容,按一次选定一个单词,按两次选定一个句子,以此类推。按 Esc 键则关闭"扩展"模式。

3.3.3 复制、移动和删除操作

在编辑文档时,剪切、复制和粘贴是最常用的编辑操作,它们可以在同一文档中移动或复制文本,也可以在 Office 系列办公软件的文档间复制重复的内容,这样可以提高文档编辑效率。剪切是把被选定的文本内容复制到剪贴板中,同时删除被选定的文本;而复制则是把被选定的文本内容复制到剪贴板上的同时,仍保留原来的被选定文本。

1. 复制文本

复制文本是指将所选定的文本做一个备份,然后在一个或多个位置复制出来,但原始文本并不改变。复制文本有以下几种方法。

- 选定要复制的文本,按住 Ctrl 键不放,同时拖动选定的文本,拖到目标位置后,松开鼠标即可。
- 选定要复制的文本,执行"编辑"|"复制"菜单命令,此时已将选定的文本内容复制到

剪贴板上。将光标移到目标位置，执行"编辑"|"粘贴"菜单命令，就会出现相同的选定文本。
- 选定要复制的文本，按 Ctrl+C 组合键完成复制操作，将光标移到目标位置，按 Ctrl+V 组合键完成粘贴操作。
- 选定要复制的文本，单击工具栏上的"复制"按钮（ ）完成复制操作，将光标移到目标位置，单击工具栏上的"粘贴"按钮（ ）完成粘贴操作。

2. 移动文本

移动文本与复制文本的方法基本相同。
- 选定需要移动的文本，鼠标指向被选定的文本，按住左键，将文本拖到目标位置，放开鼠标左键，完成文本的移动操作。
- 选定要移动的文本，执行"编辑"|"剪切"菜单命令，此时已将选定的文本内容剪切到剪贴板上。将光标移到目标位置，执行"编辑"|"粘贴"菜单命令，则可以将剪贴板上的文本粘贴到当前插入点位置，完成文本移动操作。
- 选定要移动的文本，按 Ctrl+X 组合键完成剪切操作，将光标移到目标位置，按 Ctrl+V 组合键完成粘贴操作。
- 选定要移动的文本，单击工具栏上的"剪切"按钮（ ）完成剪切操作，将光标移到目标位置，单击工具栏上的"粘贴"按钮（ ）完成粘贴操作。

3. 删除文本

用 Back Space 键和 Delete 键可逐个删除光标前和光标后的字符。但如果要删除大量的文字，则可以先选定要删除的文本，执行"编辑"|"清除"|"内容"菜单命令，或者按 Delete 键，选中的文本将会消失，完成删除操作。

3.3.4 查找和替换操作

在文档中查找某一个特定内容，或在查找到特定内容后，将其替换为其他内容，可以说是一项费时费力，又容易出错的工作。Word 2003 提供了查找与替换功能，使用该功能可以非常轻松、快捷地完成操作。

1. 查找文本

Word 提供的查找功能，可以使用户方便、快捷地找到所需的内容及所在位置，操作方法如下。

（1）执行"编辑"|"查找"菜单命令，或者使用组合键 Ctrl+F，弹出"查找和替换"对话框，如图 3-7 所示。

（2）单击"查找"标签，在"查找内容"文本框中输入或选择要查找的文本，单击"查找下一处"按钮，即可查找要找的内容，并以高亮方式显示。

（3）对于一些特殊要求的查找，单击"高级"按钮，弹出如图 3-8 所示对话框。

（4）在"搜索范围"列表框中可以设定查找的范围，"全部"是指在整个文档中查找，

图 3-7 "查找和替换"对话框中的"查找"选项卡

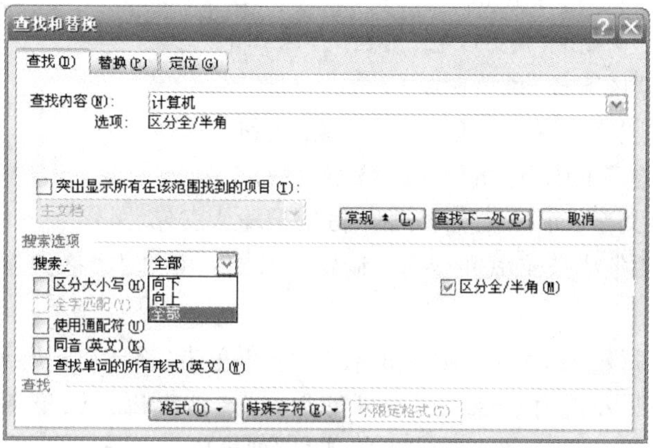

图 3-8 "查找和替换"对话框"高级"选项

"向下"是指从当前插入点位置向下查找,"向上"是指从当前位置向上查找。另外,还有 6 个复选框来限制查找内容的形式,用户可以根据需要选择使用。

2. 替换

如果在文档中某些内容需要替换成其他内容,并且在文档中将多次进行这种替换操作,可以使用替换功能来实现。操作方法如下:

(1) 执行"编辑"|"替换"菜单命令,或者使用组合键 Ctrl+H,打开"查找和替换"对话框,如图 3-9 所示。

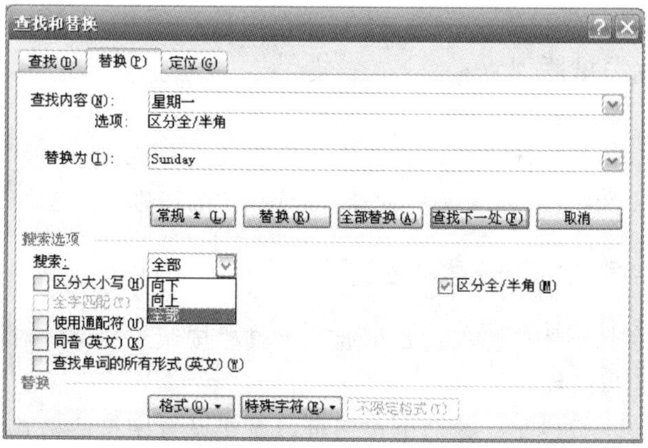

图 3-9 "查找和替换"对话框中的"替换"选项卡

(2) 在"查找内容"文本框中输入要查找的内容,例如"星期一"。
(3) 在"替换为"文本框中输入替换后的新内容,例如"Sunday"。
(4) 在"搜索"下拉列表框选择查找替换的范围。
(5) 单击"替换"按钮,则完成文档中距离输入点最近的文本的替换。如果单击"全部替换"按钮,则可以一次替换全部满足条件的内容。

3. 查找和替换指定的格式

可以搜索、替换或删除字符格式,例如,查找指定的单词或词组并更改字体颜色,或查找指定的格式(如加粗)并删除或更改它。操作方法如下。
(1) 执行"编辑"|"查找"菜单命令。
(2) 如果看不到"格式"按钮,请单击"高级"按钮。
(3) 在"查找内容"框中,请执行下列操作之一。

- 若要只搜索文字,而不考虑特定的格式,请输入文字。
- 若要搜索带有特定格式的文字,请输入文字,再单击"格式"按钮,然后选择所需格式。
- 若要只搜索特定的格式,请删除所有文字,再单击"格式"按钮,然后选择所需格式。

(4) 选中"突出显示所有在该范围找到的项目"复选框以查找单词或词组的所有实例,然后通过在"突出显示所有在该范围找到的项目"列表中单击来选择要在其中进行搜索的文档部分。
(5) 单击"查找全部"。该单词或词组的所有实例都被突出显示出来了。
(6) 单击"关闭"按钮。
(7) 单击"格式"按钮进行更改,例如,选择不同的字体颜色,单击"加粗",再单击"倾斜",所做的更改将应用于所有突出显示文字。
(8) 在文档任意处单击可删除文字的突出显示。

3.4 Word 的基本排版功能

在一篇文档中,通过对文档进行排版,可以使文档的层次分明,美观大方。

3.4.1 字符的格式排版

字符格式包括字符的字体、字号、颜色等各种字符表现形式。在设置字符格式之前,要先选取需要设定格式的字符,即遵循"先选取,后设置"的规则。

1. 设置字体、字号、字形和字体颜色

字体、字号、字形和字体颜色的设置可通过工具栏按钮或"字体"对话框来完成。
1) 使用"格式"工具栏
在"格式"工具栏上提供了一些命令按钮可以直接设置字符的格式,如图 3-10 所示。
具体操作如下。

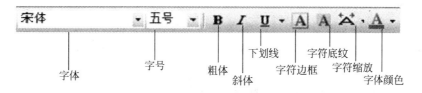

图 3-10 "格式"工具栏

(1) 字体

"字体"按钮(宋体)：Word 提供了几十种中文和英文字体供用户选择使用，单击右侧的小三角，为选中的文本设置字体。

(2) 字号

"字号"就是字的大小，在 Word 里，表示字号的方式有两种：一种是中文字号，字号越大，对应的字越小，例如二号字要比一号字小；另一种是阿拉伯数字，数字越大，对应的字越大。

"字号"按钮(五号)：单击右侧的小三角，为选中的文本设置字号。

(3) 字形

"字形"就是文字的形状，在"格式"工具栏中 Word 提供了几个设置字形的按钮，用户可以使用它们来选择字形。

- "加粗"按钮(B)：选中的文本以粗体方式显示。
- "斜体"按钮(I)：选中的文本以斜体方式显示。
- "下划线"按钮(U)：为选中的文本下面添加下划线。单击右侧的小三角，选择下划线的类型和粗细。
- "字符边框"按钮(A)：为选中的文本加上外边框。
- "字符底纹"按钮(A)：为选中的文本加上底纹。
- "字符缩放"按钮：为选中的文本进行缩放。单击右侧的小三角，将会列出一系列百分数，这些百分数表示字符横向尺寸与纵向尺寸的比例。

(4) 字体颜色

"字体颜色"按钮(A)：为选中的文本设置颜色。单击右侧的小三角，选择要设置字体的颜色。

2) 使用"格式"菜单

除了使用格式工具栏中的按钮外，还可以使用"格式"菜单中的"字体"对话框对字符进行综合设置，其中既包括字体、字形、字号、颜色和效果，而且还可以设置字符间距并产生动态效果。具体操作步骤如下。

(1) 选定需要进行排版的文本。

(2) 执行"格式"|"字体"菜单命令，弹出"字体"对话框，如图 3-11 所示。

(3) 在"中文字体"或者"西文字体"下拉列表框中选择字体。

(4) 在"字形"列表框中选择常规、倾斜或加粗等字形。

(5) 在"字号"列表框中选择字的大小。

(6) 选择"字体颜色"。

（7）选择"下划线线型"。

（8）在"效果"各个选项中进行选择,在选中项前面的方框中打"√"标记。

设置完毕后,在"预览"窗口可以直接显示各种设置所产生的效果。

效果如下所示。

下划线　空心字　上标　下标　删除线　双删除线　阳文　阴文　阴影　着重号

2．设置字符间距

单击"字符间距"标签,弹出如图 3-12 所示对话框。

- "缩放"：设置字符的缩放的比例。
- "间距"：设置字符之间的距离,例如标准、加宽、紧缩等。
- "位置"：设置字符的位置,例如标准、提升、降低等。

效果如下所示。

标准间距样式　加宽三磅样式　加宽六磅样式　紧缩一磅样式

紧缩0.7磅样式　标准位置样式　提升位置样式　降低位置样式

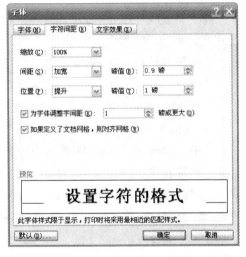

图 3-11　"字体"对话框中的"字体"选项卡　　图 3-12　"字体"对话框中的"字符间距"选项卡

3．设置动态文字效果

单击"文字效果"标签,弹出如图 3-13 所示对话框。设置文字的动态效果,例如赤水情深、礼花绽放、七彩霓虹、闪烁背景等。单击"确定"按钮完成设置。

3.4.2　段落的排版

在文档的格式设置中不仅要设置文字格式,还要对段落进行排版。下面具体介绍段落格式的设置。

图 3-13 "字体"对话框中的"文字效果"选项卡

1. 段落的对齐

段落对齐是指段落边缘的对齐方式。Word 提供了 5 种段落对齐方式：左对齐、右对齐、两端对齐、居中对齐和分散对齐。

设置段落的对齐方式可以通过如下两种方式进行。

1）使用格式工具栏

在"格式"工具栏上提供了一些命令按钮可以直接设置段落的对齐方式，如图 3-14 所示。

- "两端对齐"按钮（▤）：将插入点所在段落的每行首尾对齐，但对未输满的行则保持左对齐。默认情况下使用这种方式，适合书籍的排版。
- "居中对齐"按钮（▤）：将插入点所在的段落设为居中对齐。"居中"是指段落的每一行距页面的左、右边距相同。标题一般设置为居中方式。
- "右对齐"按钮（▤）：将插入点所在的段落设为右对齐。
- "分散对齐"按钮（▤）：使文字均匀地分布在页面上。段落的"分散对齐"和"两端对齐"很相似，其区别在于"两端对齐"方式当一行文本未输满时左对齐，而"分散对齐"则将未输满的行的首尾仍与前一行对齐，而且平均分配字符间距，如图 3-15 所示。

图 3-14 "格式"工具栏中段落对齐按钮

图 3-15 分散对齐

2）使用"格式"菜单

具体操作步骤如下。

（1）选定需要进行排版的段落。

(2)执行"格式"|"段落"命令,弹出"段落"对话框,如图 3-16 所示。

图 3-16　"段落"对话框中的"缩进和间距"选项卡

(3)选择"缩进和间距"标签,在"对齐方式"的下拉列表框里有 5 种对齐方式可供选择。

2. 设置段落缩进

段落缩进就是设置和改变段落两侧与页边的距离。段落缩进有 4 种形式:首行缩进、悬挂缩进、左缩进和右缩进。可以使用以下几种方式进行段落缩进的设置。

1)使用标尺

标尺如图 3-17 所示。

图 3-17　标尺

(1)首行缩进

所谓段落首行缩进,是指段落的第一行缩进显示,一般段落都采用首行缩进以标明段落的开始。

具体操作如下:将光标停留在段落中的任何位置,用鼠标将呈下三角"首行缩进"游标拖动到所需缩进量的位置即可。

(2)悬挂缩进

所谓悬挂缩进,指的是段落的首行起始位置不变,其余各行一律缩进一定的距离,造成悬挂效果。

具体操作如下:将光标停留在段落中的任何位置,用鼠标将呈上三角"悬挂缩进"游标拖动到所需缩进量的位置即可。

(3) 左缩进

所谓左缩进,是指整个段落向右缩进一段距离。

具体操作如下:将光标停留在段落任何位置,用鼠标将呈矩形"左缩进"游标向右拖动到所需缩进量位置即可。

(4) 右缩进

所谓右缩进,是指整个段落向左缩进一段距离。

具体操作如下:将光标停留在段落任何位置,用鼠标将标尺右边呈上三角形"右缩进"游标向左拖动到所需缩进量位置即可。

2) 使用对话框

段落缩进也可以使用对话框来设置,与鼠标拖动标尺上游标相比,使用对话框可使缩进量更加精确。选择"格式"|"段落"命令,选择"缩进和间距"标签。从中可以进行相应的"缩进"设置,可在"特殊格式"的下拉列表框里设置"首行缩进"和"悬挂缩进"。

3. 设置段落间距和行距

段落间距是指段落与段落之间的距离,用户可以使用"段落"对话框来设置段落的间距。具体操作步骤如下。

(1) 将光标移至需要设置段间距的段落。

(2) 执行"格式"|"段落"菜单命令,弹出"段落"对话框,选择"缩进和间距"标签,在该选项卡中可以设置段前、段后间距。

行间距是指段落中行与行之间的距离。使用工具栏中的"行距"按钮( )或者使用"段落"对话框来设置行距,如图 3-18 所示。

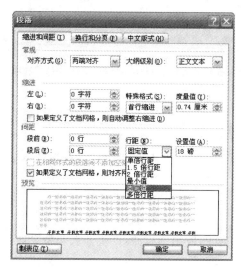

图 3-18 在"段落"对话框中设置行距

3.4.3 设置段落的边框和底纹

边框包括文字边框和页面边框修饰,底纹只针对文字修饰。

1．文字边框

文字边框的设置方法如下。

（1）选中要加边框的文本。

（2）执行"格式"|"边框和底纹"菜单命令，打开"边框和底纹"对话框，并选中"边框"标签，如图 3-19 所示。

（3）设置边框类型、边框线型、边框颜色、边框宽度、应用于等属性，完毕后单击"确定"按钮。应用于属性值是段落时，可以单击"选项"按钮，打开"选项"对话框，设置距正文距离的属性。

效果如下所示。

文字边框1　　文字边框2　　文字边框3

段落边框

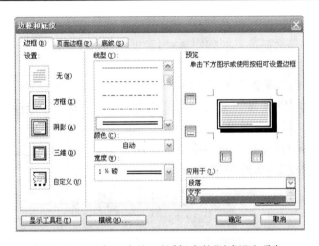

图 3-19 "边框和底纹"对话框中的"边框"选项卡

2．页面边框

页面边框的设置方法如下。

（1）执行"格式"|"边框和底纹"菜单命令，打开"边框和底纹"对话框，并选中"页面边框"标签。

（2）设置边框类型、边框线型、边框颜色、边框宽度、应用于等属性，完毕后单击"确定"按钮。

（3）设置艺术型，边框宽度，应用于属性，产生非线条型页面边框，如图 3-20 所示。

3．底纹

若需要使一段文本具有背景，可以通过添加底纹的方法来实现。底纹的设置方法如下。

（1）选中要加添加底纹的文本。

（2）执行"格式"|"边框和底纹"菜单命令，打开"边框和底纹"对话框，并选中"底纹"标签，如图 3-21 所示。

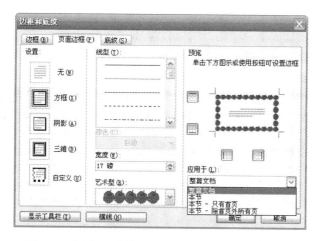

图 3-20 "边框和底纹"对话框中的"页面边框"选项卡

（3）选择背景的颜色、图案样式、底纹的颜色等，设置完毕后单击"确定"按钮。效果如下所示。

底纹（灰色-15%）　　底纹（灰色-30%）　　底纹（浅色横线样式）

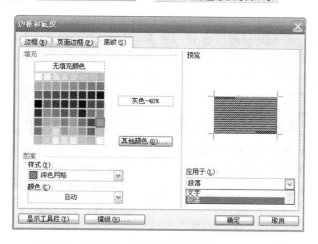

图 3-21 "边框和底纹"对话框中的"底纹"选项卡

3.4.4 项目符号与编号

项目符号是放在文本前以添加强调效果的点或其他符号。Word 2003 可以在输入的同时自动创建项目符号和编号列表，也可以在原文本中直接添加项目符号和编号。

1. 输入的同时自动创建项目符号和编号

自动创建项目符号和编号的操作方法如下。

（1）输入"1."，开始一个编号列表或输入"＊"（星号）开始一个项目符号列表，然后按空格键或 Tab。

（2）输入所需的任意文本。

(3) 按 Enter 键添加下一个列表项。

(4) Word 会自动插入下一个编号或项目符号。

(5) 若要结束列表,请按 Enter 两次,或通过按 Back Space 键删除列表中的最后一个编号或项目符号,来结束该列表。

如果项目符号或编号不能自动显示,在"工具"菜单上,单击"自动更正"选项,再单击"键入时自动套用格式"标签。选中"自动项目符号列表"或"自动编号列表"复选框。

2. 为原有文本添加项目符号或编号

操作方法如下。

(1) 选定要添加项目符号或编号的项目。

(2) 工具按钮方式:单击"格式"工具栏上的"项目符号"按钮( )和"编号"按钮( )。

(3) 菜单命令方式:执行"格式"|"项目符号和编号"菜单命令,打开"项目符号或编号"对话框,可以选择不同的项目符号样式和编号格式。在"项目符号"和"编号"选项卡中分别提供了 8 种项目符号和 8 种编号(其中的"无"选项,用于取消所选段落的项目符号或编号)。如果想采用其他符号作为新的项目符号或编号,还可以打开"自定义"按钮定义新的项目符号和编号列表。如选中"编号"选项卡,打开"自定义"对话框,设置用户自定义的编号属性值。如图 3-22 所示显示自定义编号列表。

3.4.5 设置分栏

分栏是将一段文本分成并排的几列,第一栏填满之后移到下一栏,分栏排版常应用于报纸、杂志等排版之中。设置分栏的操作步骤如下。

执行"格式"|"分栏"菜单命令,打开"分栏"对话框,如图 3-23 所示,在其对话框中可设置分栏数目、各栏的宽度、两栏之间的距离,以及是否需要分隔线设置等。单击"确定"按钮,完成分栏设置。

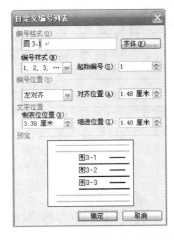

图 3-22 "项目符号或编号"对话框中的自定义编号列表

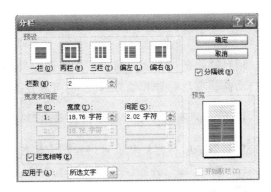

图 3-23 "分栏"对话框

3.4.6 首字下沉

在报纸、杂志上,常常可以看到文章开头的第一个字或字母会放大数倍,以便文档看起来活泼、引人注目。Word 2003 设置首字下沉的操作步骤如下。

(1) 选定要下沉的字或字母。
(2) 执行"格式"|"首字下沉"菜单命令,打开"首字下沉"对话框,如图 3-24 所示。
(3) 在位置栏指定首字下沉方式。

- 无:从选定段落中取消首字下沉。
- 下沉:将段落的第一个字符设为首字下沉格式,并使之与左页边距对齐,段落文字环绕在其四周。
- 悬挂:将段落的第一个字符设为首字下沉格式,并将其置于从段落首行开始的左页边距中。

图 3-24 "首字下沉"对话框

(4) 在选项栏指定字体、下沉行数、距正文的参数。
(5) 单击"确定"按钮即可。

3.5 表格的处理

表格由一行或多行单元格组成,用于显示数字和其他项以便快速引用和分析。表格中的项被组织为行和列。

3.5.1 表格的创建

1. 利用"插入表格"按钮

创建表格的最简单快速的方法就是使用"常用"工具栏中的 "插入表格"按钮,它不能设置自动套用格式和设置列宽,而是需要在创建后重新调整。

使用"插入表格"按钮创建规则表格的操作步骤如下。

(1) 打开文档,把插入点移动到要插入表格的位置。
(2) 单击"常用"工具栏中的"插入表格"按钮( )。
(3) 按住鼠标左键拖动,选择满足需要的行数和列数,如图 3-25 所示创建的是 2×3 的表格,即 2 行 3 列的表格,然后放开鼠标,在插入点出现创建的表格。

2. 利用"插入表格"命令

在创建表格时,如果用户还需要指定表格中的列宽,那么就要利用"表格"菜单中的"插入表格"命令。具体操作步骤如下。

(1) 打开文档,把插入点移动到要插入表格的位置。
(2) 执行"表格"|"插入表格"菜单命令,弹出"插入表格"对话框,如图 3-26 所示。

图 3-25 创建 2 行 3 列的表格

图 3-26 "插入表格"对话框

（3）设置表格的参数。其中"列数"和"行数"两个文本框分别用来设置表格的列数和行数。"自动调整"选项组用来设置表格每列的宽度。

（4）单击"确定"按钮，就可以生成所需的表格。

3. 手动绘制表格

上述两种方法适合比较规则的表格，对于一些比较复杂的表格，例如表格中有对角线、斜线等，使用手动绘制更加方便灵活。具体操作步骤如下。

（1）将光标定位在需要插入表格的位置。

（2）执行"表格"|"绘制表格"菜单命令，或者单击常用工具栏上的"表格和边框"按钮（ ），弹出"表格和边框"工具栏，如图 3-27 所示。

（3）单击"绘制表格"按钮，鼠标指针变为铅笔的形状，此时就可以开始绘制表格了。

（4）单击"擦除"按钮，鼠标指针变成橡皮的形状，在要擦除的线上单击或拖动鼠标左键即可完成擦除操作。

（5）绘制完表格后，将光标定位到某一个单元格，就可以进行表格编辑操作。

图 3-27 "表格和边框"工具栏

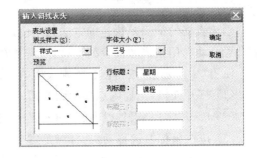

图 3-28 "绘制斜线表头"对话框

4. 绘制斜线表头

对有些表格需要在表头中加入斜线，Word 特别提供了绘制斜线表头的功能。具体操作步骤如下。

（1）将光标定位到表头位置，即表格的第一行第一列。

（2）执行"表格"|"绘制斜线表头"菜单命令，打开"插入斜线表头"对话框，如图 3-28 所示。
（3）选择表头的样式、字体大小以及标题等，单击"确定"按钮。

3.5.2 表格的编辑

1. 添加行或列

用户在绘制完表格后，根据需要可以添加若干行或若干列。操作步骤如下。

选定与插入位置相邻的行或列，选定的行数或列数要与添加的行或列数相同。

执行"表格"|"插入"菜单命令，在弹出的子菜单中执行"行（在上方）"或"行（在下方）"、"列（在左侧）"或"列（在右侧）"命令即可，如图 3-29 所示。

图 3-29 "插入"子菜单

注意：若要在表格末插入一行，可将鼠标定位到最后一行的最后一个单元格，然后按 Tab 键，或者将鼠标定位到最后一行末尾，然后按 Enter 键。

2. 删除行或列

删除行或列与添加行或列的方法类似，首先选中行或列，然后执行"表格"|"删除"菜单命令，在弹出的子菜单中执行"行"命令或者"列"命令即可。

3. 行高列宽重调

表格的行高列宽重调是指重新调整单元格的行高和列宽。由于调整行高和列宽的操作基本相同，这里仅以列宽的调整为例介绍具体的操作方法。

1）使用鼠标

将鼠标移到要改变列宽的表格竖线上，当鼠标指针变为双箭头形状时，按下鼠标左键，拖动鼠标就可改变列宽。

2）使用对话框

使用对话框，可更精确地调整列宽，具体操作方法如下。

(1) 将光标放在要调整列宽的列或选中该列。
(2) 执行"表格"|"表格属性"菜单命令,打开"表格属性"对话框,并选择"列"标签。
(3) 在变数框中输入或选择列的宽度值,并可选择列宽单位。不仅可以调整指定列的宽度,还可以调整前后列的宽度,如图 3-30 所示。
(4) 完成后单击"确定"按钮。

4. 合并与拆分单元格

在 Word 表格中合并单元格的操作步骤如下。
(1) 选定所有要合并的单元格。
(2) 执行"表格"|"合并单元格"菜单命令,使所选定的单元格合并成一个单元格。

在 Word 表格中拆分单元格的操作步骤如下。
(1) 选定要拆分的单元格。
(2) 执行"表格"|"拆分单元格"菜单命令,在对话框中输入要拆分成的单元格数即可。

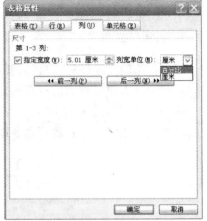

图 3-30 "表格属性"对话框

5. 拆分表格

拆分表格是将一个表格拆分成为两个表格。具体操作步骤如下。
(1) 将光标定位到要拆分的位置,即定位在第二个表格的第一行处。
(2) 执行"表格"|"拆分表格"命令,可将表格一分为二。

6. 编辑表格内容

表格创建完成后,还需要在表格中添加文本。在表格中处理文本的方法与在普通文档中处理文本略有不同。因为在表格中每一个单元格就是一个独立的单位,在输入过程中,Word 2003 会根据文本的多少自动调整单元格的大小。

用户可以在表格的各个单元格中输入文字、插入图形,也可以对各单元格中的内容进行剪切和粘贴等操作,这和正文文本中所做的操作基本相同。用户只需将光标置于表格的单元格中,然后直接利用键盘输入文本即可。

在表格的每个单元格中,可以进行字符格式化、段落格式化、添加项目符号和设置文本对齐方式等,其方法与在 Word 文档中设置普通文本的方法基本相同。

3.5.3 表格的格式设置

1. 自动设置表格格式

在编排表格时,无论是新建的空表还是已经输入数据的表格,都可以利用表格的自动套用格式进行快速编排,Word 2003 预置了丰富的表格格式。其操作步骤如下。
(1) 把插入点移动到要进行快速编排的表格中。
(2) 执行"表格"|"表格自动套用格式"菜单命令,弹出"表格自动套用格式"对话框。

(3) 在"表格样式"列表框中列出了 Word 预定义的表格样式名。选择一种样式后在下方的预览框中显示相应的格式。

(4) 单击"确定"按钮完成。

清除表格套用格式时,可以把插入点移动到应用表格套用格式的表格中,执行"表格"|"表格自动套用格式"菜单命令,在"表格自动套用格式"对话框中选择"表格样式"列表框中的"无"选项,单击"确定"按钮即可完成清除表格套用格式的操作。

2. 设置表格的边框和底纹

一个新创建的表格,可以通过给该表格或部分单元格添加边框和底纹,突出所强调的内容或增加表格的美观性。

给表格添加边框和底纹的操作步骤如下。

(1) 选中表格或者单元格。

(2) 执行"格式"|"边框和底纹"菜单命令,或者右击鼠标,在弹出的快捷菜单上执行"边框和底纹"命令,或者执行"表格"|"表格属性"菜单命令,选择表格标签,打开"边框和底纹"对话框,均能弹出"边框和底纹"对话框,设置边框的类型、线型、线的颜色及粗细、底纹颜色等。

3. 单元格对齐方式

选中要设置对齐方式的单元格。右击鼠标,执行"单元格对齐方式"命令,在其子菜单中提供 9 种对齐方式可供选择,如图 3-31 所示,用户可以根据需要进行选择。

4. 改变文字方向

一般情况下,表格中的文字以水平方式显示,但在某些特殊情况下,需要文字以竖直等方式显示出来,即改变文字的方向。具体操作步骤如下。

(1) 选中需要改变文字方向的单元格。

(2) 执行"格式"|"文字方向"菜单命令,或者右击鼠标,在弹出的快捷菜单中执行"文字方向"命令,弹出"文字方向-表格单元格"对话框,如图 3-32 所示。

图 3-31 "单元格对齐方式"快捷菜单

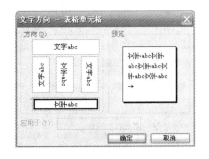

图 3-32 "文字方向-表格单元格"对话框

(3) 选择一种文字方向,单击"确定"按钮。

3.5.4 表格的特殊处理

在 Word 2003 中,表格的排版更加方便、灵活。用户可以在页面上缩放表格,还可以通过"表格属性"对话框设置表格与文档文字的环绕方式。

1．缩放表格

Word 2003 在缩放表格方面有很多方便之处，可以像处理图形对象一样，直接用鼠标来缩放表格。只要在表格中单击鼠标左键，表格的右下角就会出现一个调整句柄。鼠标指针移向该句柄时，就会变成倾斜的双箭头，再按住鼠标左键拖动，拖动过程中，出现的虚线框表示表格的大小，调整好表格的大小以后，松开鼠标左键即可。

2．设置表格与文字的环绕方式

设置表格与文字的环绕方式的操作步骤如下。
（1）选中表格或将当前插入点置于表格中。
（2）执行"表格"|"表格属性"菜单命令，弹出"表格属性"对话框，选择"表格"标签。
（3）设置表格的"对齐方式"和"文字环绕"方式。
（4）单击"确定"按钮完成。

3．文本与表格的相互转换

在 Word 2003 中，可以将文本转换为表格，也可以将表格转换为文本。
1）将表格转换为文本

将表格转换为文本，可以去除表格线，仅将表格中的文本内容按原来的顺序提取出来，但会丢失一些特殊的格式。具体操作步骤如下。
（1）选取需要转换的表格或单元格。
（2）执行"表格"|"转换"|"表格转换成文本"命令，打开"表格转换成文本"对话框。
（3）选择将原表格中的单元格文本转换成文字后的分隔符的选项。
（4）单击"确定"按钮即可。
2）将文本转换为表格

将文本转换为表格与将表格转换为文本不同，在转换之前必须对要转换的文本进行格式化。文本中的每一行之间要用段落标记符隔开，每一列之间要用分隔符隔开。列之间的分隔符可以是逗号、空格、制表符等。具体操作步骤如下。

将文本格式化后，选择"表格"|"转换"|"文本转换成表格"命令，将打开"将文字转换成表格"对话框，设置相关属性后即可。

3.5.5 表格的计算与排序

Word 2003 的表格提供了计算和排序的功能，用户可以对其中的数据执行一些简单的操作。

1．在表格中计算

在 Word 2003 的表格中，不仅可以方便地对数据进行求和计算，还能通过公式进行平均值、最大值及最小值等运算。下面以表 3-2 所示的学生成绩表为例介绍如何进行计算。

表 3-2 学生成绩表

学生姓名	性别	出生年月	政治	数学	外语	语文	总分
王英	女	1970年2月	89.00	78.00	87.00	90.00	
李军军	男	1970年2月	68.00	70.50	58.00	67.00	
孙权鹏	男	1970年5月	89.00	78.00	73.50	76.00	
钟华	男	1970年2月	100.00	87.00	89.00	89.00	
朱小庆	女	1970年9月	78.00	67.50	67.00	73.50	
欧阳小荣	女	1970年2月	54.00	54.00	54.00	76.50	
各科平均分							

具体操作步骤如下。

（1）将光标定位到存放结果的单元格中，例如定位到如表 3-2 所示加底纹的单元格中。

（2）执行"表格"|"公式"命令，弹出"公式"对话框，如图 3-33 所示。

图 3-33 "公式"对话框

（3）在"公式"文本框中输入计算公式，也可以从"粘贴函数"下拉列表框中选择需要的函数，最后单击"确定"按钮。表 3-2 中"总分"列加底纹的各单元格输入的公式是"＝SUM(LEFT)"，"各科平均分"行加底纹的各单元格输入的公式是"＝AVERAGE(ABOVE)"，得到如表 3-3 所示的计算结果。

表 3-3 学生成绩表

学生姓名	性别	出生年月	政治	数学	外语	语文	总分
王英	女	1970年2月	89.00	78.00	87.00	90.00	344
李军军	男	1970年2月	68.00	70.50	58.00	67.00	264
孙权鹏	男	1970年5月	89.00	78.00	73.50	76.00	317
钟华	男	1970年2月	100.00	87.00	89.00	89.00	365
朱小庆	女	1970年9月	78.00	67.50	67.00	73.50	286
欧阳小荣	女	1970年2月	54.00	54.00	54.00	76.50	239
各科平均分			80	73	71	79	

2. 在表格中排序

可以将列表或表格中的文本、数字或数据按升序（A 到 Z、0 到 9，或最早到最晚的日期）进行排序。也可以按降序（Z 到 A、9 到 0，或最晚到最早的日期）进行排序。以表 3-2 为例，按总分降序排序，具体操作步骤如下。

（1）将光标定位表格中。

（2）执行"表格"|"排序"菜单命令，弹出"排序"对话框，如图 3-34 所示。

图 3-34 表格"排序"对话框

（3）设置"主要关键字"、"次要关键字"、"列表"

等属性,及"升/降序"单选按钮等,得到如表 3-4 所示的排序结果。

表 3-4 学生成绩表

学生姓名	性别	出生年月	政治	数学	外语	语文	总分
钟华	男	1970 年 2 月	100.00	87.00	89.00	89.00	365
王英	女	1970 年 2 月	89.00	78.00	87.00	90.00	344
孙权鹏	男	1970 年 5 月	89.00	78.00	73.50	76.00	317
朱小庆	女	1970 年 9 月	78.00	67.50	67.00	73.50	286
李军军	男	1970 年 2 月	68.00	70.50	58.00	67.00	264
欧阳小荣	女	1970 年 2 月	54.00	54.00	54.00	76.50	239
各科平均分			80	73	71	79	

3.6 图文混排功能

Word 2003 具有强大的图文混排功能,可以方便地给文档添加图形,使文档变得图文并茂、形象直观,更加引人入胜。

3.6.1 绘制图形

1. 绘制图形

Word 2003 包含一套可以手工绘制的现有图形,例如,流程图、星与旗帜、标注等,这些图形称为自选图形。

1)"绘图"工具栏

一般情况下,"绘图"工具栏会出现在屏幕的下方,如果没有,执行"视图"|"工具栏"|"绘图"命令即可。"绘图"工具栏从左到右各按钮的功能如图 3-35 所示。

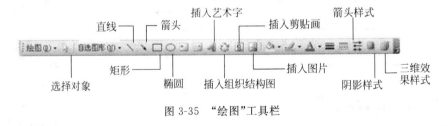

图 3-35 "绘图"工具栏

2)绘制简单图形

如果绘制的是直线、箭头、矩形或椭圆,只需按下"绘图"工具栏上相应按钮在文本编辑区进行绘制即可。正方形和圆形分别是矩形和椭圆的特例,绘制时先单击"矩形"或"椭圆"按钮,按住 Shift 键,再绘制即可。

3)绘制自选图形

Word 提供了自选图形功能,利用这一功能几乎能绘制所有用户需要的图形。用户单击绘图工具栏上的"自选图形"按钮,就可打开如图 3-36 所示的菜单。利用该菜单可绘制各种线条、连接符、基本形状、箭头、流程图、星与旗帜以及标注等。

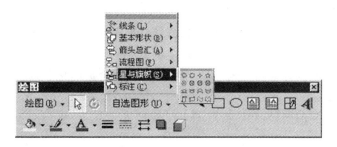

图 3-36 "自选图形"菜单

2. 编辑图形

1) 选定图形

如果同时选定多个图形,可先按住 Shift 键,然后依次单击每个图形即可。

如果选择的多个图形位置比较集中,可以单击"绘图"工具栏上的"选择对象"按钮,然后在文本区按下鼠标左键并拖动鼠标,屏幕上出现一个虚线框,当虚线框将要选择的图形全部包括后,松开鼠标左键,则虚线框内的每个图形都被选中。

2) 在图形中添加文字

操作方法如下:右击要添加文字的图形。在弹出的快捷菜单中选择"添加文字"菜单命令,即可在图中输入文字,如图 3-37 所示。

图 3-37 自选图形添加文本

3) 图形叠放次序

当用户绘制多个图形位置相同时,它们会重叠起来,用户可以自行调节各图形的叠放次序。操作方法如下。

选定需要调整叠放次序的图形,单击"绘图"工具栏上的"绘图"按钮,执行"叠放次序"命令,其中包括 6 种叠放次序,选择其中一种,则选定的图形按此叠放次序排列。

4) 图形对象的组合和取消组合

• 组合图形

目的是使多个图形对象组合在一起,便于将它们作为一个新的整体来移动或更改。

方法:将要组合的图形对象全部选定,对图形右击,在弹出的快捷菜单中选择"组合"|"组合"命令来实现。

• 取消组合

方法:选定图形,右击,在弹出的快捷菜单中选择"组合"|"取消组合"命令来实现。

5) 对齐和排列图形对象

选定要对其的图形,单击"绘图"按钮,选定"对齐或分布"命令,在下级菜单中选择一种对齐命令。

6）旋转图形

用户可以改变图形的方向,将图形进行旋转。操作方法如下。

首先选定一个图形,单击"绘图"工具栏上的"绘图"按钮,执行"旋转或翻转"命令,其中包括三种旋转方式和两种翻转方式,用户根据需要选择合适的命令即可。

7）删除图形

首先选定要删除的图形,然后按下 Delete 键即可。

3.6.2 插入图片

图形由用户用绘图工具绘制而成,图片图片的来源主要分为两大类:来自 Word 的"剪辑库",或者来自用户文件。如图 3-38 所示为剪贴画实例。

1. 插入剪贴画

要在文档中插入剪贴画,具体操作步骤如下。

（1）把插入点移动到需要插入剪贴画的位置。

（2）执行"插入"|"图片"|"剪贴画"菜单命令,打开"剪贴画"任务窗格,如图 3-39 所示。

图 3-38　剪贴画实例

图 3-39　"剪贴画"任务窗格

（3）在"搜索文字"文本框中输入搜索关键字,在"搜索范围"下拉列表框中选择"Office 搜藏集",在"结果类型"下拉列表框中选择文件类型(在选中类型的前面方框中打"√"标志)。

（4）单击"搜索"按钮,将显示符合条件的所有剪贴画。

（5）鼠标指针指向某个剪贴画,单击剪贴画右侧的箭头按钮,在弹出的菜单中选择"插入"菜单命令即可把此剪贴画插入到文档中。或者直接单击该剪贴画也可插入到文档中。

2. 从文件中获取图片

可以从一个文件获取图片并插入到文档中。图片文件可以在本地磁盘上。要从文件中获取图片并插入到文档中,具体操作步骤如下。

(1)执行"插入"|"图片"|"来自文件"菜单命令,将打开"插入图片"对话框。

(2)在"查找范围"下拉列表框内选择文件所在的目录。

(3)选择一个要打开的图片文件,单击"插入"按钮,Word 将把文件中的图片插入到当前文档中。

3. 编辑图片

图片插入到文档后,根据排版需要可以编辑图片。使用鼠标、"图片"工具栏或者"设置图片格式"对话框,可以对其进行缩放、移动、裁剪、旋转及调整亮度和对比度等编辑处理。图片工具栏如图 3-40 所示。"设置图片格式"对话框如图 3-41 所示。

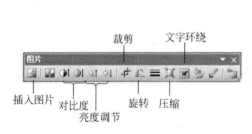

图 3-40 "图片"工具栏

图 3-41 "设置图片格式"对话框

单击所要操作的图片,这时图片的四周会出现 8 个实心的小方块,这表示此图片已经被选定,可以进行修改操作。这 8 个实心的小方块叫 8 个控制点。

1)调整图片大小

单击所要操作的图片,把鼠标指针放置在控制点上,这时鼠标指针形状变成双箭头形,拖动鼠标可修改图片的大小。

2)调整图片位置

单击所要操作的图片,将鼠标指针放置在中间,这时鼠标指针形状变成十字箭头形。拖动鼠标可调整图片的位置。

3)设置图片的颜色和线条

设置图片的颜色和线条可以用"设置图片格式"对话框来设置,操作步骤如下。

(1)单击所要操作的图片,图片的四周会出现 8 个控制点。

(2)右击,在图片快捷菜单中选择"设置图片格式"命令,屏幕上会弹出"设置图片格式"对话框。

(3)在"设置图片格式"对话框中选择"颜色和线条"标签,设置需要的填充颜色和线条的颜色、线型等。

(4)单击"确定"按钮即可。

4）图片裁剪

用于裁剪图片，单击"裁剪"按钮，光标就会变成两个十字交叉形状（ ），将光标置于图片 8 个控点中的任意一个上，按住鼠标左键并拖动，就会出现一个虚线框，当松开鼠标左键时，图片将只剩下虚线框内的部分。

3.6.3　艺术字效果

艺术字体就是有特殊效果的文字。为了使文档更加美观，可以在文档中插入艺术字。艺术字不同于普通文字，它具有阴影、斜体、旋转、延伸等效果。

在文档中插入艺术字的具体操作步骤如下。

（1）执行"插入"|"图片"|"艺术字"菜单命令，Word 将打开"艺术字库"对话框，如图 3-42 所示。

（2）选择一种艺术字样式后单击"确定"按钮，Word 将打开"编辑"艺术字"文字"对话框。在"文字"文本框中输入要成为艺术字的文字，例如输入"艺术字效果"，如图 3-43 所示。如果要设置艺术字的属性，可以在"字体"下拉列表框内选择字体，在"字号"下拉列表框内选择字体的尺寸；单击"加粗"按钮可以使字体加粗；单击"倾斜"按钮可以使字体倾斜。

图 3-42　"艺术字库"对话框

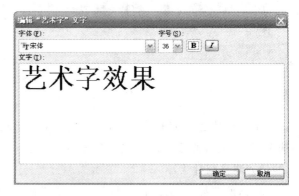

图 3-43　"编辑'艺术字'文字"对话框

（3）单击"确定"按钮，如图 3-44 所示。

图 3-44　艺术字实例图

3.6.4　文本框的编排

文本框是存放文本的容器，是将文字、表格、图形精确定位的有力工具。任何文档中的内容，不论是一段文字、一个表格、一幅图形或者它们的组合，只要装进文本框中，就可以被鼠标带到页面的任何地方并占据地盘，也可让正文在它的四周围绕，还可以方便地放大或缩小。

在对文本框进行编排时,应在页面视图下操作,才能看到效果。

1. 创建文本框

(1) 把现有内容纳入文本框。选定将纳入文本框的所有内容,然后执行"插入"|"文本框"菜单命令,或在绘图工具栏中单击"文本框"按钮,同时选择文字排列方式。

(2) 插入空文本框。在无内容选择时,单击"文本框"按钮,鼠标指针变成"+"字形,按住鼠标左键拖动文本框到所需大小与形状之后再放开即可。这时插入点已移到空文本框内,用户即可向文本框输入内容。

2. 编辑文本框

文本框具有图形的属性,所以对文本框的编辑同图形的格式设置,即执行"格式"|"设置文本框格式"菜单命令,进行颜色和线条、大小、位置、环绕等设置;也可利用鼠标拖动文本框的 8 个方向句柄进行缩放、定位等操作。

3. 文本框应用

文本框不能随着其内容的增加而自动扩展,但可以通过链接各文本框使文字从文档一个部分转至另一部分。建立链接各文本框的方法如下。

(1) 在文档中建立要链接的多个文本框。

(2) 选定第一个文本框,选择快捷菜单中的"创建文本框链接"菜单命令,鼠标指针变成( )形状,将鼠标指针指向要链接的文本框中(该文本框必须为空)并单击,则两个文本框之间建立了链接,创建多个文本框链接时以此类推。

(3) 在第一个文本框中输入所需的文字。如果该文本框已满,超出的文字将自动转入下一个文本框。

4. 删除文本框

先选定文本框,按下 Delete 键即可。

3.6.5 公式编辑器

Word 提供的公式编辑器能以直观的操作方法帮助用户编辑各种公式。操作方法如下。

(1) 单击要插入公式的位置。

(2) 在"插入"菜单上,单击"对象",然后单击"新建"选项卡。

(3) 单击"对象类型"框中的"Microsoft 公式 3.0"选项,如图 3-45 所示。

如果没有 Microsoft"公式编辑器",请进行安装。

(4) 单击"确定"按钮。进入公式编辑器状态,显示"公式"工具栏,如图 3-46 所示。

(5) 从"公式"工具栏上选择符号,输入变量和数字,以创建公式。在"公式"工具栏的上面一行,可以在 150 多个数学符号中进行选择。在下面一行,可以在众多的样板或框架(包

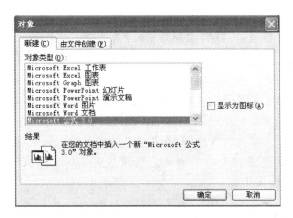

图 3-45 "对象"对话框

图 3-46 "公式"工具栏

含分式、积分和求和符号等)中进行选择。

(6) 若要返回 Word 文档,请单击 Word 文档。

3.6.6 图文混排技术

在文档中,文字、图形、图片、表格、文本框等都可以方便地进行图文混排。当文档中插入对象后,可以通过设置图片的环绕方式进行图文混排。其效果样式如图 3-47 所示。Word 提供了文本对图片的 7 种环绕方式:嵌入型、四周型、紧密型、浮于文字上方、衬于文字底部、上下型和穿越型。系统默认的图片插入方式为嵌入型。

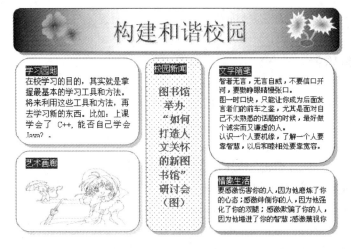

图 3-47 图文混排效果样式

设置文字对图片的环绕方式的方法有以下几种。

首先在图片上单击选取图片,图片的四周会出现 8 个控制点。

1. 快捷方式

右击图片,执行"设置图片格式"|"版式"命令,选择环绕方式。

2. 菜单方式

执行"格式"|"图片"菜单命令,选择环绕方式。

3. 工具栏按钮方式

单击"图片"工具栏上的"文字环绕"按钮( ),选择环绕方式。

3.7 样式和模板

在 Word 2003 中使用样式和模板可以统一管理整个文档编辑中的格式,迅速改变文档的外观。下面具体介绍样式和模板的使用。

3.7.1 样式的使用

样式就是指一组已经命名的字符格式或者段落格式。样式的方便之处在于可以把它应用于一个段落或者段落中选定的字符上,按照样式定义的格式,能大批量地完成段落或字符的格式编排。

样式按照定义形式分为内置样式和自定义样式,内置样式为 Word 2003 默认 Normal 模板中的样式,新建空白文档时"样式和格式"任务窗格中就显示了常用的内置样式。而用户创建的样式都称为自定义样式。

样式按照应用范围可分以下几种。

(1) 段落样式。段落样式控制段落外观的所有方面,如文本对齐、制表位、行间距和边框等。

(2) 字符样式。字符样式影响段落内选定文字的外观,如文本的字体、字号、字形等。

(3) 表格样式。表格样式可为表格的边框、阴影、对齐方式和字体提供一致的外观。

(4) 列表样式。列表样式可为列表应用相似的对齐方式、编号或项目符号。

1. 创建样式

创建样式的操作步骤如下。

(1) 执行"格式"|"样式和格式"菜单命令,打开"样式和格式"任务窗格。

(2) 在"样式和格式"任务窗格中单击"新样式"按钮,打开"新建样式"对话框,如图 3-48 所示。

(3) 在"名称"文本框中输入新定义样式的名称;在"样式类型"下拉列表框中按照应用的范围选择所创建样式的类型,如段落、字符、表格或列表;在"样式基于"下拉列表框中选择该样式的基准样式；在"后续段落样式"下拉列表框中选择要应用于下一段落的样式。

（4）在对话框中可以简单地为新样式设置字体、字号、段落对齐、缩进、间距等。如果需要更详细的设置，可单击"格式"按钮，在打开的字体、段落、制表位、边框等对话框中进行更多的设置，设置后的效果显示在预览框中。

（5）单击"确定"按钮，完成创建新样式。

2．应用样式

要使用样式，首先选定要更改样式的字符、段落、列表或表格，然后单击"样式和格式"任务窗格中所需的样式即可。

3．修改样式

图 3-48　"新建样式"对话框

修改样式的操作步骤如下。

（1）在"样式和格式"任务窗格中，单击样式名右侧的箭头按钮，选择"修改"命令。

（2）在打开的"修改样式"对话框中更改所需的格式选项，并选中"自动更新"复选框。

（3）单击"确定"按钮，此时该样式修改成功，并自动应用于文档中。

4．删除样式

删除样式时，打开"样式和格式"任务窗格，单击需要删除的样式名右侧的箭头按钮，选择"删除"命令即可。

在 Word 2003 中，可以在"样式和格式"任务窗格中删除样式，但不能删除模板的内置样式。如果用户删除了创建的段落样式，Word 将对所有具有此样式的段落正文应用"正文"样式。

3.7.2　模板的使用

模板就是某种文档的式样和模型，又称样式库，是一群样式的集合。利用模板可以生成一个具体的文档。因此，模板就是一种文档的模型。

模板是创建标准文档的工具。模板决定文档的基本结构和文档设置，例如，页面设置、自动图文集词条、字体、快捷键指定方案、菜单、页面布局、特殊格式和样式。

任何 Word 文档都是以模板为基础创建的。当用户新建一个空白文档时，实际上是打开了一个名为 Normal.dot 的文件。

模板的两种基本类型为共用模板和文档模板。共用模板包括 Normal 模板，所含设置适用于所有文档。文档模板（例如，"新建"对话框中的备忘录和传真模板）所含设置仅适用于以该模板为基础的文档。例如，如果用备忘录模板创建备忘录，备忘录能同时使用备忘录模板和任何共用模板的设置。Word 提供了许多文档模板，用户也可以创建自己的文档模板。

1. 基于现存模板的新模板

可以按照如下的操作步骤来创建基于现存模板的新模板。

（1）执行"文件"|"新建"菜单命令,打开"新建文档"任务窗格。

（2）在该任务窗格中选择一种模板类型,也可以选择"空文档"作为模板。选择"模板"选项,单击"确定"按钮,这时标题栏中显示的是"模板1"而不再是"文档1"。

（3）对当前显示的文本、表格以及图形对象等进行编辑。

（4）执行"文件"|"另存为"菜单命令,弹出"另存为"对话框。选择用来保存新创建模板的文件夹,这个文件夹决定了模板显示在哪个选项卡中。

（5）在"文件名"文本框中输入新建模板的名字,注意模板的扩展名为.dot,单击"保存"按钮完成。

2. 把当前文档保存为模板

用户也可以把现有的文档保存为模板,具体操作步骤如下。

（1）打开一个想要作为模板保存的文档。

（2）执行"文件"|"另存为"菜单命令,弹出"另存为"对话框。

（3）在"保存类型"下拉列表框中选择"文档模板"选项,选定用来保存模板的文件夹。

（4）在"文件名"文本框中输入模板的文件名,单击"保存"按钮完成。

3. 修改模板

用户还可以对已有的模板进行修改,修改内容包括特殊文本、图形、格式和样式等。修改了模板以后,所有使用这个模板的新文档都包含了新修改的内容,而在修改模板之前建立的文档不能使用修改的模板。修改已有模板的具体操作步骤如下。

（1）执行"文件"|"打开"菜单命令,打开"打开"对话框。

（2）在"文件类型"下拉列表框中选择"文档模板"选项,在"查找范围"下拉列表框中找到存放模板的文件夹,选定需要修改的模板。

（3）单击"打开"按钮,打开该模板。对打开的模板进行修改,可以修改文字、图形、样式、格式设置以及自定义工具栏等。

（4）执行"文件"|"保存"菜单命令,把修改过的模板保存起来。

3.8 页面设置与打印功能

在 Word 2003 中要打印文档,首先要进行页面设置,再预览文档,等效果满意后再打印。

3.8.1 页面设置

页面设置是指对页边距、纸张、版式等进行设置。Word 2003 在建立新文档时,已经默认了页面属性的设置,用户可以根据具体工作任务的需要来修改这些设置。页面设置是用户在打印文档之前一定要做的、很重要的工作。

1. 设置纸型和方向

在打印文档之前,用户首先需要考虑应该用多大的打印纸来打印。Word 默认的纸型大小是 A4(宽度 210mm,高度 297mm)、页面方向是纵向。如果用户设置的纸型和实际的打印纸的大小不一样,那么将会造成打印时分页的错误。

设置纸型和方向的具体操作步骤如下:执行"文件"|"页面设置"菜单命令,弹出"页面设置"对话框,单击"纸张"标签,如图 3-49 所示。

在"纸张大小"下拉列表框中选择要打印的纸型。也可以选择特殊纸型,但要在"高度"和"宽度"文本框中输入数值。单击"确定"按钮完成设置。

2. 设置页边距

页边距就是指打印出的文本与纸张之间的距离间隔。Word 在 A4 的纸型下默认的页边距是:左右页边距为 3.17cm、上下页边距为 2.54cm,并且无装订线。在默认设置的基础上,用户也可以根据自己具体的需要来改变设置。

设置页边距的具体操作步骤如下:执行"文件"|"页面设置"菜单命令,弹出"页面设置"对话框。单击"页边距"标签,如图 3-50 所示。

图 3-49　"页面设置"中的"纸张"选项卡　　　　图 3-50　"页面设置"中的"页边距"选项卡

在"上"、"下"、"左"和"右"数值框中各输入一个数值,在"应用于"下拉列表框中,选定页边距的应用范围,单击"确定"按钮完成设置。

3. 设置版式

设置版式是关于页眉与页脚、垂直对齐方式和行号等特殊的版式设置。设置版式的具体操作步骤如下。

(1) 执行"文件"|"页面设置"菜单命令,弹出"页面设置"对话框。

(2) 单击"版式"标签,如图 3-51 所示。
(3) 在"版式"选项卡中,可以选择下列选项。
- "节的起始位置"下拉列表框:选定开始新的一节的同时结束前一节的内容。
- "页眉和页脚"复选框:"奇偶页不同"指是否在奇数和偶数页上设置不同的页眉或者页脚;"首页不同"指是否使节或文档首页的页眉或者页脚与其他页的页眉或页脚不同。
- "垂直对齐方式"下拉列表框:指在页面上垂直对齐文本的方式。
- "行号"按钮:在某一节或整篇文档的左边添加行号。
- "边框"按钮:是否给文档页面添加边框。
- "取消尾注"复选框:选中时,避免把尾注打印在当前节的末尾,Word 将在下一节中打印当前节的尾注,使其位于下一节的尾注之前。

(4) 在"应用于"下拉列表框中,选定应用文档的范围,然后单击"确定"按钮完成设置。

图 3-51 "页面设置"中的"版式"选项卡

3.8.2 打印文档

在打印文档之前,要确信打印机的电源已经接通,并处于联机状态。可以直接单击常用工具栏中的"打印"按钮将整个文档打印出来,也可以重新设置打印机的属性进行打印。

1. 打印机设置

用户可以在 Word 中直接选择用户需要的打印机,具体操作步骤如下:执行"文件"|"打印"菜单命令,弹出"打印"对话框。在"打印机"选项组的"名称"下列列表框中可以选择要使用的打印机。

2. 打印预览

执行"文件"|"打印预览"命令或者是单击"常用"工具栏上的"打印预览"按钮就可以预

览打印的效果。

通过单击打印预览窗口上方的工具按钮,可以进行一些打印预览的设置,如图3-52所示。

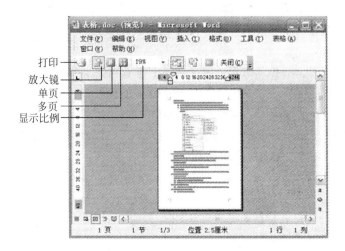

图 3-52 "打印预览"窗口

文档预览完毕,单击"关闭"按钮,则返回编辑状态。

3. 打印文档

编辑好文档,并设置了打印机的属性以后,确认打印机和计算机连接正确时,用户就可以打印文档了。

执行"文件"|"打印"菜单命令,弹出"打印"对话框。在"打印"对话框中设置打印机属性和打印属性后,单击"确定"按钮开始打印。

3.9 Word 高级排版功能

3.9.1 域

域是隐藏在文档中的由一组特殊代码组成的命令。系统在执行这组指令时,所得到的结果会插入到文档中并显示出来。域代码由域字符{}、域类型和指令构成。Word 2003 提供了9大类共74种域。域相当于文档中可能发生变化的数据或邮件合并文档中套用信函、标签中的占位符。

域可以在无须人工干预的条件下自动完成任务,例如编排文档页码并统计总页数;按不同格式插入日期和时间并更新;通过链接与引用在活动文档中插入其他文档;自动编制目录、关键词索引、图表目录;实现邮件的自动合并与打印;创建标准格式分数、为汉字加注拼音等。

有关域的操作:

1. 在文档中插入域

(1) 将插入点定位到要插入域的位置,单击"插入"菜单中的"域"命令,打开"域"对话框,如图 3-53 所示。

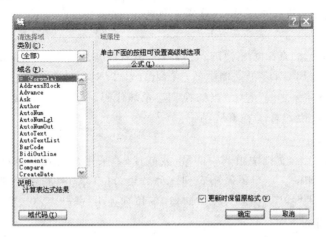

图 3-53 "域"对话框

(2) 在"类别"列表框中选择应用的域类别,下边的"域名"列表框中将显示出该类型包含的域名,选择要插入的域名,设置高级域选项等。

(3) 单击"确定"按钮。

Word 除了以功能命令的方式使用域以外,还可以使用域代码实现许多个性化功能,使用键盘直接输入会更加快捷。其操作方法是:把光标放置到需要插入域的位置,按下 Ctrl+F9 组合键插入域特征字符"{ }"。接着将光标移动到域特征代码中间,按从左向右的顺序输入域类型、域指令、开关等。结束后按键盘上的 F9 键更新域,或者按下 Shift+F9 组合键显示域结果。

如果显示的域结果不正确,可以再次按下 Shift+F9 组合键切换到显示域代码状态,重新对域代码进行修改,直至显示的域结果正确为止。

例如,利用域代码可以实现自动更新文档日期和时间个性化功能的操作。

某些文档要求记录送交或打印的日期和时间,采取手工输入的方法不仅欠准确,而且操作也比较麻烦。为此,可以在文档的某一位置插入"文档完成日期和时间:"字样,按下 Ctrl+F9 组合键插入两个域特征字符,并分别输入"Time \@"yyyy'年'M'月'd'日'""和"Time \@" AMPMh 时 m 分"",更新后即可看到相应的效果。

采用上面的方法插入文档的日期和时间,如果希望每次打印时都能自动更新,可以单击"工具"|"选项"菜单命令,在出现的对话框中单击"打印"标签,把"打印选项"中的"更新域"选项选中即可。

2. 域的管理

1) 快速删除域

插入文档中的"域"被更新以后,其样式和普通文本相同。如果打算删除某个或全部域,

查找起来有一定困难(特别是隐藏编辑标记以后)。此时按下 Alt+F9 组合键可以显示文档中所有的域代码(反复按下 Alt+F9 组合键可在显示和更新域代码之间切换),然后单击"编辑"|"查找"菜单命令,在出现的对话框中单击"高级"按钮,将光标停留在"查找内容"框中,单击"特殊字符"按钮并从列表中选择"域"。单击"查找下一处"按钮就可以找到文档中的域,找到之后将其选中再按下 Delete 键即可删除。

2) 修改域

修改域和编辑域的方法是一样的,若对域的结果不满意可以直接编辑域代码,从而改变域结果。按下 Alt+F9(对整个文档生效)或 Shift+F9(对所选中的域生效)组合键,可在显示域代码或显示域结果之间切换。当切换到显示域代码时,就可以直接对它进行编辑,完成后再次按下 Shift+F9 组合键查看域结果。

3) 取消域底纹

默认情况下,Word 文档中被选中的域(或域代码)采用灰色底纹显示,但打印时这种灰色底纹是不会被打印的。如果不希望看到这种效果,可以单击"工具"|"选项"菜单命令,在出现的对话框中单击"视图"标签,从"域底纹"下拉列表中选择"不显示"选项即可。

4) 锁定和解除域

如果不希望当前域的结果被更新,可以将它锁定。具体操作方法是:鼠标单击该域,然后按下 Ctrl+F11 组合键即可。如果想解除对域的锁定,以便对该域进行更新。只要单击该域,然后按 Ctrl+Shift+F11 组合键即可。

5) 解除域链接

如果一个域插入文档之后不再需要更新,可以解除域的链接,用域结果代替域代码即可。只需要选中需要解除链接的域,按下 Ctrl+Shift+F9 组合键即可。

Word 2003,重要的域应用实例有:
- 插入题注;
- 交叉引用题注;
- 交叉引用标题;
- 目录编制;
- 编制索引;
- 编制图表目录。

在本章 3.11 节的综合案例中将详细讲解涉及域内容的操作方法。

3.9.2 邮件合并

"邮件合并"最初是在批量处理"邮件文档"时提出的。具体地说,就是在邮件文档(主文档)的固定内容中,合并与发送信息相关的一组通信资料(数据源:如 Excel 表、Access 数据表等),从而批量生成需要的邮件文档,因此大大提高工作的效率。

"邮件合并"功能除了可以批量处理信函、信封等与邮件相关的文档外,还可以轻松地批量制作标签、工资条、成绩单等。

邮件合并的基本过程包括 4 个步骤,只要理解了这些过程,就可以得心应手地利用邮件合并来完成批量作业。

第一步：创建主文档。

主文档是指邮件合并内容的固定不变的部分，如信函中的通用部分、信封上的落款等。建立主文档的过程就和平时新建一个 Word 文档一模一样，在进行邮件合并之前它只是一个普通的文档。需要注意的是这份文档要如何写才能与数据源更完美地结合，满足需求。

第二步：创建数据源。

邮件合并的数据源可以是 Excel 工作表也可以是 Access 文件，也可以是 MS SQL Server 数据库，也可以取自单独建立的 Office 文档。一言蔽之：只要能够被 SQL 语句操作控制的数据皆可作为数据源。因为邮件合并的实质就是一个数据查询和显示的工作。

第三步：插入合并域。

插入合并域通过将合并域插入到邮件合并主文档的适当位置，可以决定合并文档时，使用哪些源信息以及它们在合并文档中的位置。

第四步：合并主文档与数据源。

利用邮件合并工具，可以将数据源合并到主文档中，得到目标文档。合并完成的文档的份数取决于数据表中记录的条数。

下面将通过成绩单制作实例来实践邮件合并的操作。

（1）单击"常用"工具栏中的"新建"按钮，创建一个空白文档，也就是主文档，输入信函的共用部分，如图 3-54 所示。用 Word 2003 创建学生成绩册数据源，如图 3-55 所示，文件名为"成绩册.doc"，存盘且关闭。

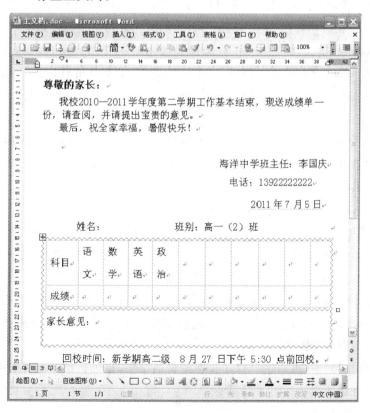

图 3-54　成绩单"主文档"

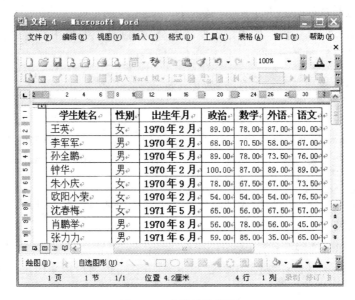

图 3-55 成绩单数据源

(2) 单击"工具"|"信函与邮件"|"邮件合并"菜单命令,调出"邮件合并"任务窗格。

(3) 在"选择文档类型"栏中,可以选择要创建的主文档的类型,共有信函、信封、标签和目录 4 种类型。单击单选按钮选中相对应的选项,任务窗格内会给出该选项的提示信息。单击"下一步:正在启动文档"链接,调出"邮件合并"任务窗格步骤(2)。

(4) 在"选择开始文档"栏中,可以选择要使用的主文档。用户可以使用当前文档、模板或者其他 Word 文档作为主文档。单击单选按钮选中相对应的选项,任务窗格内会给出该选项的提示信息。单击"下一步:选取收件人"链接,调出"邮件合并"任务窗格步骤(3)。

(5) 在"选择收件人"栏中,选择收件人信息的来源,可以使用现有的列表、Outlook 中的地址簿或者单击"创建"链接创建新的列表。单击单选按钮选中相对应的选项,任务窗格内会给出该选项的提示信息。单击"浏览",打开数据源文件"成绩册.doc"。单击"下一步:撰写信函"链接,调出"邮件合并"任务窗格步骤(4)。

(6) 在"撰写信函"栏中,可以单击链接,调出相应的对话框,然后在文档中插入相应内容的合并域。单击"其他项目",在主文档中对应位置插入合并域,如图 3-56 所示。单击"下一步:预览信函"链接,调出"邮件合并"任务窗格步骤(5)。

(7) 单击"预览信函"栏中的 << 和 >> 按钮,Word 会自动用收件人列表中相应的信息替代合并域,在给每一个收件人的信函中进行切换。单击"下一步:完成合并"链接,调出"邮件合并"任务窗格步骤(6)。

(8) 在"合并"栏中,可以选择打印正在编辑的文档,也可以结束邮件合并,继续对文档进行编辑。合并后的文档如图 3-57 所示。

图 3-56　在主文档中插入合并域

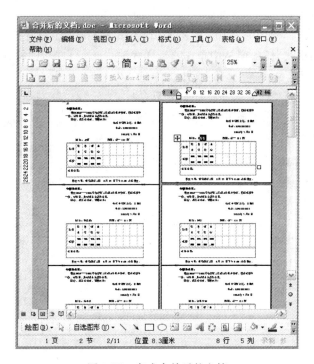

图 3-57　完成合并后的文档

3.10　Word 综合案例——论文排版

在日常的工作和学习中,有时会遇到长文档的编辑,由于长文档内容多,目录结构复杂,如果不使用正确的方法,整篇文档的编辑可能会事倍功半,最终效果也不尽如人意。

下面就以论文撰写为例说明如何利用 Word 2003 的功能完成长文档的编辑和技巧,包括论文格式的设置、公式的使用、目录的生成、页眉页脚的高级设置、快速定位文档、特殊符号的插入等。

1. 案例涉及知识点

论文撰写使用的主要知识点包括:
- 样式和格式;
- 文档结构图;
- 索引和目录命令;
- 自动套用格式;
- 页眉页脚的高级使用。

2. 案例设计步骤

每一份论文都有一定的格式要求,一般是章、节、目三级标题,下面以章标题样式设置为例,进行论文格式的设置。

1) 章标题样式设置

(1) 选择"格式"|"样式和格式"命令,打开"样式和格式"任务窗格。

(2) 在"样式和格式"任务窗格中单击"新样式"按钮,弹出"新建样式"对话框,如图 3-58 所示。在"属性"选项区域中的"名称"文本框中输入"一级章标题"的名称。在"样式类型"下拉列表中选择"段落",在"样式基于"选择"标题 1"。

(3) 单击"格式"按钮,在弹出的菜单中选择"字体"命令,打开"字体"对话框,在"字体"对话框中将文章标题字体设置为"黑体"、"加粗"、"三号",单击"确定"按钮,返回到"新建样式"对话框中。

(4) 单击"格式"按钮,在弹出的菜单中选择"段落"命令,打开"段落"对话框进行间距和对齐方式的设置。在"缩进和间距"选项卡中的"间距"选项中设置"段前"和"段后"均为"20 磅","行距"为最小值"20 磅"。这样设置的目的是避免文档正文中由于标题的加入出现缺行现象。在"常规"中"大纲级别"设为"1 级","对齐方式"设为"居中对齐"。其他为默认值。

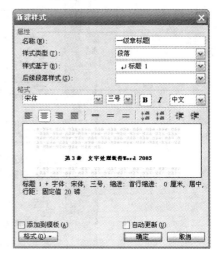

图 3-58 "新建样式"对话框

(5) 切换到"换行和分页"选项卡,选中"孤行控制"和"段前分页"复选框。因为选择"孤行控制"可以防止在页眉顶端打印段落末行或者在页面底端打印段落的首行;选择"段前分页"是因为每一章内容与上一章内容不在同一页面中。应用文章标题样式后,Word 会自动在文章标题前加上一个分页符。

(6) 创建样式的快捷方式。右击任务窗格中新建的样式,选择"修改样式"命令,单击"格式"按钮,在弹出菜单中选择"快捷键"命令,打开"自定义键盘"对话框,如图 3-59 所示。

在"请按新快捷键"文本框中输入 Alt+C,单击"指定"按钮,单击"关闭"按钮,关闭对话框,返回"新建样式"对话框。

（7）在"新建样式"对话框中单击"确定"按钮,完成建立新样式。

（8）其他各级标题样式内容不同,但设置步骤基本相同。

2）使用自动套用格式

（1）执行"格式"|"自动套用格式"命令,打开"自动套用格式"对话框,如图 3-60 所示。

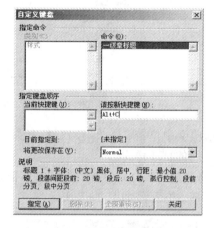

图 3-59　指定快捷键　　　　　　图 3-60　"自动套用格式"对话框

（2）单击"选项"按钮,打开"自动套用格式"对话框,进行设置工作,其中"自动更正"选项卡、"自动套用格式"选项卡以及"自动图文集"选项卡正确设置后,在录入文字的同时,快速应用标题、项目符号、边框和数字等格式。

3）生成目录

目录是论文中不可缺少的重要部分,有了目录就能很容易地知道文档中有什么如何查找内容。当论文中正确应用了标题、章节、正文等样式后,就可以非常方便应用自动创建目录的功能来创建论文的目录。

（1）插入点定位在论文第一章之前,选择"插入"|"引用"|"索引和目录"命令,如图 3-61 所示。

（2）打开如图 3-62 所示的"索引和目录"对话框。

（3）切换到"目录"选项卡,选中"显示页码"和"页码右对齐"复选框,在"制表符前导符"下拉列表中选择"小圆点"样式的前导符；在"常规"区域的"格式"下拉列表中选中"来自模板"；"显示级别"设置为 3,在"Web 预览"列表下方取消选中"使用超链接而不使用页码"复选框,单击"选项"按钮。

图 3-61　选择"索引和目录"命令

（4）打开"目录选项"对话框,如图 3-63 所示。选中"样式"复选框,在"有效样式"列表对应的"目录级别"中,将"标题 1"、"标题 2"、"标题 3"的目录级别设置为 1、2、3 级,并选择"大纲级别"复选框,单击"确定"按钮。

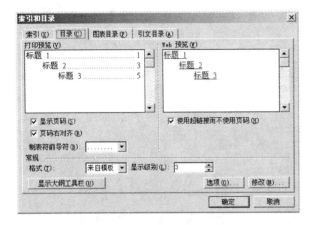

图 3-62 "索引和目录"对话框

图 3-63 "目录选项"对话框

(5) 返回"索引和目录"对话框,在"目录"选项卡中单击"修改"按钮,打开如图 3-64 所示的"样式"对话框,可以在"样式"列表中选择不同的目录样式。

(6) 修改目录样式。选中"目录 1",单击"修改"按钮,打开"修改样式"对话框,单击"格式"按钮,在弹出的菜单选项中可以修改字体、段落、边框等,如图 3-65 所示。

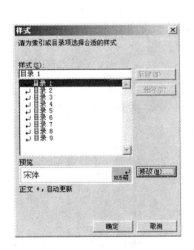

图 3-64 "样式"对话框

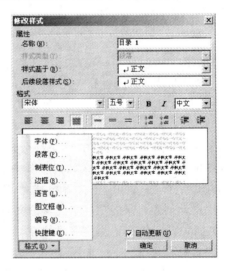

图 3-65 "修改样式"对话框

(7) 修改好后,依次返回"索引和目录"对话框,单击"确定"按钮,插入自动生成的目录,如图 3-66 所示。在目录页的上方输入文字"目录"。

(8) 改变超链接格式。选择"工具"|"选项"命令,打开"选项"对话框。然后切换到"编辑"选项卡中,在"编辑选项"区域取消选中"用 Ctrl+单击跟踪超链接"复选框,单击"确定"按钮。返回论文的目录页,再将鼠标放到目录上面,提示信息变为"单击以跟踪链接"。

(9) 更新目录。如果生成目录后,对论文又做了修改,需要选中已生成的目录,右击鼠标,在弹出的菜单中执行"更新域"命令。弹出"更新目录"对话框,选中"只更新页码"单选按钮,单击"确定"按钮。

图 3-66　目录效果

4）论文添加自动更新章节的页眉

（1）执行"视图"|"页眉和页脚"命令，进入"页眉、页脚"编辑状态。

（2）在弹出的"页眉和页脚"工具栏上单击"页面设置"按钮，打开"页面设置"对话框。

（3）在"页面设置"对话框中选择"版式"选项卡，选中"首页不同"和"奇偶页不同"前的复选框，单击"确定"按钮，关闭对话框。

（4）选择"插入"|"域"命令，打开"域"对话框。

（5）在"域"对话框设置页眉。在"类别"下拉列表中选择"链接和引用"；在"域名"列表框中选中 StyleRef；在"样式名"列表框中选择"标题1"，如图 3-67 所示；单击"确定"按钮，在所有的奇数页就添加了"章名称"的页眉，如图 3-68 所示。

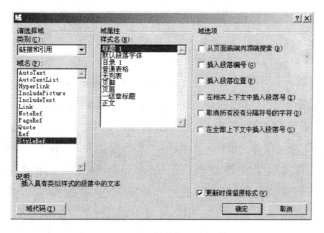

图 3-67　"域"对话框

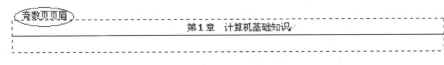

图 3-68 使用域添加页眉

(6) 在偶数页页眉添加论文名。方法与奇数页设置相同,只是在"域"对话框的设置上不同。在"类别"下拉列表中选择"文档信息";在"域名"中选中 Title;在"格式"列表框中选择"大写",单击"确定"按钮,如图 3-69 所示。

图 3-69 偶数页页眉

5) 为论文添加页码

(1) 正文页码

步骤 1:单击"页眉和页脚"工具栏中的"在页眉和页脚间切换"按钮 ,切换到页脚编辑区。单击"插入页码"按钮 。

步骤 2:单击"页眉和页脚"工具栏中的"设置页码格式" 按钮,在弹出的"页码格式"对话框中的"数字格式"下拉列表中选择数字类型,在"页码编排"栏下设置起始页码,单击"确定"按钮。

(2) 目录页码

步骤 1:在封面、目录和正文之间插入分节符。光标定位在目录和正文之间,执行"插入"|"分隔符"命令,打开"分隔符"对话框。在"分节符类型"项区域,选择"下一页"选项,单击"确定"按钮。

步骤 2:双击页眉和页脚编辑区,打开"页眉和页脚"工具栏,选择工具栏中的"链接到前一个"按钮 ,单击"设置页码格式"按钮,打开"页码格式"对话框选择罗马字体,就可以使分节符前后文档的"页脚"显示不同的结果。

6) 快速阅读论文

执行"视图"|"文档结构图"命令,在文档的左边打开文档结构图,在结构图中单击不同的内容,就可以快速跳转到不同的页面进行论文的浏览和修改,如图 3-70 所示。

文档结构图的窗口分为左右两部分,左窗口是文档结构视图,在各级文档标题前,凡是有小方框的就代表该标题有下级标题。若方框中为"—"表示该标题的下级标题全部显示,方框中为"+"表示该标题的下级标题全部折叠。单击小方框,可以切换"显示"或"折叠"下级标题。右窗口是文档编辑区。鼠标指针移至中间的拆分条,单击鼠标,移动拆分条可调整两个窗口的大小。单击文档结构视图中的标题,可以快速定位到相应的位置。

在长文档的编辑中,还有许多需要注意的问题,今后可以在实际使用中继续加以掌握。

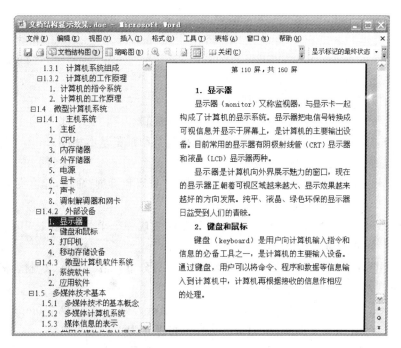

图 3-70　使用文档结构图的效果

3.11　本章小结

　　本章先介绍有关 Word 2003 的主要功能和特性。在使用 Word 开始创建一个自己所需的文档之前,了解这些主要功能和特性是非常必要的。

　　通过本章的学习,帮助读者掌握 Word 2003 应用程序的启动和退出;熟悉 Word 2003 应用程序的工作环境;熟悉菜单栏、工具栏的意义及相互关系,特别要熟悉工具栏常用命令按钮和格式命令按钮的功能;了解鼠标在操作过程中所呈现出的各种形状所代表的意义。在此基础上,要求掌握文档的新建与保存、文档的打开与关闭、文档的查找与替换等基本操作。

　　Word 是基于 Windows 环境下的应用软件,因而在操作上具有很强的一致性,即 Word 的操作风格与 Windows 一致,即先选择操作对象,再选择操作项。

　　可使用 Windows 中的"控制面板"来控制 Word 窗口中各组成元素的颜色,控制字体的安装和打印机的安装等。像其他应用程序窗口一样,也可以改变 Word 窗口的大小。

　　Word 的编辑环境采用图形界面技术,各种工具栏提供了一些最常用的命令的快捷执行方式,使大量操作只需单击按钮即可完成。工具栏功能简单明了,方便使用,并可自行定制。

　　利用 Word 提供的快捷菜单,在很多情况下要较其他方式(从菜单栏或下拉式菜单中选择命令)来得方便。要打开快捷菜单,可在适当的位置右击鼠标。

　　在操作实验过程中,可充分利用 Word 的联机帮助或称在线帮助功能,来学习和掌握 Word 的各种操作。这一点与学习 Windows XP 操作系统的过程是一致的。

3.12 习题

一、单项选择题

1. 将文档中的一部分内容复制到别处,最后一步是_____。
   A. 粘贴　　　　B. 剪切　　　　C. 复制　　　　D. 刷新
2. Word 中_____视图方式使得显示效果与打印预览基本相同。
   A. 普通　　　　B. 大纲　　　　C. 页面　　　　D. 网页
3. 在 Word 编辑中,可使用_____菜单中的"页眉和页脚"命令,建立页眉和页脚。
   A. 编辑　　　　B. 插入　　　　C. 视图　　　　D. 文件
4. 在 Word 中,要将表格中相邻的两个单元格变成一个单元格,在选定这两个单元格后选择"表格"菜单中的_____命令。
   A. 删除单元格　　B. 合并单元格　　C. 拆分单元格　　D. 绘制表格
5. Word 文档文件的扩展名是_____。
   A. .txt　　　　B. .wps　　　　C. .doc　　　　D. .bmp
6. 使用 Word 编辑文档时,所编辑的文件不可保存为_____类型。
   A. .HTM　　　　B. .BMP　　　　C. .RTF　　　　D. .TXT
7. 关于 Word 中的"左边距"和"左缩进",下列叙述正确的是_____。
   A. "左边距"与"左缩进"是同一个概念
   B. "左缩进"的数值必须大于或等于"左边距"的数值
   C. "左缩进"的数值可以为正数,也可以为负数
   D. "左缩进"和"左边距"均可以在"页面设置"对话框中设置
8. 在使用 Word 编辑文档时,如果需要打印当前文档的第 4、第 6~8 页,则应_____,然后在出现的对话框中设置需打印的页码。
   A. 使用菜单命令"文件/打印"　　　B. 单击"常用"工具栏上的"打印"按钮
   C. 按键盘上的 PrtSc(PrintScreen)键　D. 按组合键 Alt+PrtSc(PrintScreen)
9. Word 有三种格式编排单位,它们分别是字符、段和_____。
   A. 页　　　　B. 词　　　　C. 句　　　　D. 节
10. 在 Word 的编辑状态下,文档中有一行被选择,当按下 Delete 键后_____。
    A. 删除了插入点所在行
    B. 删除了被选择的一行
    C. 删除了被选择行及其之后的内容
    D. 删除了插入点及其前后的内容

二、简答题

1. Word 2003 启动方法有哪些?请具体列出来。
2. 如何添加段落的边框和底纹?
3. 如何实现表格转换成文字以及文字转换成表格?
4. 怎样设置每章不同的奇偶页不同的页眉和页脚?
5. 怎样生成目录页?

三、操作题

使用 Word 2003 中邮件合并功能完成下面实例文档的创建。

新春将至,人力资源部接到一个指令,要求给所有已经接受录用通知的新聘教师发出新年的问候。新年贺信样文具内容如下(参见以下样文)。

尊敬的《姓名和称呼》:

值此新春之际,谨代表人力资源部及学院全体同仁,向您致以诚挚的问候,祝您新年快乐,万事如意!

非常感谢您接受我院《系部》《职称》岗位,相信您的加盟将会对我院师资队伍建设大有帮助!阳光学院作为一所飞速发展中的学校,也必将为您提供事业发展的广阔舞台。

如果您有任何疑问,欢迎随时与我们保持联系:联系电话为0559-2540000,电子信箱为 yangguang@hsu.edu.cn。

期待我们正式成为同事的一天,相信这是您正确的选择,也是我们学院正确的选择。

此致

敬礼

阳光学院人力资源部

2010 年 1 月 20 日

其中数据源中的数据见表 3-5。主文档以文件名 WD1.DOC 存储,数据源以文件名 WD2.DOC 存储(参见表 3-5),合并后的信函以文件名 WD3.DOC 存储。

表 3-5　数据源中的数据

姓名	性别	年龄	系部	职称	联系电话
赵丹	女	29	外语	讲师	0559-2597456
李鹏	男	43	信息	副教授	0559-2984845
王晓敏	女	37	数学	讲师	0559-2285462
周刚	男	28	经管	助教	0559-2562389

第 4 章　电子表格软件 Excel 2003

Excel 2003 是微软公司推出的一个功能强大的电子表格应用软件,所谓电子表格,是指一种数据处理系统和报表制作工具软件,只要将数据输入到按规律排列的单元格中,就可以依据数据所在单元格的位置,利用多种公式进行算术运算和逻辑运算,分析汇总各单元格中的数据信息,并可以把数据用表格及各种统计图、透视图的形式表现出来,使得制作出来的报表图文并茂,信息表达更清晰。

4.1　Excel 2003 基本知识

4.1.1　Excel 2003 功能概述

Excel 具有十分友好的人机界面和强大的计算功能,它已成为国内广大用户管理公司和个人财务、统计数据、绘制各种专业化表格的得力助手。Excel 2003 的主要功能和特点如下。

1. 表格编辑功能

Excel 2003 可处理的表格数据行为 65 536 行,列为 256 列,每个单元格中最多可输入 32 000 个字符。剪贴板最多可存储 24 个对象(与 Word 2003 是相同的),可以直接在工作表中完成数据的输入和结果的输出,实现真正的"所见即所得"。

2. 数据计算功能

当用户在 Excel 2003 的工作表中输入完数据后,可以对数据进行计算,在对数据进行计算时要用到公式和函数,Excel 2003 提供了丰富的函数,能对表格数据作复杂的数学分析和报表统计。

3. 数据统计分析功能

当用户对数据进行计算后,要对数据进行统计分析,Excel 2003 可以对数据进行排序、筛选,还可以对它进行数据透视表、单变量求解、模拟运算表和方案管理统计分析等操作。

4. 数据图表功能

表在 Excel 2003 中,还可以通过图表把工作表中的数据更直观地表现出来,图表是在工作表中输入数据后,利用 Excel 2003 将各种数据建成的统计图表,它具有较好的视觉效果,可以查看数据的差异、图案和预测趋势。

5．远程发布数据功能

在 Excel 2003 中，可以将工作簿或其中一部分（例如工作表中的某项）保存为 Web 页，进行发布，使其在 HTTP 站点、FTP 站点、Web 服务器或网络服务器上可用，以供用户查看或使用。

4.1.2 Excel 2003 的启动和退出

1．启动

启动方法与启动其他 Office 2003 组件相似，主要方法有以下三种。
- 单击"开始"按钮，在打开的子菜单中执行"程序|Microsoft Office|Microsoft Office Excel 2003"命令，即可启动 Excel 2003。
- 双击桌面上已建立的 Excel 2003 快捷图标可以启动 Excel 2003。
- 打开任何一个 Excel 2003 工作簿文件，系统会先启动 Excel 2003，再打开该文件。

2．退出

退出方法与退出其他 Office 2003 组件也相似，主要方法有以下三种。
- 单击 Excel 2003 窗口右上角的关闭按钮 ✕。
- 单击"文件"|"退出"命令。
- 按 Alt+F4 组合键。

4.1.3 Excel 2003 窗口组成

启动 Excel 2003 后，打开如图 4-1 所示的工作窗口，与 Word 相似，Excel 窗口包含标题栏、菜单栏、工具栏、工作区和状态栏。所不同的是，Excel 的工作区包含独特的编辑栏和工作表编辑区。

1．编辑栏

编辑栏位于"格式"工具栏的下面，用于编辑和显示活动单元格中的数据和公式。编辑栏左侧区域称为名称框，用来显示当前活动的单元格或单元格区域的地址名称，也可根据地址名称查找单元格或单元格区域；名称框右端有三个按钮，分别表示取消编辑的内容、确认编辑完成、编辑公式按钮；最右端的编辑框是进行输入和编辑单元格数据的地方。

用户向单元格中输入或编辑数据时，可首先单击该单元格，然后输入或编辑数据，此时在编辑框中也将显示出所输入或编辑的数据，按 Enter 键或单击编辑栏中的"输入"按钮 ✓，输入或编辑的数据便插入到当前的单元格中。另外在完成数据的输入之前，如果要取消对数据的输入，可单击编辑栏中的"取消"按钮 ✕ 或按 Esc 键。

2．工作表编辑区

工作表编辑区是一张预先设置好的表格，用于记录数据的区域，可直接进行编辑。

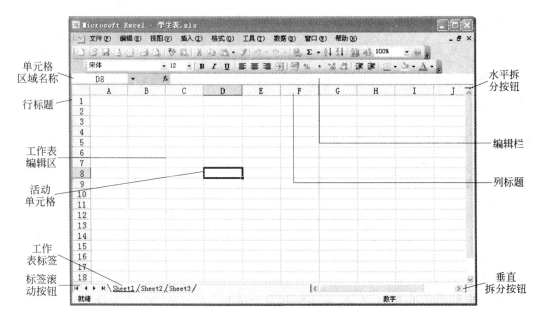

图 4-1 Excel 工作窗口

3. 工作表标签

工作表标签用于显示工作表的名称。单击工作表标签选定相应的工作表,被选定的工作表称为当前工作表。

4.2 工作表

Excel 中最基本的操作就是工作表的使用,通过本节的学习用户可以熟练地掌握工作表的操作。

4.2.1 工作簿、工作表和单元格

1. 工作簿

一个 Excel 文件称为一个工作簿(Book),其名称显示在 Excel 标题栏中,其默认的扩展名是.xls。工作簿是存储数据、数据运算公式以及数据格式化等信息的文件,是 Excel 存储数据的基本单位。一个工作簿中最多可包含 255 个工作表,默认有三个工作表。

第一次启动 Excel 时,系统默认的工作簿名为"Book1.xls"。如果启动 Excel 后直接打开一个已有的工作簿,则 Book1 会自动关闭。

2. 工作表

工作表(Sheet)是一个由行和列交叉排列的二维表格,也称做电子表格,用于组织和分析数据。每个工作表有一个标签,标签区位于工作簿窗口的底部,用来显示工作表的名称。

单击这些标签可以切换工作表。系统默认的工作表数为 3 个,名称分别为 Sheet1、Sheet2、Sheet3,用户可以重新命名。

一张 Excel 的工作表由 256 列和 65 536 行构成。列名用字母及字母组合 A~Z,AA~AZ,BA~BZ…IA~IV 表示,行名用自然数 1~65 536 表示。因此,一个工作表中最多可以有 256×65 536 个单元格。

3. 单元格和单元格区域

单元格(Cell)就是工作表中行和列交叉的部分,是工作表的最基本的数据单元,也是电子表格软件处理数据的最小单位。

单元格的名称(也称单元格地址)是由列标和行号来标识的,列标在前,行号在后。例如,第 3 行第 2 列的单元格的名称是"B3",第 5 行第 3 列的单元格的名字是"C5",以此类推。为了区分不同工作表中的单元格,可在地址前加工作表名称,例如:Sheet5!C5 即表示工作表 Sheet5 中的 C5 单元格。

当前正在使用的单元格称为活动单元格,显示为由黑框框住,如图 4-1 所示中"D8 单元格"。

单元格区域指的是由多个相邻单元格形成的矩形区域,其表示方法由该区域的左上角单元格名称、冒号和右下角单元格名称组成。例如,单元格区域 A2:D8 表示的是左上角从 A2 开始到右下角 D8 结束的一片连续的矩形区域。

4.2.2 管理 Excel 工作簿

1. 新建工作簿

启动 Excel 2003,系统会自动产生一个名为 Book1 的新工作簿。如果需要再建立一个新的工作簿,单击"文件"|"新建"命令,在右窗格中选择空白工作簿或一个工作簿模板即可。另外,单击常用工具栏的"新建"按钮,也可创建一个通用的空白工作簿。新建的工作簿将自动取名为 Book1,Book2,Book3 等。

2. 打开工作簿

打开 Excel 工作簿,单击"文件"|"打开"命令或用鼠标单击常用工具栏的"打开"按钮,在弹出的对话框中选择要打开的工作簿文件,并单击"打开"按钮即可。

3. 保存工作簿

除了编辑结束需要保存工作簿文件外,在编辑过程中为了防止意外事故,也需经常保存工作簿。单击"文件"|"保存"命令或用鼠标单击常用工具栏的"保存"按钮即可保存。如果该文件是第一次存储,系统会让用户确定要保存文件的位置及文件的名称。如果想将当前文件保存到另一个文件中,单击"文件"|"另存为"命令。在"另存为"对话框中的"保存类型"下拉列表框用于不同文件格式间的转换。

4.2.3 单元格数据的编辑

单元格数据的编辑包括单元格中数据输入、单元格中数据的清除、复制、移动等。

1. 数据输入

Excel 允许在工作表的单元格中输入文本、数值、日期和公式等数据。

1）输入文本

Excel 文本包括汉字、英文字母、数字、空格及其他键盘能输入的符号，每个单元格最多可以输入 32 000 个字符，文本输入时默认采用左对齐方式。当输入的文字长度超出单元格宽度时，如右边单元格无内容，将自动扩展显示到右边列，否则将截断显示。输入的具体步骤为：选择要输入文本的单元格，直接输入文本或在编辑栏上输入文本，按 Enter 键或单击编辑框上的"输入"按钮确认输入。若按 Esc 键或单击"取消"按钮则取消当前的输入。

在某些特定的场合，需要把纯数字的数据作为文本来处理，如产品的代码、身份证号码、邮政编码、电话号码等，输入时，在第一个数字前用单引号'。如图 4-2 所示，在 A3 单元格输入'20105031001，单元格中显示左对齐方式的 20105031001，则该 20105031001 是文本而非数字，虽然表面上看起来是数字。

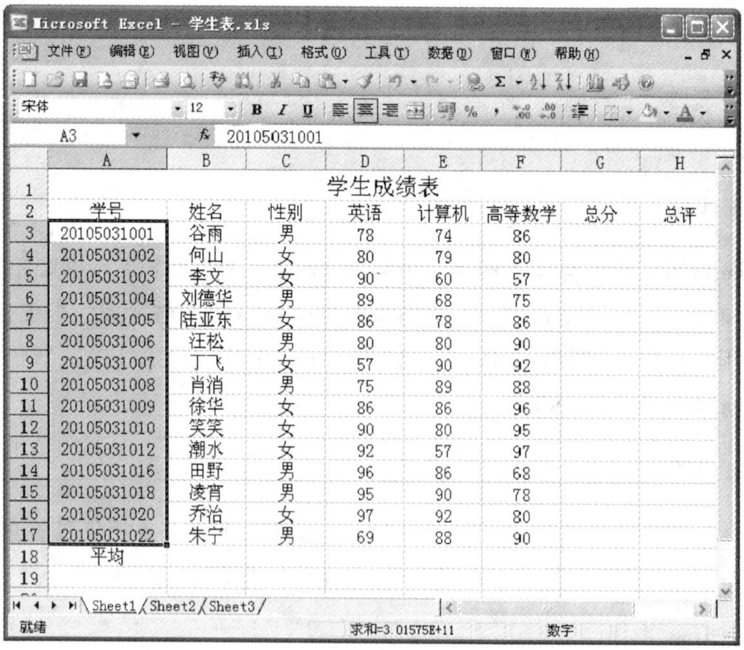

图 4-2 学生成绩表

2）输入数值

数值是可以参与运算的数据，有效的数值除了数字 0～9 组成的数据外，还可以包括+（正号）、−（负号）、/、￥、$、(、)、%、.（小数点）、,（千分位符号）、E 和 e 等特殊字符。数值型数据默认右对齐。

Excel 数值输入与数值显示未必相同，如果输入数据太长，Excel 自动以科学记数法表示；如在数字格式中设置了小数位数，则在显示时会对末位进行四舍五入。需要注意的是，Excel 计算时将以输入数值而不是显示数值为准。

输入数值时需注意：

（1）若要输入负数，则需要在数字前加负号"－"，或将数据括入括号中。

（2）输入分数要使用整数加分数的形式，在整数和分数之间应有一个空格，否则 Excel 会把输入的数据当做日期，例如：输入 1/2 应写成 0 1/2。

（3）如果数值太长无法在单元格中显示，单元格将以"＃＃＃"显示，此时需要增加列宽。

（4）数值前加"￥"或"＄"则以货币形式显示数值。

（5）可以使用科学记数法表示数值，如 123000 可写成 1.23E＋5。

（6）数值也可用百分比形式表示。如 45％。

以下数据都是合法的数值输入形式。

1.230；2.356％；4.28E＋3；0 4/5；＄8.2；￥9.5。

3）输入日期时间数据

Excel 2003 内置了一些日期时间的格式，日期输入时可使用斜线"/"或连字符"－"输入，格式比较自由；时间输入用冒号"："分隔时、分、秒，一般以 24 小时格式表示时间，若要以 12 小时格式表示时间，需要在时间后加上 A(AM)或 P(PM)。A 或 P 与时间之间要空一格，缺少空格将被当作字符数据处理。例如，"9-22-11"、"2011-9-22"、"7:50 PM"均为正确的日期时间输入值。

Excel 2003 允许在同一单元格中同时输入日期和时间，不过彼此之间要空一格。当同时按下 Ctrl＋；键时，可输入当前系统日期。同时按 Ctrl＋Shift＋；键可输入当前系统时间。

2. 自动填充数据

Excel 2003 提供了自动填充的功能，以方便用户输入一批有规律的数据。自动填充会根据初始值决定以后的填充项。方法是：选中初始值所在的单元格，将鼠标指针移到单元格的右下角，鼠标指针会变成黑色实心＋字形（该位置也称为填充柄），按下左键拖动鼠标至要填充到的最后一个单元格即可实现快速输入数据。

填充结果根据初始值的不同分为以下几种情况。

（1）若初始值为纯文本、数值数据，填充则为复制数据；在拖动填充柄的同时按住 Ctrl 键，则数字递增。如学号的输入，先在 A2 单元格内容输入第一学号 20105031001，按住 Ctrl 键拖动填充柄到 A10 单元格，结果如图 4-2 所示。

（2）若初始值为文本数字混合，填充时文字不变，数字递增；在拖动填充柄的同时按住 Ctrl 键，填充则为复制数据。

（3）若选定两个以上连续单元格，且内容为等差序列，则自动填充的结果为其余等差值，例如在 A12 中输入 20105031010，在 A13 中输入 20105031012。选择 A12 和 A13 后，拖动填充柄至 A17 单元格，结果如图 4-2 所示。

（4）若原来单元格中的数据是预设或用户自定义的自动填充序列中的一员，如日期、月份等,则 Excel 按预设序列填充。

若要自定义序列,单击"工具"|"选项"命令,打开"选项"对话框,单击"自定义序列"选项卡中进行设置。如图 4-3 所示,在"输入序列"一栏添加新序列。

另外,也可单击"编辑"|"填充"|"序列命令"命令,打开"序列"对话框,选择好序列产生的方向、类型,输入"步长值"和"终止值"以快速的输入数据,如图 4-4 所示。

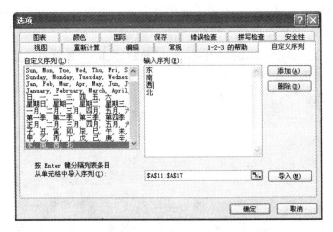

图 4-3 "选项"对话框

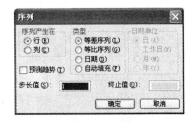

图 4-4 "序列"对话框

3. 单元格数据编辑

在单元格中输入数据后就可以对其进行编辑,编辑包括数据的修改、移动、复制和删除等操作。

1) 选取

在进行这些编辑操作之前,首先应选定要编辑的单元格区域,根据选取范围的不同,操作也不同,具体方法如下。

(1) 选取一个单元格:鼠标在要选取的单元格内单击即可。

(2) 选取多个连续的单元格:鼠标指向第一个单元格,按下鼠标左键拖动到结束位置,也可以先在第一个单元格内单击,按下 Shift 键单击最后一个单元格。

(3) 选取多个不连续的单元格:选定第一个单元格,按下 Ctrl 键的同时单击其余要选取的单元格。

(4) 选取整行/列:单击行号/列标题。

(5) 选定整个工作表:单击工作表区域左上角列标题与行标题交叉处的按钮。

2) 修改数据

修改数据和数据输入类似,可在单击单元格后在编辑栏中修改或者双击单元格后直接在单元格中修改。

3) 移动和复制数据

Excel 中复制或移动数据有多种方法,可以利用剪切板,也可以用鼠标拖放操作,还可以进行选择性粘贴。

(1) 用鼠标拖动

选择一个单元格(或单元格区域),将鼠标移到被选单元格的边框上,按住左键将单元格

（单元格区域）虚框拖到目的地，则为移动数据；如在拖动同时按住 Ctrl 键（此时鼠标指针右上角呈现出一个小十字形的空心箭头），则为复制数据。

（2）利用菜单

与 Word 类似，选择数据源区域后执行复制命令，区域周围会出现闪烁的虚线。只要闪烁的虚线不消失，粘贴可以进行多次，一旦虚线消失，粘贴就无法进行。如果只需粘贴一次，可在目标区域直接按 Enter 键。另外，单击"视图"|"工具栏"|"剪贴板"命令，当激活"Office 剪贴板"后，可粘贴多达 12 个复制对象。

注意：选择目标区域时，要么选择该区域的第一个单元格，要么选择与源区域一样大小。与源区域大小不一致时，除非选择目标区域是源区域大小的多倍，依此倍数进行多次复制，否则将无法粘贴信息，并出现粘贴警告提示。

（3）选择性粘贴

一个单元格含有多种特性，如内容、格式、批注等，另外它还可能是一个公式，含有有效规则等，数据复制时往往只需复制它的部分特性。此外，复制数据的同时还可以进行算术运算、行列转置等。这些都可以通过选择性粘贴来实现。

具体步骤为：先将数据复制到剪贴板，再选择目标区域的第一个单元格，单击"编辑"|"选择性粘贴"命令，在打开的对话框中选择相应的选项后，单击"确定"按钮即可完成选择性粘贴。"选择性粘贴"对话框中各项的含义如表 4-1 所示。

表 4-1 "选择性粘贴"选项说明表

目 的	选 项	含 义
粘贴	全部	默认设置，将源单元格所有属性粘贴到目标区域
	公式	只粘贴公式，不粘贴格式、批注等
	数值	只粘贴单元格中显示的内容，不粘贴其他属性
	格式	只粘贴单元格的格式，不粘贴单元格内的实际内容
	批注	只粘贴单元格的批注，不粘贴单元格内的实际内容
	有效性	只粘贴源区域中的有效数据规则
	边框除外	只粘贴单元格的值和格式等，不粘贴边框
	列宽	将某列的宽度粘贴到另一列中
运算	无	默认设置，不进行任何运算
	加	源单元格中的数据加上目标单元格数据再存入目标单元格
	减	源单元格中的数据减去目标单元格数据再存入目标单元格
	乘	源单元格中的数据乘以目标单元格数据再存入目标单元格
	除	源单元格中的数据除以目标单元格数据再存入目标单元格
	跳过空单元	避免源区域的空白单元格取代目标区域的数值，即源区域中的空白单元格不被粘贴
	转置	将源区域的数据行列交换后粘贴到目标区域

4．删除数据

在 Excel 中删除数据有两种含义：数据清除和数据删除。

1）数据清除

数据清除是指对数据本身进行处理，单元格本身不受影响。选中单元格或单元格区域，单击"编辑"|"清除"命令，在级连菜单中有 4 个子菜单项：全部、格式、内容和批注。选择"格式"、"内容"、"批注"将分别清除单元格的格式、内容或批注，选择"全部"命令则将单元格的格式、内容、批注全部清除，但单元格本身仍留在原位置不变。

如果只需要清除单元格中的内容，也可以在选中要清除数据的单元格后按 Delete 键进行清除。

2）数据删除

数据删除是对单元格进行处理。选中单元格或单元格区域，单击"编辑"|"删除"命令，在弹出的对话框中选择剩余单元格的移动方向，即可将所选单元格及其中的数据都从工作表中删除。

4.2.4 公式与函数的应用

1．应用公式

在工作表中，计算统计等工作是普遍存在的。通过在单元格中输入公式和函数，可以对表中数据进行求和、求平均、汇总及其他更为复杂的运算。公式是函数的基础，函数是 Excel 预定义的内置公式。与直接使用公式相比，使用函数进行计算的速度更快，同时减少了错误的发生。

1）公式中的运算符

Excel 中的公式可对不同单元格中的数据进行加、减、乘、除等运算，还可以进行一些比较运算、文本连接运算等。一般公式包括三个部分：＝、运算数和运算符。运算数可以是单元格的名称，可以是单元格区域的名称，也可以是具体的数值。

公式中可使用的运算符包括：数学运算符、文本运算符、比较运算符和引用运算符。各运算符及其含义见表 4-2。运算符的优先级见表 4-3。

表 4-2　Excel 中的运算符及其含义

运算符	含义	运算符	含义
＋	加	＞	大于
－	减	＜	小于
－	负号	＞＝	大于等于
＊	乘	＜＝	小于等于
／	除	＜＞	不等于
％	百分比	＝	等于
＆	将两个文本连接成一个文本	：	区域运算符
＾	乘方	，	联合运算符

表 4-3 运算符的优先级

运算符(优先级从高到低)	含义	运算符(优先级从高到低)	含义
:	区域运算符	*,/	乘和除
,	联合运算符	+,−	加和减
−	负号	&	文本运算符
%	百分比	>,<,>=,<=,<>,=	比较运算符
^	乘方		

2) 公式的输入与编辑

选择需要计算结果的单元格,先输入等号"=",再输入公式,确认无误后按 Enter 键完成输入,即可将计算结果自动填入单元格。编辑公式也可以使用编辑栏。

3) 单元格引用

公式的复制可以避免大量重复输入公式的工作,复制公式时,若在公式中使用单元格和区域,应根据不同的情况使用不同的单元格引用。基本的引用方式有以下三种。

(1) 相对引用

相对引用的形式:列标行号。

作用:当复制公式时会根据移动的位置自动调节公式中引用的单元格地址。

例如,假设单元格 B2 中的公式为"=C2+D5",这其中的 C2 和 D5 是相对引用,则当 B2 中的公式复制到单元格 D3 时,D3 中的公式就会为"=E3+F6"。

(2) 绝对引用

绝对引用的形式:$列标$行号。

作用:当复制公式时不会调节公式中引用的单元格地址。

假设单元格 B2 中的公式为"=$C$2+$D$5",则当 B2 中的公式复制到单元格 D3 时,D3 中的公式不会有变化,仍为"=$C$2+$D$5",这里的$C$2 和$D$5 就是绝对引用。

(3) 混合引用

混合引用是指公式中既有相对引用,又有绝对引用,混合引用的样式有以下两种。

$列标行号或列标$行号。

作用:当复制公式时相对引用的部分会根据单元格的地址自动调节,绝对引用的部分则不会因单元格地址的变化而改变。

例如,假设单元格 B2 中的公式为"=C$2+$D5",将 B2 中的公式复制到 D3 时,D3 中的公式就会改变为"=E$2+$D6"。

2. 使用函数

Excel 有很多预先设计好的函数,可提供一些复杂的功能供用户使用。如求最大值、统计符合条件的单元格数目等。函数由函数名和参数组成,一般形式为:

函数名(参数 1、参数 2,…)

函数名表示函数的功能,类似于运算符;参数是函数运算的对象,类似于运算数。参数的形式有很多种，可以是数值、文本、逻辑值（TRUE 或 FALSE）、单元格地址、单元格区域地址，还可以是函数。

使用函数可以和使用公式一样直接在编辑栏中输入，也可以使用 Excel 2003 提供的插入函数功能，操作步骤如下。

（1）单击要输入公式结果的单元格。

（2）单击常用工具栏的“粘贴函数”按钮或单击“插入”|“函数”命令。

（3）从函数分类列表中选择要插入函数的类型；从函数名列表中选择要插入的函数名。进入该函数的对话框，它显示出了所选函数的名称、函数的功能说明、参数和参数的描述。

（4）根据参数说明输入参数，若参数为单元格引用，可直接输入，也可单击参数框右侧的暂时隐藏按钮，再选择所需的单元格，最后再次单击该按钮，恢复函数对话框。

（5）单击“完成”按钮。

例如：有一班级成绩表如图 4-2 所示，要计算学生的总分，再根据学生的总分进行总评，若总分小于 250 分，则总评为良好，若总分大于等于 250 分，则总评为优秀。Excel 中提供的 SUM 和 IF 函数可以完成这个功能，具体的公式及结果如图 4-5 和图 4-6 所示。

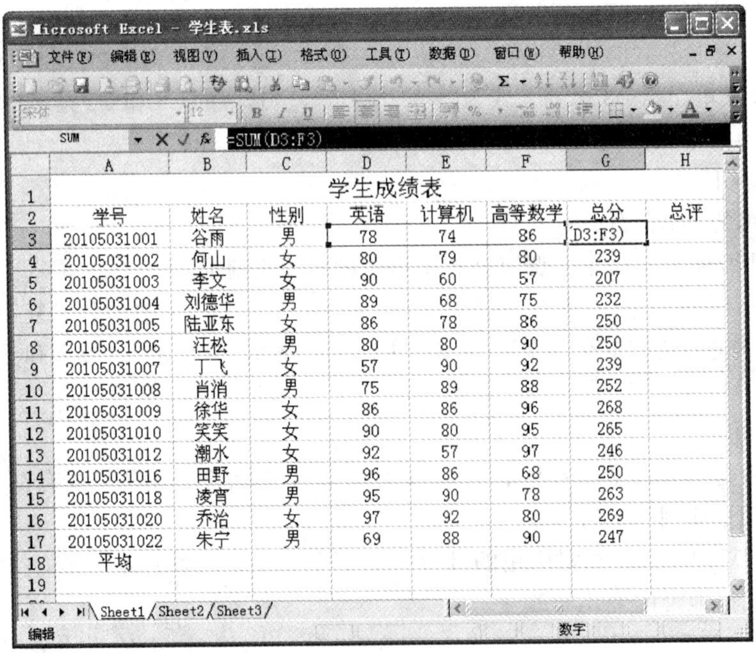

	A	B	C	D	E	F	G	H
1				学生成绩表				
2	学号	姓名	性别	英语	计算机	高等数学	总分	总评
3	20105031001	谷雨	男	78	74	86	D3:F3)	
4	20105031002	何山	女	80	79	80	239	
5	20105031003	李文	女	90	60	57	207	
6	20105031004	刘德华	男	89	68	75	232	
7	20105031005	陆亚东	女	86	78	86	250	
8	20105031006	汪松	男	80	80	90	250	
9	20105031007	丁飞	女	57	90	92	239	
10	20105031008	肖消	男	75	89	88	252	
11	20105031009	徐华	女	86	86	96	268	
12	20105031010	笑笑	女	90	80	95	265	
13	20105031012	潮水	女	92	57	97	246	
14	20105031016	田野	男	96	86	68	250	
15	20105031018	凌宵	男	95	90	78	263	
16	20105031020	乔治	女	97	92	80	269	
17	20105031022	朱宁	男	69	88	90	247	
18	平均							
19								

图 4-5　使用 sum 函数求学生总分

4.2.5　工作表的编辑和格式化

Excel 在使用过程中可能需要对工作表进行插入、删除、复制、移动、重命名等，这些操作都称为工作表的编辑。当工作表内所有数据编辑完毕后，就可以考虑如何让工作表的版面更生动活泼，这就必须通过工作表的格式化来完成。

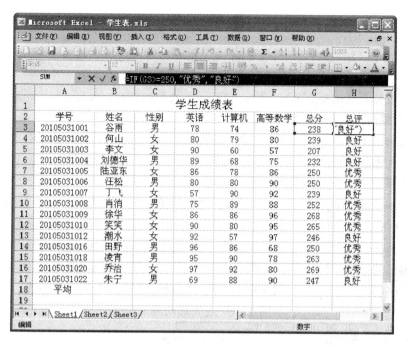

图 4-6 使用 if 函数对学生进行总评

1. 工作表的编辑

1) 选取工作表

工作簿通常由多个工作表组成。要选择单个工作表，只需单击要操作的工作表标签，该工作表内容即出现在工作簿窗口，标签栏中相应标签也变为白色。当工作表标签过多而在标签栏显示不下时，可通过标签栏滚动按钮前后翻阅标签名。滚动按钮从左至右为：第一张工作表、前一张工作表、后一张工作表、最后一张工作表。工作表的选取方法如下。

（1）选取一个工作表：单击工作表标签即可。

（2）选取多个连续的工作表：单击第一个工作表标签，按住 Shift 键，单击要选择的最后一个工作表标签。

（3）选取多个不连续的工作表：单击第一个工作表标签，按住 Ctrl 键，分别单击要选择的工作表标签。

注意：选定多个工作表将组成一个工作组，当用户对工作组中的任意工作表编辑时，该组中的所有工作表同时被编辑。

2) 重命名工作表

工作表的初始名字为 Sheet1，Sheet2，…，需要重新命名的话，可以在双击工作表标签后直接输入新的名称；也可右击相应工作表标签，在弹出的快捷菜单中选择"重命名"命令，再为工作表输入新的名称。

3) 插入工作表

空白工作簿创建以后，默认情况下只含有三个工作表：Sheet1，Sheet2，Sheet3。要在某工作表前插入一空白工作表，只需单击该工作表，单击"插入"|"工作表"命令，就可在原工作

表的前面插入一张新的空白工作表。

4) 删除工作表

要删除整个工作表,只要选中要删除的工作表标签,再单击"编辑"|"删除工作表"命令即可。

注意:工作表被删除后不可用"常用"工具栏的"撤销"按钮恢复,所以要慎重。

5) 移动或复制工作表

为了更好地共享和组织数据,常常需要复制或移动工作表。操作方式有以下两种。

方法1:使用鼠标操作。只需将鼠标放到要移动的工作表标签上,按住左键将工作表拖到目标位置即可。若在拖动同时按住Ctrl键,则为复制工作表。

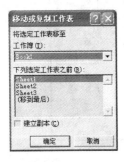

图4-7 "移动或复制工作表"对话框

方法2:使用菜单操作。选中要移动的工作表,单击"编辑"|"移动或复制工作表"命令,出现如图4-7所示对话框,选择好工作簿及相应的工作表位置,最后单击"确定"按钮即可。若选中对话框中的"建立副本"复选项,则操作结果为复制工作表。使用"编辑"|"移动或复制工作表"命令还可以在不同工作簿之间移动或复制工作表。

2. 工作表的格式化

Excel提供了丰富的数据格式,如数字格式、对齐格式、字体、边框线、图案等,还提供了自动格式化功能,用户可根据需要对工作表进行格式化设置。

1) 调整工作表的行高和列宽

当用户建立工作表时,所有单元格具有相同的高度和宽度。在默认情况下,如果单元格中的字符串超过列宽时,超长的文字则不被显示,数字则用"#######"表示。

用鼠标调整行高、列宽是比较方便的,只要将鼠标移到两行(列)的标题栏中间,这时光标变成双向箭头的形状,然后拖动到合适的位置即可。若先选中多行(列),可同时改变多行(列)的行高(列宽)。

行高、列宽也可精确设置,可用"格式"菜单中的"行"(图4-8)或"列"子菜单选项进行所需的设置。

选择"行高"(或"列宽")选项,可在其对话框中输入所需的高度或宽度来设置行高(列宽);选择"最适合的行高"(或"最适合的列宽")命令则会以选取行(或列)中最高(或宽)的数据为高度(或宽度)自动调整行高(或列宽);"隐藏"命令可将选定的行或列隐藏起来;"取消隐藏"的命令则将隐藏的行或列重新显示出来。

2) 单元格的数据格式

对工作表数据进行格式化,首先选定要设置数据格式的单元格,再选择"格式"菜单中的"单元格"命令,在"单元格格式"对话框(图4-9)中按照需要进行设置。

在Excel中数字的含义不只是数值,还可以表示为百分比、货币、分数、科学记数、日期、时间等。如图4-9所示的"数字"选项卡中每一类数字格式的含义如表4-4所示。

 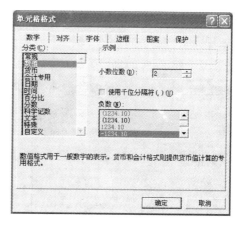

图 4-8 "格式"菜单的"行"子菜单　　　图 4-9 "单元格格式"对话框中的"数字"选项卡

表 4-4　数字格式分类说明

分　类	含　义
常规	不包括任何特定格式
数值	可选择小数位数、是否使用千位分隔符以及负数的格式
货币	可选择小数位数、货币符号(如￥、$)等
会计专用	与货币格式相似,并且可以对一列数值进行货币符号和小数点对齐
日期	有多种日期的显示形式可以选择:如一九九七年十月一日;一九九七年十月;1997-10-1 1:00 PM;1997-10-1 13:00;97-10-1 等
时间	有多种时间的显示形式可以选择:如下午三时三十六分;十五时三十六分;15 时 36 分 00 秒;3:36:00 PM 等
百分比	将单元格内容乘以 100,并以百分比形式显示,可以设置小数点后位数
分数	将单元格内容以分数形式显示
科学记数	将单元格内容以科学记数法显示,可指定小数位数
文本	常用的中英文字符
特殊	可以用中文大小写、邮政编码、电话号码等显示
自定义	用户自定义所需的格式

3) 单元格的对齐方式

在"单元格格式"对话框"对齐"选项卡(图 4-10)中,可以为单元格数据设置水平对齐方式、垂直对齐方式、文字方向、合并单元格、缩小字体填充等。

4) 单元格的字体格式

在如图 4-11 所示的"字体"选项卡中,可以对数据的字体、字形、字号、下划线、颜色、特殊效果(删除线、上标、下标)等进行设置。设置的效果可在"预览"中观察。

5) 单元格的边框和图案效果

在默认情况下,Excel 的表格线都是淡虚线,在如图 4-12 所示为"边框"选项卡中可以设置单元格的边框线。

可以为所选区域各单元格的上、下、左、右、外边框(即四周)等边框设置边框线,还可以在单元格中设置斜线;在"样式"列表框中可选择线的样式:点虚线、实线、双线等,在颜色列表框中可以选择边框线的颜色。

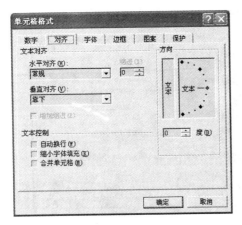 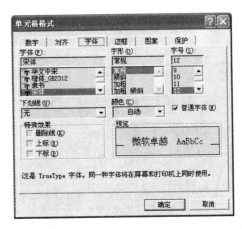

图 4-10 "单元格格式"对话框中的"对齐"选项卡　　图 4-11 "单元格格式"对话框中的"字体"选项卡

图案就是指区域的颜色和阴影。设置合适的图案可以使工作表显得更为生动活泼、错落有致。如图 4-13 所示为"图案"选项卡，其中"颜色"框用于选择单元格的背景颜色；"图案"框中则有两部分选项：上面三行列出了 18 种图案，下面 7 行则列出了用于绘制图案的颜色。

 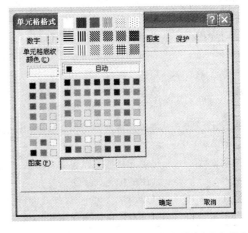

图 4-12 "单元格格式"对话框中的"边框"选项卡　　图 4-13 "单元格格式"对话框中的"图案"选项卡

6）条件格式

条件格式是指如果指定区域单元格中的值满足特定条件，就将底纹、字体、颜色等格式应用到该单元格中。一般在需要突出显示或是监视单元格的值时应用条件格式。

例如：班级成绩表如图 4-15 所示，设置高等数学成绩低于 60 分的单元格用红色字体显示。

操作方法：选定要设置格式的区域 B3:H17，单击"格式"|"条件格式"命令，在弹出"条件格式"对话框中选择条件运算符和条件值、设置格式（本例为小于 60 分，加红色字体），如图 4-14 所示，最后单击"确定"按钮，结果如图 4-15 所示。

注意：如果有多个条件，可在"条件格式"对话框中选择"添加"按钮，可最多同时满足三个条件。若需要将条件格式删除，可在"条件格式"对话框中选择"删除"按钮，在弹出的"删除条件格式"对话框（图 4-16）中选择要删除的条件，单击"确定"即可删除。

图 4-14 "条件格式"对话框

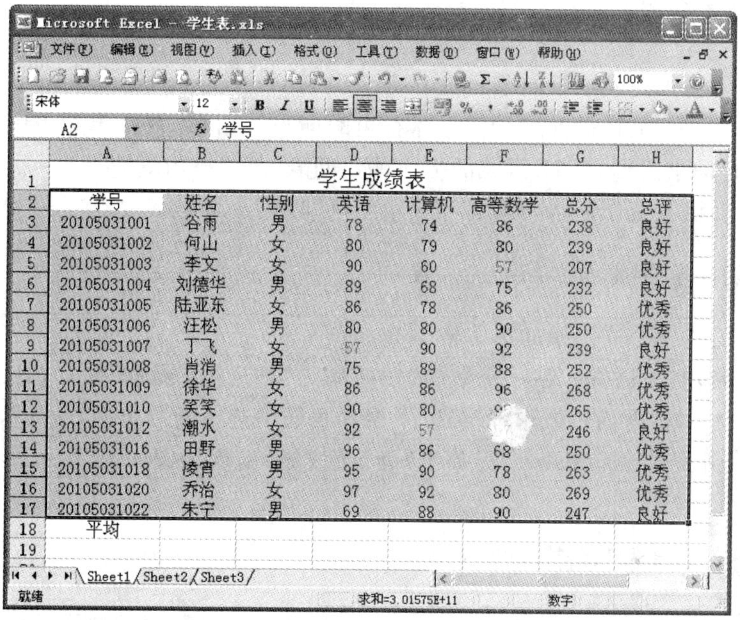

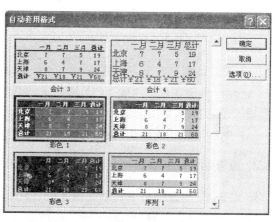

图 4-15 条件格式设置示例

自定义格式化需要对工作表中的单元格逐一进行格式化,但每次都这样做很烦琐,在 Excel 中预先设定好了十多种制表格式,用户可通过自动套用格式的功能为工作表设置格式。

具体方法是:选择需要格式化的单元格或区域,单击"格式"|"自动套用格式"命令,在如图 4-17 所示"自动套用格式"对话框的左边选择一个预定的格式,单击"确定"按钮即可。

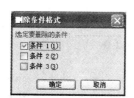

图 4-16 "删除条件格式"对话框

图 4-17 "自动套用格式"对话框

4.2.6 案例分析

班级成绩表如图 4-15 所示,要统计各门课的平均成绩及优秀学生(总分≥250)的人数,并设置学生成绩表外框为最粗蓝线,内框为最细的黄线。

具体操作步骤如下。

1. 统计各门课的平均成绩

(1) 单击要输入公式结果的单元格 D18。

(2) 单击"常用"工具栏上的"∑"图标右边的向下三角形,在弹出菜单中单击"平均值"命令,默认会自动求出 D3:D17 区域的平均,即"英语"课的平均成绩。

(3) 用自动填充操作复制公式到 F18 单元格即可。

2. 统计优秀学生(总分≥250)的人数

(1) 单击要输入公式结果的单元格 H18。

(2) 单击常用工具栏的"粘贴函数"按钮或单击"插入"|"函数"命令,打开如图 4-18 所示的"插入函数"对话框,在"或选择类别"下拉列表框中选择函数类型"统计",在"选择函数"列表框中选择函数名称 COUNTIF,单击"确定"按钮,出现如图 4-19 所示的 COUNTIF 函数参数输入对话框。

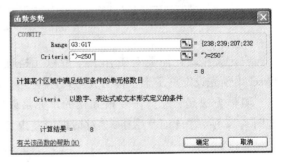

图 4-18 "插入函数"对话框　　　　图 4-19 COUNTIF 函数参数输入对话框

(3) 该对话框显示出了所选函数的名称、函数的功能说明及函数参数,单击参数所在文本框,会显示出该参数的描述。COUNTIF 函数有两个参数,在 Range 和 Criteria 文本框中分别输入区域名称"G3:G17"和条件">=250"。

(4) 单击"确定"按钮完成输入。

3. 设置学生成绩表表格外框为最粗的蓝线,内框为最细的黄线

(1) 选中学生成绩表所在单元格区域 A2:H18。

(2) 单击"格式"|"单元格"命令,打开"单元格格式"对话框,选择"边框"选项卡,在"线条"的样式中选择最粗单线,在"颜色"中选择蓝色,再单击"预置"中的"外边框"按钮;然后

在“线条”的“样式”中选择最细单线，在“颜色”中选择黄色，再单击“预置”中的“内部”按钮，也可通过单击预览草图及上面的按钮进行设置，如图 4-20 所示。最后单击“确定”按钮即可，结果如图 4-21 所示。

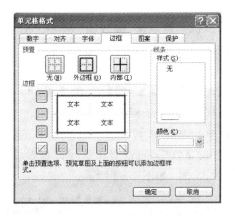

图 4-20 “单元格格式”对话框

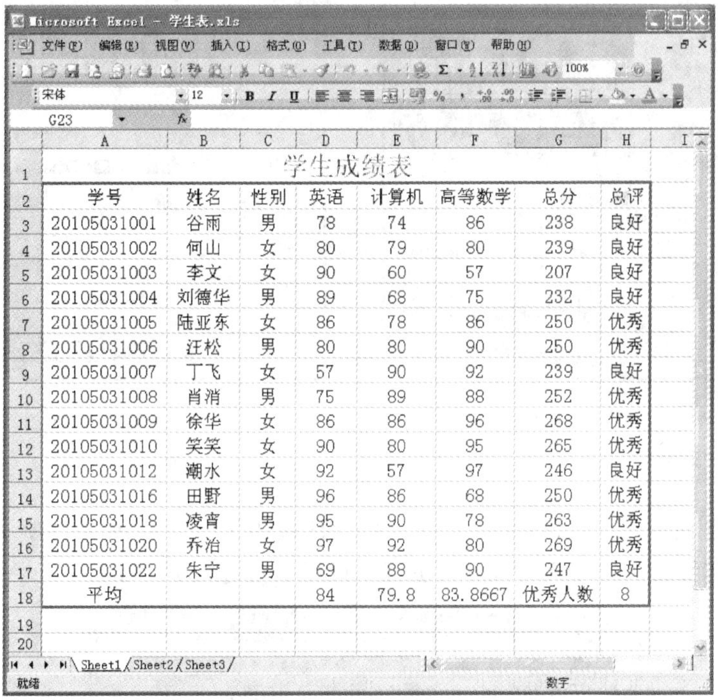

	A	B	C	D	E	F	G	H
1	学生成绩表							
2	学号	姓名	性别	英语	计算机	高等数学	总分	总评
3	20105031001	谷雨	男	78	74	86	238	良好
4	20105031002	何山	女	80	79	80	239	良好
5	20105031003	李文	女	90	60	57	207	良好
6	20105031004	刘德华	男	89	68	75	232	良好
7	20105031005	陆亚东	女	86	78	86	250	优秀
8	20105031006	汪松	男	80	80	90	250	优秀
9	20105031007	丁飞	女	57	90	92	239	良好
10	20105031008	肖消	男	75	89	88	252	优秀
11	20105031009	徐华	女	86	86	96	268	优秀
12	20105031010	笑笑	女	90	80	95	265	优秀
13	20105031012	潮水	女	92	57	97	246	良好
14	20105031016	田野	男	96	86	68	250	优秀
15	20105031018	凌宵	男	95	90	78	263	优秀
16	20105031020	乔治	女	97	92	80	269	优秀
17	20105031022	朱宁	男	69	88	90	247	良好
18	平均			84	79.8	83.8667	优秀人数	8

图 4-21 COUNTIF 函数使用示例

4.3 图表

Excel 2003 可以将电子表格中的数据以图表的形式体现出来。插入图表有两种方式：一种是嵌入式图表，以对象的形式插入在当前工作表内，是工作表数据的补充；另一种是图表工作表，作为新的工作表插入，是一种独立的图表。当工作表中的数据源发生变化时，图表中对应项的数据也会自动更新。

4.3.1 图表的建立

Excel 2003 中的图表类型包括散点图、曲线图、折线图、柱形图、条形图、饼图、面积图、股价蜡烛图等 14 类 70 余种标准图表和 20 种自定义图表,有二维图表和三维图表,并可以再组合或自定义其他种类图表。

首先选定需要创建图表的单元格区域,然后直接按下 F11 键可快速生成图表;也可以单击工具栏上"图表向导"按钮,按以下步骤建立图表。

(1)选择图表类型。在如图 4-22 所示对话框中选择"图表类型"及"子图表类型"。

(2)选择源数据。在"图表源数据"对话框中选定或修改创建图表的数据区域,并可指定图表的显示方式(按列或行方式),如图 4-23 所示。

图 4-22 "图表向导-4 步骤之 1-图表类型"对话框

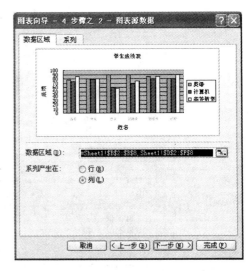

图 4-23 "图表向导-4 步骤之 2-图表源数据"对话框

(3)设置图表选项。在如图 4-24 所示的对话框中可以设置图表选项,包括标题、坐标轴、网格线、图例、数据标志、数据表等,也可不设置直接进入下一步。

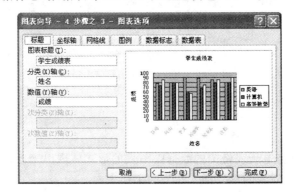

图 4-24 "图表向导-4 步骤之 3-图表选项"对话框

(4) 选择图表的位置。在如图 4-25 所示的对话框中选择所创建的图表的位置。图表位置分为嵌入式图表和独立图表两种。

图 4-25 "图表向导-4 步骤之 4-图表位置"对话框

4.3.2 图表的编辑和格式化

1. 图表的编辑

图表编辑是指对图表及图表中各个对象的编辑,包括数据的增加、删除、图表类型的更改、数据格式化等。选中图表,即可对图表进行编辑。这时菜单栏中的"数据"菜单自动改为"图表",并且"插入"菜单和"格式"菜单也有相应的变化。

图表编辑可以通过"图表"菜单的"图表类型"、"源数据"、"图表选项"、"位置"、"添加数据"、"添加趋势线"等命令,也可以通过快捷菜单来实现图表的编辑,方法是:右图表区中需要修改的部分,如绘图区、坐标轴、网格线等,在弹出的快捷菜单中选择需要编辑的选项。

2. 图表的格式化

图表的格式化是指对图表的各个对象进行格式设置,包括文字和数值的格式、颜色、外观等等。为图表对象设置格式是在相应的格式对话框中进行的,打开这些对话框的方法有以下几种。

方法 1:单击要设置格式的图表对象,在格式菜单中选择相应的格式命令。

方法 2:右击要设置格式的图表对象,在弹出的快捷菜单中选择相应的格式命令。

方法 3:双击要设置格式的图表对象。

例如:要将列标题的文字向右旋转 90°,只要在"坐标轴标题格式"对话框的"对齐"选项卡中调整文本方向即可,格式设置如图 4-26 所示。

4.3.3 案例分析

删除如图 4-24 所示嵌入式图表中的"英语"系列,再重新添加上"英语"系列,最后将"高等数学"系列移动到"英语"系列之后显示。

操作步骤如下。

步骤 1:右击图表区空白处,在快捷菜单中选择相应"源数据"命令,打开如图 4-23 所示的"图表源数据"对话框。单击"系列"标签,在"系列"下拉列表中选中要删除的"英语"数据系列,再单击"删除"按钮即可,如图 4-27 所示。

步骤 2:要添加数据系列,在"系列"选项卡中单击"添加"按钮,出现"系列 2",在"名称"文本框中输入列标题所在的单元格名称,本例为"Sheet1!＄D＄2";在"值"文本框中输入数据所在的单元格区域,本例为"Sheet1!＄D＄3：＄D＄8",如图 4-28 所示,最后单击"确定"按钮即添加了"英语"这个数据系列。

图 4-26　将文字旋转 90°的设置

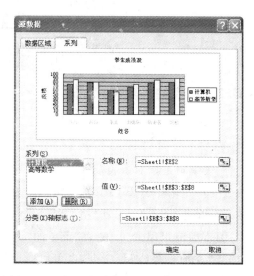

图 4-27　删除数据系列示例

步骤 3:在图表中右击"数据系列"图表对象,在弹出的快捷菜单中选择"数据系列格式"命令,单击"系列次序"标签,如图 4-29 所示,选中"高等数学"系列,然后单击"下移"按钮即可,结果如图 4-30 所示。

图 4-28　添加数据系列示例

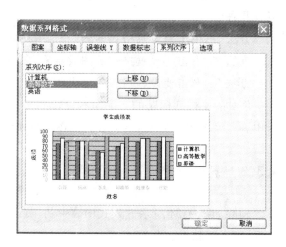

图 4-29　调整数据系列的次序

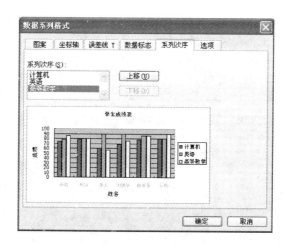

图 4-30　编辑数据系列示例

4.4　数据的处理与分析

Excel 2003 不仅具有对简单数据处理的功能外,还具有简单的数据库管理功能。使用它们可以对工作表中的数据进行排序、筛选、分类汇总等数据管理功能。

4.4.1　使用数据清单

1. 数据清单

在 Excel 中,数据清单是指包含一组相关数据的一系列工作表数据行,也称之为工作表数据库。它与一张二维数据表非常类似,数据由若干列组成,每列有一个列标题,相当于数据库的字段名称,列也就相当于字段,行相当于数据库中的记录。如图 4-31 所示即一数据清单的例子。

注意:

(1) 数据清单必须有列名,且每一列必须是同类型的数据。

(2) 数据清单中应避免空行或空列,否则会影响 Excel 检测和选定数据清单。

(3) 输入单元格内容时不要以空格开头,否则可能影响排序。

(4) 为了方便数据的处理,最好每张工作表只放一个数据清单,否则在工作表的数据清单和其他数据间至少留出一个空白列和一个空白行。

2. 数据记录的编辑

数据清单既可像一般工作表一样进行编辑,也可以选择"数据"|"记录单"项对数据清单中的数据进行编辑,如图 4-32 所示。

此外,使用"记录单"还可以对数据清单中的数据进行查询、删除、增加和筛选等操作。

(1) 查看记录:记录单对话框打开时默认显示的是第一条记录的内容,通过移动滚动条或单击"上一条"(或"下一条")按钮可以查看其他记录。

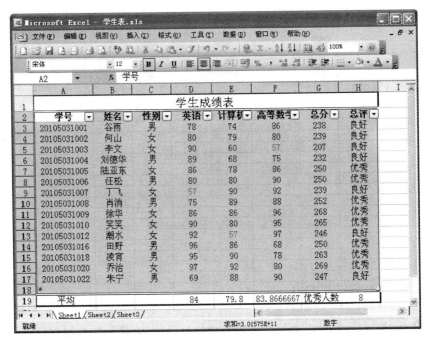

图 4-31 数据清单示例

(2) 删除记录：通过移动滚动条或单击"上一条"（或"下一条"）按钮显示出要删除的记录，然后单击"删除"按钮即可。

(3) 添加记录：单击"新建"按钮出现一个空白记录单，逐个字段输入内容即可。

(4) 修改记录：当显示出要修改的记录时，直接在相应的字段文本框中修改。

(5) 查询记录：单击"条件"按钮出现一个空白记录单，在相应的关键字段文本框中输入查询条件后，然后单击"下一条"（或"上一条"）按钮即可逐条显示满足条件的记录。

图 4-32 "记录编辑"对话框

4.4.2 数据排序

排序是指按照一定的顺序将数据清单中的数据重新排列，通过排序可以根据某特定列的内容来重新排列数据清单中的行。排序并不改变行的内容。当现行中有完全相同的数据或内容时，Excel 会保持它们的原始顺序。单击"数据"|"排序"命令可以实现记录的排序操作。

对数据清单中的数据进行排序时，首先要确定排序关键字段，其次要确定排序的方式（升序或降序）。排序关键字段最多可以有三个，Excel 排序时先根据主要关键字排列记录，当有若干个记录的主要关键字数值相等时则根据次要关键字来排序，当仍有若干个记录的次要关键字的数值也相等时则根据第三关键字排序,如图 4-33 所示,排序后的结果如图 4-34 所示。

图 4-33 "排序"对话框

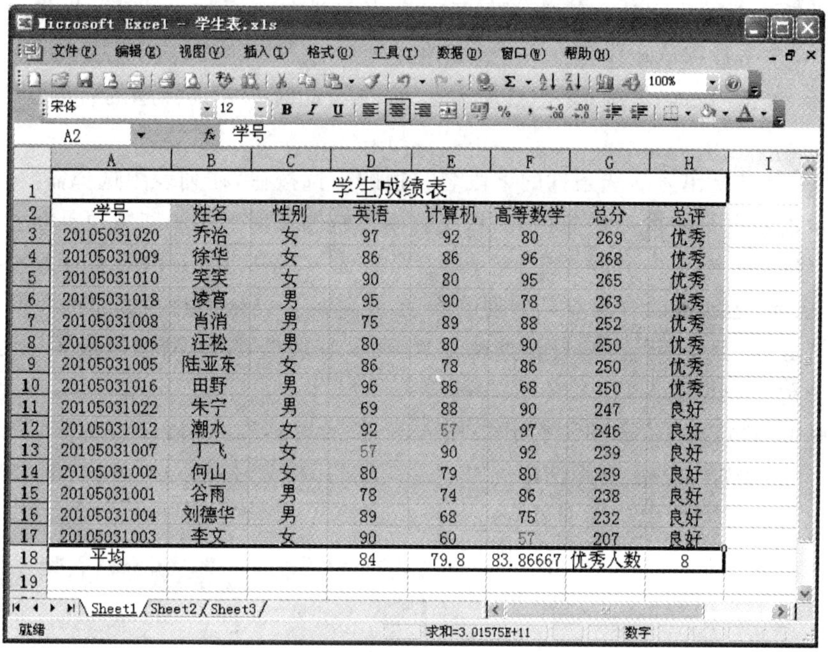

图 4-34 排序结果

如果仅以数据清单中的某一列的列标题为关键字进行排序,则可先选中该列的任一单元格,再单击常用工具栏的"升序"或"降序"( )按钮实现快速排序。

另外,如果用户需要自定义排序次序或改变排序方向、方法等,则可在"排序"对话框中单击选项按钮,在弹出的"排序选项"对话框(图 4-35)中进行设置。

图 4-35 "排序选项"对话框

注意:

(1)当选择排序清单时若把标题行也选在内,则有标题行时自动看做标题处理,若选择"无标题行",则把标题行也作为数据一起进行排序。

（2）若要取消排序效果，单击"编辑"|"撤销排序"命令即可取消。

4.4.3 数据筛选

数据筛选是在工作表中显示符合条件的数据，而将不符合条件的数据隐藏起来。此时被隐藏起来的数据并未被删除，当筛选条件被删除后，被隐藏起来的数据便又恢复显示。用户可以使用"自动筛选"或"高级筛选"功能将那些符合条件的数据显示在工作表中。

1. 自动筛选

自动筛选是一种快速的筛选方法，用户可以通过它快速地访问大量数据，从中选出满足条件的记录并将其显示出来，隐藏那些不满足条件的数据，此种方法只适用于条件较简单的筛选。自动筛选对单个列建立筛选，多个列之间的筛选是逻辑与的关系。操作步骤如下。

步骤1：单击数据清单中任何一个单元格。

步骤2：单击"数据"|"筛选"|"自动筛选"命令。此时每个列标题的右侧均出现一个下拉按钮。

步骤3：单击要作为筛选条件的字段名右边的筛选按钮，在列表中选择需要的条件。筛选后所显示的数据行的行号是蓝色的，相应列标题右侧按钮上的小三角也是蓝色的。

注意：列表中还有"全部"、"前十个…"、"自定义…"等项目，它们各有不同的功能。

（1）"全部"选项可以取消对某一列的筛选，显示这一列未进行筛选时的数据。

（2）单击"前十个…"选项，打开如图4-36所示对话框，用于筛选出最大（或最小）的若干项（或一部分）数据。

（3）单击"自定义…"选项则打开如图4-37所示对话框，可以设置更多的一些筛选条件。其中，单选框"与"表示要筛选出同时满足设定的两个条件的记录数据，单选框"或"表示只要满足其中的任意一个条件即可。

图4-36 "自动筛选前10个"对话框

图4-37 "自定义自动筛选方式"对话框

（4）单击具体的数据项相当于要筛选出该列数值等于这个数据项的记录。

（5）Excel允许同时对多列进行自动筛选，筛选后的结果同时满足每一列上的筛选条件。

如果想取消自动筛选状态，可重新单击"数据"|"筛选"|"自动筛选"命令，则列标题右侧的筛选按钮消失，被隐藏起来的数据全部恢复显示。

2. 高级筛选

高级筛选可以进行复杂条件的筛选，完成一些自动筛选无法实现的功能。操作步骤如下。

步骤1：在数据清单以外的区域建立筛选条件区域，条件区域至少有两行，第一行输入所有筛选条件涉及的列标题，并且该列标题名必须与数据清单中的列标题精确匹配；其余各行输入条件，如果条件是"与"关系，则必须在同一行上输入，如果条件是"或"关系，则必须在不同行上输入。

步骤2：选中数据清单。

步骤3：单击"数据"|"筛选"|"高级筛选"命令，打开"高级筛选"对话框。

步骤4：在"条件区域"文本框中输入（或选择）筛选条件所在的区域，单击"确定"按钮即可对记录进行筛选。筛选结果可以在原数据清单位置上显示，也可以在数据清单以外的位置上显示。筛选"学生成绩表"中所有课程在85分以上的学生，条件区域及筛选结果如图4-38和图4-39所示。

图4-38　"高级筛选"对话框

要恢复到原来的表格状态，那么依次单击"数据"|"筛选"|"全部显示"命令，就可以恢复成原来的数据清单。

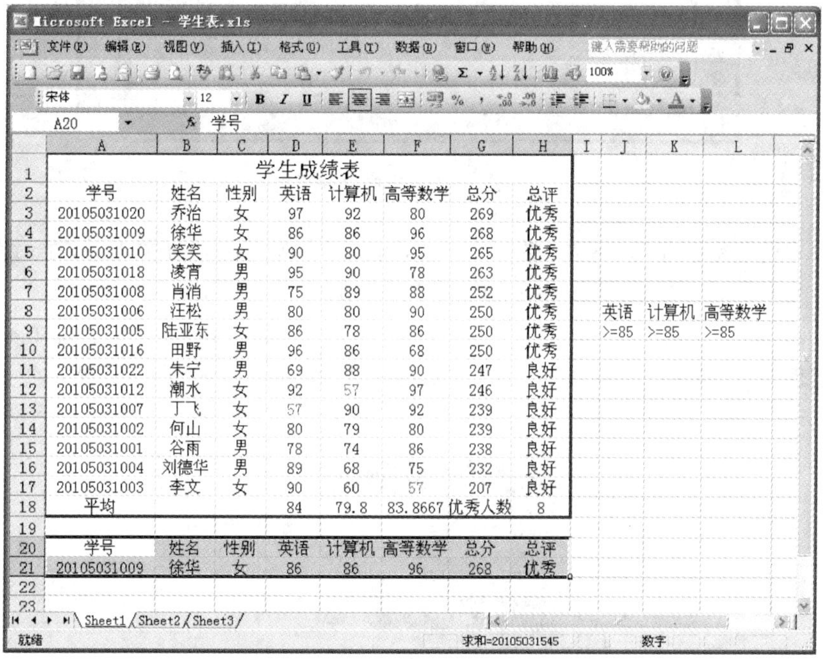

图4-39　高级筛选结果

4.4.4　分类汇总

分类汇总是对数据清单上的数据进行分析的一种方法，Excel 2003 可以使用函数实现分类和汇总值计算，汇总函数有求和、计数、求平均值等多种。使用汇总命令，可以按照用户选择的方式对数据进行汇总，自动建立分级显示，并在数据清单中插入汇总行和分类汇总行。分类汇总步骤如下。

步骤1：将数据清单按要进行分类汇总的关键字进行排序，把学生表按性别进行排序。结果如图4-40所示。

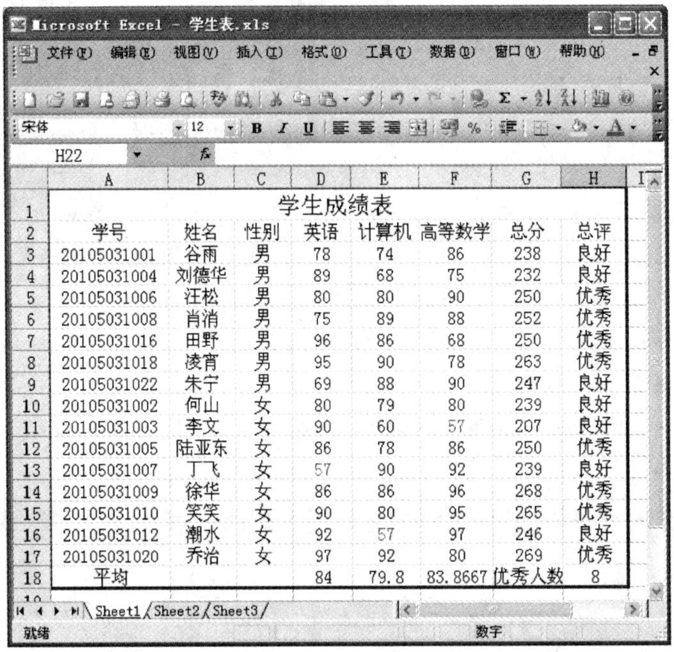

学生成绩表							
学号	姓名	性别	英语	计算机	高等数学	总分	总评
20105031001	谷雨	男	78	74	86	238	良好
20105031004	刘德华	男	89	68	75	232	良好
20105031006	汪松	男	80	80	90	250	优秀
20105031008	肖消	男	75	89	88	252	优秀
20105031016	田野	男	96	86	68	250	优秀
20105031018	凌宵	男	95	90	78	263	优秀
20105031022	朱宁	男	69	88	90	247	良好
20105031002	何山	女	80	79	80	239	良好
20105031003	李文	女	90	60	57	207	良好
20105031005	陆亚东	女	86	78	86	250	优秀
20105031007	丁飞	女	57	90	92	239	良好
20105031009	徐华	女	86	86	96	268	优秀
20105031010	笑笑	女	90	80	95	265	优秀
20105031012	潮水	女	92	57	97	246	良好
20105031020	乔治	女	97	92	80	269	优秀
平均			84	79.8	83.8667	优秀人数	8

图4-40　排序结果

步骤2：选定数据清单，单击“数据”|“分类汇总”命令，弹出“分类汇总”对话框。

其中：“分类字段”一般为排序关键字字段，本例选择“性别”；“汇总方式”就是选定统计量，如求和、平均值等，本例选择“平均值”；“选定汇总项”即指定按汇总方式汇总的字段列表，本例选中“英语”、“计算机”和“高等数学”，如图4-41所示。设置完成后的结果如图4-42所示。

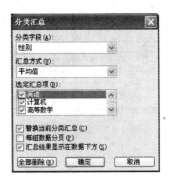

图4-41　“分类汇总”对话框

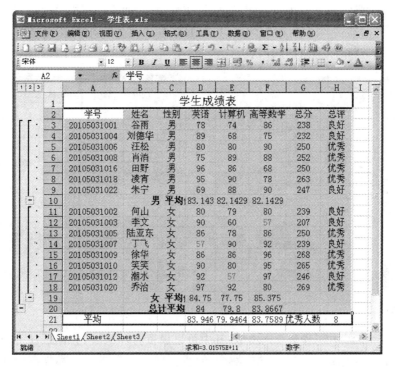

图 4-42 分类汇总结果

Excel 对分类汇总进行分级显示,其分级显示符号(数字"1"、"2"、"3"或"＋"、"－"号)允许用户快速隐藏或显示明细数据。若要取消分类汇总,只要在"分类汇总"对话框中(图 4-41)单击"全部删除"即可。

4.5 页面设置和打印

4.5.1 页面设置

1. 打印机设置

如果是第一次连接打印机,则首先需要安装相应的打印机驱动程序才可使用打印机,可通过控制面板添加打印机。

2. 打印页面设置

单击"文件"|"页面设置"命令,出现如图 4-43 所示"页面设置"对话框。

在"页面"选项卡中可以设置:纸张大小,如 Excel 中默认纸张是 A4;打印方向设置,可选择"纵向"或"横向";调整打印的"缩放比例"等。在"页边距"选项卡中可以设置:"上"、"下"、"左"、"右"4 个页边距的大小;页眉、页脚与页边距的距离等。在"页眉/页脚"选项卡中(图 4-44)设置页眉和页脚,如在"页眉"下拉列表和"页脚"下拉列表中选择一种标准的页眉与页脚,如"第一页"、"机密"等;也可在单击"自定义页眉"(或"自定义页脚")按钮后出现的"页眉"(或"页脚")对话框中自己定义页眉(或页脚)。如可以根据需要选择在"页眉"对话框的"左"、"中"、"右"3个编辑框内输入页眉的内容,也可通过单击编辑框的上方一排预先设置好的域代码按钮作为页眉的内容。

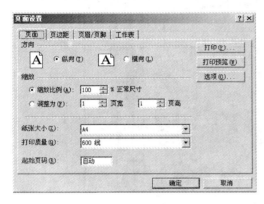 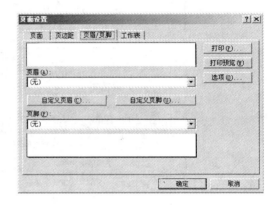

图 4-43 "页面设置"对话框　　　　　图 4-44 "页面设置"对话框的"页眉/页脚"选项卡

3. 工作表设置

如图 4-45 所示为"工作表"选项卡,其中可以设置打印区域、打印顺序等,还可指定"打印标题"中的"顶端标题行"和"左端标题列"使得打印后的每张纸上都具有相同的行标题和列标题。

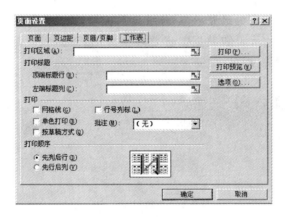

图 4-45 "页面设置"对话框中的"工作表"选项卡

注意:要设置打印区域,也可先用鼠标选定所需打印的工作表区域,然后依次单击"文件"|"打印区域"|"设置打印区域"(或者单击快捷菜单中的"设置打印区域"命令项)即可。

4.5.2 打印预览与打印

1. 打印预览

单击常用工具栏的"打印预览"按钮或单击"文件"|"打印预览"命令可显示打印预览的状态。在该状态下,还可以单击"缩放"按钮使显示比例在100%及50%之间切换;单击"设

置"或"页边距"可改变页面或页边距设置。如果要退出打印预览的状态,单击"关闭"按钮即可。

注意:Excel 2003 中还提供了分页预览功能,在常规视图中单击"视图"|"分页预览"命令可进入分页预览视图,在该视图下,可以直观地看出打印区域的边界,并可通过鼠标拖动的方式调整要打印的区域。

2. 打印

单击"文件"|"打印"命令(或常用工具栏的"打印"按钮),打开如图 4-46 所示的对话框,设置好打印范围、打印份数及打印机的属性,按"确定"按钮开始执行打印。

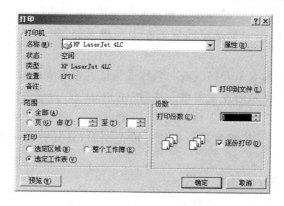

图 4-46 "打印"对话框

4.6 本章小结

Excel 是微软办公套装软件的一个重要的组成部分,它可以进行各种数据的处理、统计分析和辅助决策操作,广泛地应用于管理、统计、金融等众多领域。Excel 提供了大量的公式函数,可以实现许多方便的功能,给使用者方便。本章帮助读者掌握了以下内容。

(1) 学会 Excel 2003 的基本操作,包括启动、退出的方法,用户界面的操作,菜单栏和工具栏的操作等。

(2) 学会建立与管理 Excel 2003 的工作簿文件和工作表,包括新建、保存、打开工作簿。熟练掌握单元格数据的输入方法(包括数值、文本、公式、函数、日期和时间等)与修改方法。

(3) 掌握 Excel 2003 工作表的编辑方法,包括数据的复制、移动、删除、清除、查找、替换,以及数据的填充和插入,掌握 Excel 2003 工作表的操作及页面设置。

(4) 掌握工作表的格式化:能快速调整列宽和行高,设置单元格字体,表格线与边框线,会设置单元格的数字格式、颜色和图案,会使用条件格式、格式刷和自动套用格式等。

(5) 掌握 Excel 2003 的公式与函数并能熟练运用。

(6) 掌握数据表的管理:学会数据表的建立与编辑,数据表的排序,数据的自动筛选与高级筛选,会用分类汇总法。

(7) 掌握在工作表中创建一般图表的方法,会对图表进行编辑,包括删除、增加和修改图表数据,改变图表的类型,对图表中的图项进行编辑等。

4.7 习题

一、单项选择题

1. 在 Excel 2003 默认状态下,新建工作簿的默认文件名是_____。
   A. Excel1.exl   B. Book1.xls   C. XL1.doc   D. 文档1.doc

2. 下列对 Excel 2003 工作表的描述中,正确的是_____。
   A. 一个工作表可以有无穷个行和列   B. 工作表不能更名
   C. 一个工作表就是一个独立存储的文件   D. 工作表是工作簿的一部分

3. 在 Excel 2003 中,关于选定单元格区域的说法,错误的是_____。
   A. 将鼠标指针指向要选定区域的左上角单元格,拖动鼠标到该区域的右下角单元格
   B. 在名称框中输入单元格区域的名称或地址并按 Enter 键
   C. 单击要选定区域的左上角单元格,按住 Shift 键,再单击该区域的右下角单元格
   D. 单击要选定区域的左上角单元格,再单击该区域的右下角单元格

4. 当输入的字符串长度超过单元格的长度范围时,且其右侧相邻单元格为空,在默认状态下字符串将_____。
   A. 超出部分被截断删除
   B. 超出部分作为另一个字符串存入 B1 中
   C. 字符串显示为#####
   D. 继续超格显示

5. 当鼠标的形状变为_____时,就可在 Excel 2003 的工作表中进行自动填充操作。
   A. 空心粗十字形   B. 向左下方箭头
   C. 实心细十字形   D. 向右上方箭头

6. 在 Excel 2003 工作表中,不能进行的操作是_____。
   A. 恢复被删除的工作表   B. 修改工作表名称
   C. 移动和复制工作表   D. 插入和删除工作表

7. 在 Excel 2003 中,取消所有自动分类汇总的操作是_____。
   A. 按 Delete 键
   B. 在编辑菜单中选"删除"选项
   C. 在文件菜单中选"关闭"选项
   D. 在分类汇总对话框中单击"全部删除"按钮

8. 在工作表的 D7 单元格内存在公式"=A7+$B$4",若在第 3 行处插入一新行,则插入后原单元格中的内容为_____。
   A. =A8+$B$4   B. =A8+$B$5
   C. =A7+$B$4   D. =A7+$B$5

9. 在 Excel 2003 中,单元格 A1 的数值格式设为整数,当输入"3.05"时,屏幕显示为_____。
   A. 3.05   B. 3.1   C. 3   D. 3.00

10. 对于 Excel 2003 的数据图表,下列说法正确的是_____。
   A. 独立式图表与数据源工作表毫无关系
   B. 独立式图表是将工作表和图表分别存放在不同的工作表中
   C. 独立式图表是将工作表数据和相应图表分别存放在不同的工作簿中
   D. 当工作表的数据变动时,与它相关的独立式图表不能自动更新

二、简答题

1. 简述 Excel 中工作簿、工作表、单元格之间的关系。
2. 简述 Excel 中输入数据的几种方法。
3. 简述相对引用和绝对引用有何不同。
4. 数据清单有哪些特征?Excel 中哪些操作是针对数据清单的?
5. 根据居民身份证号码编码规定,18 位身份证编码的第 17 位用于表示性别,奇数为男,偶数为女。尝试编写一个公式,能根据身份证编码自动求出性别。

提示:可尝试使用如下 2 个函数。

1) 函数名称:MOD
主要功能:返回两数相除的余数,结果的正负号与除数相同。
使用格式:MOD(Number,Divisor)。
参数说明:Number 为被除数;Divisor 为除数。

2) 函数名称:MID
主要功能:从文本字符串中指定的起始位置起返回指定长度的字符。
使用格式:MID(Text,Start_num,Num_chars)。
参数说明:Text 为准备从中提取字符串的文本字符串;Start_num 为文本中准备提取的第一个字符的位置,文本中第一个字符的 Start_num 为 1,以此类推;Num_chars 指定所要提取的字符串长度。

三、操作题

建立如图 4-47 所示的表格,并按要求完成操作。

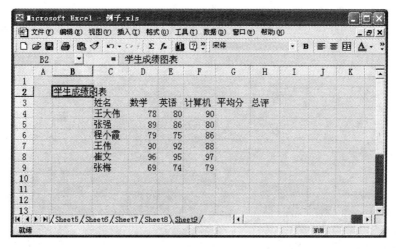

图 4-47 操作题表格

1. 请在姓名前插入一个学号列,学号列输入值为"201001~201006",设学号所在列数据类型为文本型。

2. 合并单元格 B2:H2,设置为楷体、24 磅,水平居中。

3. 设置列标题区域(B3:H3):行高为 20,字体为仿宋,大小为 20 磅,倾斜。

4. 设置表格数据区域(B4:F9)行高为 18,水平居中。

5. 将当前工作表中所有的"张"字替换为"章"字。

6. 在(G4:G9)利用平均函数计算各门课的平均成绩,设置平均成绩所在单元格数据类型为数值型,保留两位小数。

7. 利用函数求总评(条件为:平均分>=85,满足的为"优秀",不满足的为"合格")。

8. 请用高级筛选各门课都优秀的学生成绩,筛选条件请写在以 I5 为左上角的数据区域,数学条件写在 I 列,英语条件写在 J 列,计算机条件写在 K 列,筛选的结果放在以 B11 单元格为左上角的数据区域。

第 5 章 演示文稿制作软件 PowerPoint 2003

PowerPoint 2003 是 Microsoft Office 2003 办公套装软件的一个重要组成部分,也是当前最流行的演示文稿制作软件。使用它不仅可以创建内容丰富、形象生动、图文并茂、层次分明的演示文稿,还可以将制作的演示文稿在计算机上演示或发布到网站浏览。PowerPoint 已经作为一个表达观点、传递信息、展示成果的强大工具,并且在社会上得到了广泛应用。

5.1 PowerPoint 2003 的基础知识

5.1.1 PowerPoint 2003 介绍

PowerPoint 2003 和以往的版本相比,增强了许多新的功能。增加的主要新功能如下。

(1) 更新了播放器:PowerPoint 2003 播放器已进行改进,具有高保真输出效果。

(2) 对媒体播放功能的改进:用户使用 PowerPoint 2003 可以在全屏演示文稿中查看和播放影片。PowerPoint 2003 的媒体播放功能经过改进后支持其他媒体格式,其中包括 ASX、WMX、M3U、WVX、WAX 和 WMA。

(3) 新增智能标记支持:PowerPoint 2003 附带的智能标记识别器列表中包括日期、金融符号和人名。

(4) 增强的位图输出功能:PowerPoint 2003 导出的位图更大,分辨率更高。

(5) 信息检索任务窗格:如果可以连接 Internet,新的"信息检索"任务窗格可为用户提供一系列参考信息和扩充资源。用户可使用百科全书、Web 搜索或通过访问第三方内容来搜索特定主题的内容。

(6) 新增幻灯片放映导航工具:用户使用新增的"幻灯片放映"工具栏可以在播放演示文稿时方便地进行幻灯片放映导航。

(7) 改进的幻灯片放映墨迹注释:PowerPoint 2003 不仅可以在幻灯片放映演示文稿中保存所使用的墨迹,还可以将墨迹标记保存到演示文稿中,以后打开演示文稿时可选择开启或关闭幻灯片放映标记。

5.1.2 PowerPoint 2003 的启动和退出

1. 启动

启动方法与启动其他 Office 2003 组件相似,主要方法有以下三种。

方法 1:执行"开始"|"程序"|Microsoft Office|Microsoft Office PowerPoint 2003 菜单

命令,即可启动 PowerPoint 2003。

方法 2：双击桌面上已建立的 PowerPoint 2003 快捷图标可以启动 PowerPoint 2003。

方法 3：打开任何一个 PowerPoint 2003 演示文稿,系统会先启动 PowerPoint 2003,再打开该文件。

2. 退出

退出方法与退出其他 Office 2003 组件也相似,主要方法有以下三种。

方法 1：单击 PowerPoint 2003 窗口右上角的关闭按钮 ✕ 。

方法 2：执行"文件"|"退出"菜单命令。

方法 3：按 Alt＋F4 组合键。

5.1.3　PowerPoint 2003 的工作界面

启动 PowerPoint 2003 后,打开如图 5-1 所示的工作窗口,该窗口除了包括标题栏、菜单栏、常用工具栏、格式工具栏、绘图工具栏等部分,还包括(1)大纲编辑区；(2)任务窗格；(3)幻灯片编辑区；(4)备注区；(5)"视图切换"按钮等。

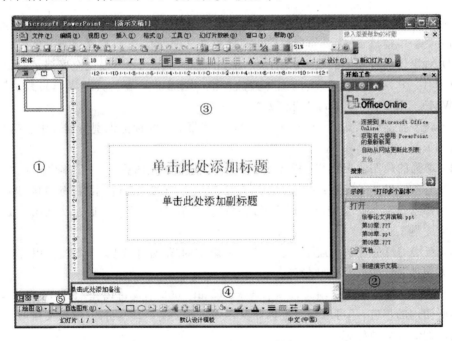

图 5-1　PowerPoint 2003 的窗口

1. 大纲编辑区

在大纲编辑区中有两个标签,选择"大纲"标签时,则在该编辑区中将列出当前演示文稿文本大纲,有助于编辑演示文稿的文本内容；选择"幻灯片"标签时,则在该编辑区将列出当前演示文稿所有的幻灯片缩略图。单击大纲编辑区中的某一张幻灯片,在幻灯片编辑区将对应显示。

2．任务窗格

任务窗格是一个位于屏幕右侧的窗格,这个窗格根据用户的操作需求自动弹出来,里面包含对应任务的常用操作命令。单击任务窗格右上角的下拉箭头,在下拉列表中可以选择其他任务窗格。

3．幻灯片编辑区

幻灯片编辑区是编辑幻灯片的工作区,可以对选定单张幻灯片进行各种编辑,包括添加图形、声音和影片,并创建超链接、设置自定义动画等。

4．备注区

用户在备注区中可以输入放映时与观众共享的演说者备注信息。用户可以拖动该窗格的边框以扩大备注区域。

5．"视图切换"按钮

单击"视图切换"按钮可在普通视图、幻灯片浏览视图、幻灯片放映视图、备注页视图方式间进行切换。

5.1.4 PowerPoint 2003 的视图

在演示文稿制作的不同阶段,PowerPoint 2003 提供了不同的工作环境,称为视图。常用的视图模式有 4 种:普通视图、幻灯片浏览视图、幻灯片放映视图和备注页视图。在不同的视图中,可以用不同的方式查看和操作演示文稿。

1．普通视图

普通视图是调整、修饰幻灯片的最好显示模式。打开一个演示文稿,单击窗口视图左下角切换按钮中的"普通视图"按钮,进入普通视图的幻灯片模式,如图 5-2 所示。在普通视图左边大纲编辑区又有"大纲"和"幻灯片"两种显示方式。

大纲编辑区中若是"幻灯片"显示方式,则显示的是幻灯片的缩略图,在每张图的前面有该幻灯片的序列号和动画播放按钮。单击缩略图,幻灯片编辑区显示该幻灯片内容并可进行编辑修改;单击动画播放按钮,可以浏览幻灯片动画播放效果;通过拖曳缩略图,可改变幻灯片的位置,调整幻灯片的播放次序。

2．幻灯片浏览视图

在演示文稿窗口中,单击视图切换按钮中的"幻灯片浏览视图"按钮,可切换到幻灯片浏览视图窗口,如图 5-3 所示。在这种视图方式下,用户可以从整体上浏览所有幻灯片的效果,还可以进行幻灯片的复制、移动、删除等操作。但是,用户不能直接编辑和修改幻灯片的内容,如果要修改幻灯片的内容,用户必须先双击某个幻灯片,切换到普通视图后再进行编辑。

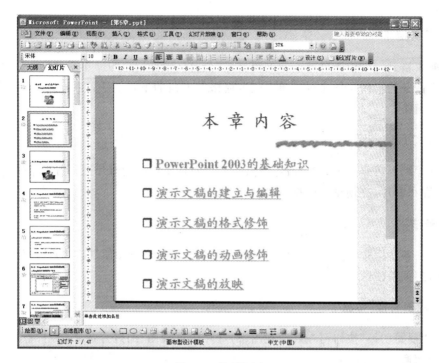

图 5-2 普通视图

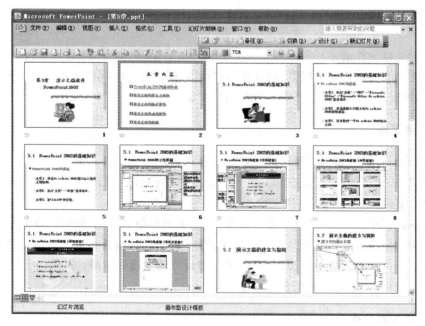

图 5-3 幻灯片浏览视图

3. 幻灯片放映视图

在演示文稿窗口中,单击视图切换按钮中的"幻灯片放映"按钮,切换到幻灯片放映视图窗口,如图 5-4 所示。在这种视图下,可以查看演示文稿的实际放映效果。

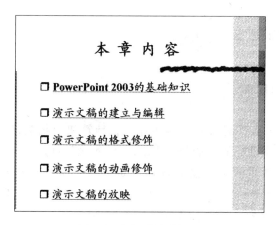

图 5-4 幻灯片放映视图

在放映幻灯片时，是全屏幕按顺序放映的，可以单击鼠标，一张张放映幻灯片，也可自动放映（预先设置好放映方式）。放映完毕后，视图恢复到原来状态。

4. 备注页视图

在演示文稿窗口中，执行"视图"|"备注页"命令，切换到备注页视图窗口，如图 5-5 所示。备注页视图是系统提供用来编辑备注页的。备注页分为两个部分：上半部分是幻灯片的缩小图像，下半部分是文本预留区。可以一边观看幻灯片的缩像，一边在文本预留区内输入幻灯片的备注内容。

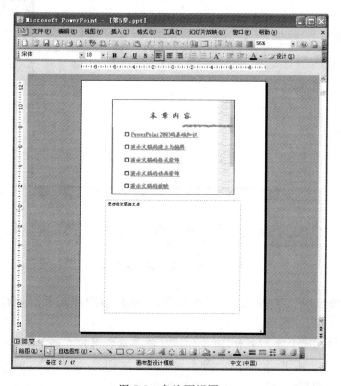

图 5-5 备注页视图

5.2 演示文稿的建立与编辑

5.2.1 演示文稿的创建

演示文稿是指包含了要演示的内容并且可在计算机上播放的文件,其扩展名默认为.PPT。一个演示文稿文件一般包括若干张幻灯片,每张幻灯片都是演示文稿中既相互独立又相互联系的内容。创建演示文稿的过程就是创建一系列幻灯片的过程。PowerPoint 2003 创建一个新演示文稿的常用方法有三种:建立空白演示文稿、使用设计模板创建演示文稿、使用内容提示向导创建演示文稿。

(1) 建立空白演示文稿:"空白演示文稿"是指幻灯片无任何背景图案,需要用户自己去渲染,这样便于发挥用户的想象力,创造出更美、更生动的演示文稿。具体操作步骤如下。

步骤1:执行"文件"|"新建"菜单命令,或者单击常用工具栏的"新建"按钮( ),或者在任务窗格中,单击"空演示文稿",都可以新建一个默认版式的演示文稿,如图5-6 所示。

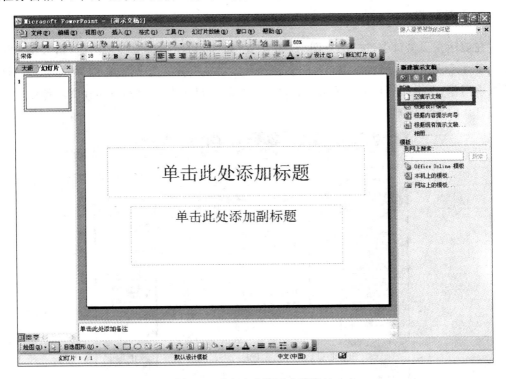

图 5-6 建立空白演示文稿窗口

步骤2:右面出现"幻灯片版式"任务窗格,可以从多种版式中为新幻灯片选择需要的版式。

步骤3:在幻灯片中输入文本,插入各种对象。然后再建立新的幻灯片,再选择新的版式等。

(2) 使用设计模板创建演示文稿:设计模板是包含演示文稿样式的文件,包括项目符号和字体的类型和大小、占位符大小和位置、背景设计和填充、配色方案以及幻灯片母版和可选的标题母版。具体操作步骤如下。

步骤1：执行"文件"|"新建"菜单命令，或者在"格式"工具栏上单击"设计"按钮（ ）。如果已打开"幻灯片设计"任务窗格，则单击顶部的"设计模板"，如图5-7所示。

步骤2：根据需要，选择设计模板，进行幻灯片编辑操作。

（3）使用内容提示向导创建演示文稿：内容提示向导提供了多种不同主题及结构的演示文稿示范，例如：培训、论文、学期报告、商品介绍等。可以直接使用这些演示文稿类型进行修改编辑，创建所需的演示文稿。具体操作步骤如下。

步骤1：执行"文件"|"新建"菜单命令，在任务窗格中选择"根据内容提示向导"。

步骤2：在打开的"内容提示向导"对话框中单击"下一步"按钮，如图5-8所示。

步骤3：选择所需的演示文稿类型后，再单击"下一步"按钮，如图5-9所示。

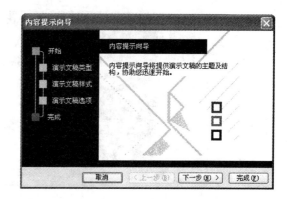

图5-8 "内容提示向导"之一

图5-7 "幻灯片设计"任务窗格

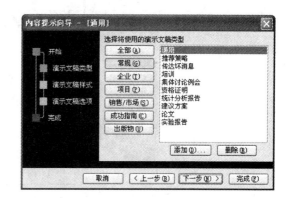

图5-9 "内容提示向导"之二

步骤4：选择所需的输出类型后，再单击"下一步"按钮，如图5-10所示。

步骤5：输入演示文稿标题和页脚，并根据需要选择"上次更新日期"及"幻灯片编号"选项后，再单击"下一步"按钮，如图5-11所示。

步骤6：在"完成"对话框中单击"完成"按钮，如图5-12所示。

步骤7：在新创建的演示文稿中输入或修改自己的内容。

这样就建立了一个由若干幻灯片组成的一个完整演示文稿。

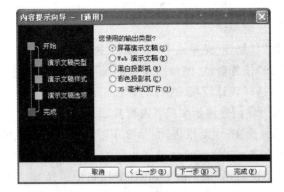

图 5-10 "内容提示向导"之三

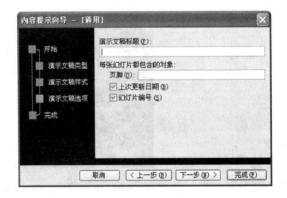

图 5-11 "内容提示向导"之四

图 5-12 "内容提示向导"之五

5.2.2 演示文稿的保存

和其他 Office 2003 组件一样，创建好一个演示文稿也需要将它保存在外存上。PowerPoint 2003 提供了多种方式来保存演示文稿。在需要保存时，执行"文件"|"保存"命令，或者执行"另存为…"命令保存为副本。PowerPoint 2003 提供的 Web 支持功能，能轻易地将演示文稿存为 Web 格式，这样演示文稿便可在 Internet 上传播。同时，演示文稿还可

以存放为可以在不安装 PowerPoint 的机子上播放的自动放映格式。

保存为其他格式具体操作步骤如下。

步骤 1：选择文件菜单中的"另存为…"。

步骤 2：在保存类型中选取要保存的其他格式（如网页）。

步骤 3：输入文件名，单击"保存"按钮。

5.2.3 幻灯片的编辑

1. 输入文本

新建好一张内容为空白的幻灯片后，首先应在幻灯片上输入相应的文本内容。用户用鼠标单击占位符，在相应的占位符中输入文本文字。占位符就是先占住一个固定的位置，等着你添加内容的。它在幻灯片上表现为一个虚框，虚框内部往往有"单击此处添加标题"之类的提示语，一旦用鼠标单击之后，提示语会自动消失，再添加所要的内容。它起到的是规划幻灯片结构的作用。如图 5-13 所示，单击图中两个虚框中任意一个，即可输入文本。

注意：如果一张幻灯片中没有文本占位符，可以使用插入文本框的方式来实现。

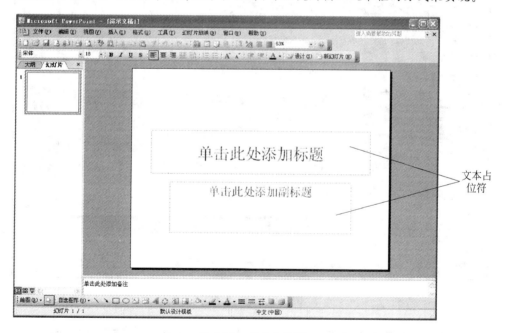

图 5-13 文本占位符

2. 选择幻灯片

一个演示文稿往往由多张幻灯片组成，若要对其中几张幻灯片操作，则需要先选择要操作的幻灯片，可以在普通视图下的大纲编辑区中选择，也可在幻灯片浏览视图下选择，方法如下。

（1）单击选择一张幻灯片。

（2）单击首张所需要的幻灯片，然后按下 Shift 键不放，再单击所需要的最后一张，则可选取这两张幻灯片之间的所有幻灯片(包括这两张)。

(3) 先按下 Ctrl 键不放,再依次单击所需要的幻灯片,则可选取多张不连续的幻灯片。

3. 插入幻灯片

当用户使用建立空白演示文稿或使用设计模板创建演示文稿的方法创建一个新演示文稿,开始时只有一张幻灯片,这就需要再插入多张幻灯片形成一个完整的演示文稿。插入一张幻灯片的方法主要有两种,一种是采用"插入"|"新幻灯片"命令,另一种是在普通视图下在"大纲"窗口下操作,具体步骤如下。

步骤 1:将插入点定位在大纲编辑区中两张幻灯片之间。

步骤 2:右击打开快捷菜单,选择"新幻灯片"命令,如图 5-14 所示。

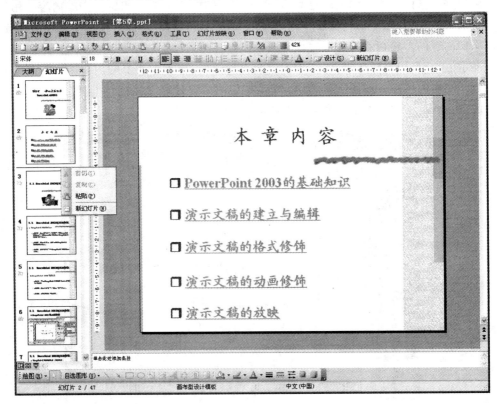

图 5-14　插入幻灯片

步骤 3:右面出现"幻灯片版式"任务窗格,根据需要选择一个,即可在这两张幻灯片之间插入一张新幻灯片。

4. 幻灯片的移动、复制与删除

幻灯片编辑还包括移动、复制与删除,这些操作可以在普通视图下的大纲窗口中进行,也可在幻灯片浏览视图下进行,操作方法如下。

1) 移动幻灯片

步骤 1:选中要移动的幻灯片,直接用鼠标拖曳到目的地即可。

步骤 2：另一种移动方法是采用剪贴方式：先用鼠标单击要移动的幻灯片，再单击工具栏的"剪切"按钮，然后在插入处单击，最后单击工具栏的"粘贴"按钮，完成移动操作。

2) 复制幻灯片

步骤 1：用鼠标单击要复制的幻灯片，单击工具栏的"复制"按钮。

步骤 2：在粘贴处单击，然后单击工具栏的"粘贴"按钮，完成复制操作。

3) 删除一张幻灯片

步骤 1：用鼠标单击要删除的幻灯片。

步骤 2：按键盘的 Delete 键，或者单击"编辑"|"删除幻灯片"命令，删除选定的幻灯片。

5.2.4 案例分析

要想制作一个演示文稿，一般要经历下面几个步骤。

(1) 准备素材：主要是准备演示文稿中所需要的一些图片、声音、动画等文件。

(2) 确定方案：对演示文稿的整体构架作一个设计。

(3) 初步制作：将文本、图片等对象输入或插入到相应的幻灯片中。

(4) 装饰处理：设置幻灯片中的相关对象的要素（包括字体、大小、动画等），对幻灯片进行装饰处理。

(5) 预演播放：设置播放过程中的一些要素，然后播放查看效果，满意后正式输出播放。

以建设"美丽的风景区——黄山"为例子，首先是收集黄山相关的一些文字和图片，放在文件夹"黄山素材"里。接下来对演示文稿的整体构架作一个设计：第一张幻灯片用于标题，第二张幻灯片用于概括性介绍黄山，再分别用 4 张幻灯片描述黄山的四绝：奇松、怪石、云海、温泉，对有代表性的"迎客松"和"梦笔生花"再用两张幻灯片进行一定的介绍，最后用一张幻灯片表示结束。

确定好第(1)、第(2)步之后，下面将根据每节所学的内容创建该演示文稿，并不断地完善该演示文稿。

在本节中学习了创建演示文稿、输入文本、简单地编辑幻灯片等操作，下面利用所学的知识完成例 5-1。

【例 5-1】 创建一个"美丽的风景区——黄山"的文本演示文稿。

具体步骤如下。

步骤 1：双击桌面上的 PowerPoint 2003 图标，打开 PowerPoint 2003 应用程序。

步骤 2：选择"文件"|"新建"命令，在任务窗格中选择"根据设计模板"。

步骤 3：右面出现"幻灯片设计"任务窗格，选择 pixel 模板。

步骤 4：添加标题"美丽的风景区"，添加副标题——黄山。

步骤 5：选择"插入"|"新幻灯片"，版式选择"标题、文本"，输入相应内容。

步骤 6：再选择"插入"|"新幻灯"，版式选择"标题、内容、文本"，输入相应内容。

步骤 7：依照第 6 步再完成第 4～6 张幻灯片的制作，注意第 4、第 6 张幻灯片的版式可选择"标题、内容、文本"。

步骤 8：再插入两张新幻灯片，版式选择"标题和文本"，输入相应内容。

步骤 9：最后插入一张新幻灯片，版式选择"内容"。整体效果如图 5-15 所示。

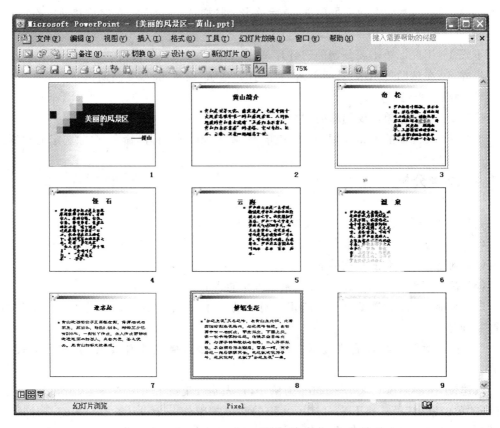

图 5-15 例 5-1 完成效果图

5.3　演示文稿的格式修饰

演示文稿创建好之后，可以对演示文稿进行格式修饰。一般来说，演示文稿的格式修饰包含以下几方面内容。

（1）设置标题及文本的字体格式和段落格式。
（2）调整各对象的位置。
（3）在演示文稿中添加表格、图片、图表、图示、声音、影片等多媒体元素。
（4）更改演示文稿的模板、版式、配色方案。
（5）设置演示文稿的背景。

5.3.1　设置文本格式

在 PowerPoint 2003 中，也可像 Word 2003 中那样修饰文本的字体、字号、颜色，设置段落的格式，使用项目符号和编号来美化幻灯片。其操作方法同 Word 2003。

5.3.2 插入和设置对象

在 PowerPoint 2003 中,可以在幻灯片中插入表格、图片、图表、图示以及声音、视频等对象,这会使演示文稿更加生动有趣。

1. 插入表格

PowerPoint 2003 有自己的表格制作功能,不必依靠其他程序来制作表格,其制作方法与 Word 2003 的制作方法一样,具体步骤如下。

步骤 1:在具有内容占位符版式的幻灯片中单击"插入表格"符,如图 5-16 所示,或直接选择"插入"|"表格"命令。

步骤 2:在出现的插入表格对话框中填入要插入的表格的列数和行数。

步骤 3:单击"确定"按钮,即插入表格。

步骤 4:在表格中输入所需要的内容。

对制作好的表格还可以进行以下编辑。

(1) 调整表格大小:选中表格,出现 8 个小圆点,拖动小圆点可修改表格的大小。

(2) 表格编辑:单击表格,在打开的"表格和边框"工具栏中单击"表格"按钮,可以对表格进行插入行、列,删除行、列等操作,如图 5-17 所示。

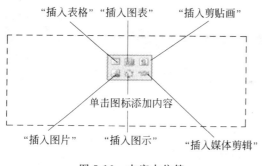

图 5-16　内容占位符

图 5-17　"表格和边框"工具栏

2. 插入图表

形象直观的图表与文字数据相比更容易让人理解,在幻灯片中插入图表能使幻灯片显示数据的效果更加清晰。PowerPoint 2003 中包含了 Microsoft Graph 提供的 14 种标准图表类型和 20 种用户自定义的图表类型,用 Microsoft Graph 可以简单快捷地插入图表,具体步骤如下。

步骤 1:在具有内容占位符版式的幻灯片中单击"插入图表"符(图 5-16),或者直接选择"插入"|"图表"命令。

步骤 2:系统会自动提供一套样本数据,修改样本中的数据,做出对应的图表。

步骤 3:在图表区域以外的地方单击,退出图表编辑。

对插入的图表可以进行如下编辑。

1）改变图表数据

步骤1：选中图表对象,双击鼠标,打开数据窗口(图5-18)。

步骤2：如果图表数据窗口没有出现,则在常用工具栏中的"查看数据工作表"图表按钮, 以显示图表数据窗口。

步骤3：在图表数据窗口,进行文字修改、数字修改。

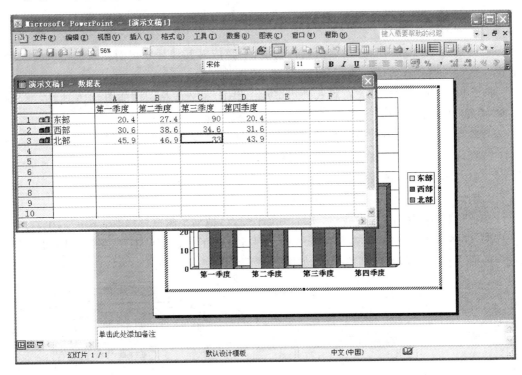

图5-18 数据窗口

2）选择图表类型

步骤1：双击图表对象,菜单栏上出现"图表"菜单(图5-19)。

步骤2：单击"图表"|"图表类型"项,也可以在图表区右击鼠标,在弹出的菜单中单击"图表类型",弹出图表类型对话框。

步骤3：在对话框中,单击"标准类型"标签,在"图表类型"列表框中选择所需的图表类型,接着在子图表类型列表中选中图表的模型形状,单击"确定"按钮。

3）设置图表选项

步骤1：双击图表对象,菜单栏上出现"图表"菜单。

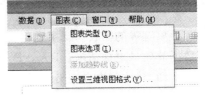

图5-19 图表菜单

步骤2：选择"图表"|"图表选项",或在图表区右击鼠标,弹出快捷菜单,单击"图表选项"。

步骤3：弹出"图表选项"对话框,单击"标题"标签,进行编辑。

4）调整图表对象格式

步骤1：双击图表对象。

步骤 2：单击常用工具栏的"图表对象"下拉列表框，选择需要调整的图表对象，也可以直接将鼠标指向需要调整的对象区。

步骤 3：将鼠标指向需调整的对象区，右击鼠标在弹出的菜单种选择调整的内容。

3．插入图片

在 PowerPoint 2003 的幻灯片中插入图片的方式有多种，可以插入剪贴画，插入图片文件，还可以直接从扫描仪读取扫描的文件等。

1）插入剪贴画

剪贴画是一种矢量图像，对图像进行放大或缩小时，不会影响图像的质量，具体步骤如下。

步骤 1：在具有内容占位符版式的幻灯片中单击"插入剪贴画"符（图 5-16），或者选择"插入"|"图片"|"剪贴画"命令。

步骤 2：在右边出现剪贴画任务窗格，选择"管理剪辑"（图 5-20）。

步骤 3：在出现的"剪辑管理器"中从"我的收藏集"中选择本机上的剪贴画（图 5-21）。

图 5-20 "剪贴画"任务对话框

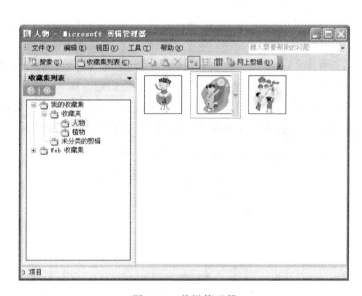
图 5-21 剪辑管理器

步骤 4：如果本机上没有所需的剪贴画可在第 2 步时选择"Office 网上剪辑"，在 Office 网站上可下载海量的剪贴画。

2）插入外部图片文件

在 PowerPoint 2003 中，除了可以插入剪贴画外，也可以将自己的图片文件加入到幻灯片中，这些图片文件可以在软盘、硬盘或是 U 盘上。具体步骤如下。

步骤 1：在具有内容占位符版式的幻灯片中单击"插入图片"符（图 5-16），或者选择"插入"|"图片"|"来自文件"命令。

步骤 2：在出现的"插入图片"对话框中选取所需的图片文件即可。

对插入后图片的编辑与其他 Office 组件中的操作方法一致，这里就不详细叙述了。

4. 插入图示

图示包括组织结构图、循环图、射线图、棱锥图、维恩图和目标图。在幻灯片中可以利用这些图示来说明原本较为枯燥的概念性资料,使演示文稿更加生动。插入图示的具体步骤如下。

步骤1:在具有内容占位符版式的幻灯片中单击"插入图示"符(图5-16),或者选择"插入"|"图示"命令。

步骤2:在出现的"图示库"对话框中选取所需的一种图示类型即可(图5-22)。

图 5-22　图示库

5. 插入声音

PowerPoint 2003 提供了在幻灯片放映时播放音乐、声音的功能,在幻灯片中可以插入.WAV、.MID、.RMI 和.AIF 等声音文件。插入声音有两种途径,一是"剪贴库中的声音"剪辑,二是"文件中的声音"剪辑。插入文件中的声音的步骤如下。

步骤1:单击"插入"|"影片和声音"|"文件中的声音"命令(图5-23)。

步骤2:在"插入声音"对话框中选择所需的声音文件,单击"确定"按钮。

步骤3:这时系统会出现提示对话框(图5-24),要求选择何时开始播放声音。如果希望声音自行启动,请单击"自动"按钮。如果幻灯片上没有其他媒体效果,则会在显示幻灯片之后播放声音。如果幻灯片上已经有其他效果(如动画、声音或影片),则会在播放该效果之后播放声音。如果希望在单击幻灯片上的声音图标时播放声音,请单击"在单击时"按钮。

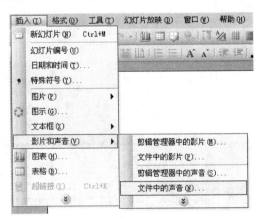

图 5-23　"插入"菜单

图 5-24　设置开始播放声音

步骤4:将音乐或声音插入幻灯片后,会显示一个代表该声音文件的声音图标。如果要在普通视图中听到声音,请双击这个声音图标,或者用鼠标右击它,然后单击"播放声音"。

如果插入的声音是音乐片段,用户希望在幻灯片放映中能连续播放这些声音,用户就需要指定应当在何时停止它。否则,它将在播放后单击该幻灯片时就停止。

设置声音何时停止步骤如下。

步骤1:打开"自定义动画"任务窗格。

步骤 2：单击声音动画的下拉箭头，选择"效果选项"命令。

步骤 3：在出现的"播放 声音"的对话框中，在停止播放栏中选择在几张幻灯片后（图 5-25）。

6. 插入视频

在 PowerPoint 2003 中，可以播放一段影片帮助观众理解用户的观点，也可以播放一段演讲录像，还可以播放一段轻松愉快的影片来吸引观众。此处的"影片"是指桌面数字视频文件，其格式包括 AVI，MPEG，QUICKTIME 等，文件扩展名包括 .AVI，.MOV，.QT，.MPG 和.MPEG。插入视频的步骤与插入声音非常相似，两者的主要区别在于视频不仅能够包含声音的效果，而且能够看到活动的影片。在插入声音时，在幻灯片上显示的是一个小喇叭样子的声音图标，而插入视频后幻灯片上将以静止的方式显示影片中第一幅图片。插入视频的步骤如下。

步骤 1：单击"插入"|"影片和声音"|"文件中的影片"命令。

步骤 2：在"插入影片"对话框中选择所需的视频文件，单击"确定"按钮。

步骤 3：这时系统将出现提示对话框，要求选择何时开始播放视频。

步骤 4：选择后，影片文件插入完成。

插入影片后，可以右击影片，在弹出的快捷菜单中选择"设置图片格式"命令，打开的"设置图片格式"对话框中（图 5-26），在"尺寸"选项卡中设置影片播放尺寸来调整影片播放区大小。若需要设置最佳的播放比例和效果，可选择"幻灯片放映最佳比例"复选框，可以避免播放影片时的抖动。

图 5-25 "播放 声音"对话框

图 5-26 "设置图片格式"对话框

5.3.3 幻灯片母版

如果用户发现要对幻灯片逐一进行相同的设计更改时，用户可以利用幻灯片母版。幻灯片母版是指一张已设置了特殊格式的占位符的幻灯片，这些占位符是为标题、文本、对象而设置的。使用幻灯片母版的目的是进行全局设置和更改（如设置或替换正文的字体），并使该更改应用到演示文稿中的所有幻灯片。通常可以使用幻灯片母版进行下列操作。

- 改变标题、正文和页脚文本的字体。
- 改变文本和对象的占位符位置。
- 改变项目符号样式。
- 改变背景设计和配色方案。

在 PowerPoint 2003 中有三种母版,即幻灯片母版、讲义母版和备注母版。

(1)幻灯片母版:幻灯片母版存储有关应用的设计模板信息的幻灯片,包括字形、占位符大小或位置、背景设计和配色方案。选择"视图"|"母版"|"幻灯片母版",则出现幻灯片母版编辑窗口(图 5-27)。

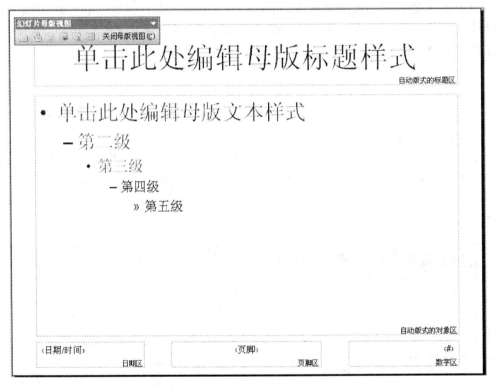

图 5-27 幻灯片母版

(2)讲义母版:可以设置以讲义形式打印演示文稿时的样式,可设定其页眉、页脚的位置,可以添加分界线。选择"视图"|"母版"|"讲义母版",则出现讲义母版编辑窗口(图 5-28)。

(3)备注母版:可以设置备注文本区中文本的样式,也可设定其页眉、页脚的位置。选择"视图"|"母版"|"备注母版",则出现备注母版编辑窗口(图 5-29)。

要查看或修改幻灯片母版,具体的步骤如下。

步骤 1:进入幻灯片母版编辑窗口。

步骤 2:右击文字,在弹出的快捷菜单中选择"字体",修改文字的字体、字号。

步骤 3:再右击文字,在弹出的快捷菜单中选择"项目符号和编号",修改项目符号样式。

步骤 4:选中虚线框,出现 8 个小圆点,修改其位置和大小。

步骤 5:选择"插入"|"图片"命令,插入一张希望在每张幻灯片上显示的图片。

图 5-28　讲义母版　　　　　　　　图 5-29　备注母版

步骤 6：单击"关闭母版视图"，完成对幻灯片母版的修改。

母版上的文本只用于样式，而实际的文本（如标题和列表）应在普通视图的幻灯片上输入，页眉和页脚应在"页眉和页脚"对话框中输入。

5.3.4　设计模板

在前面已经提到模板是演示文稿的整体格式，使用模板可以大大简化幻灯片编辑的复杂程度，使大量具有相同设置或者相同内容的幻灯片能够快速地编辑，并且能够统一幻灯片的设计风格。

1．应用设计模板方法和步骤

步骤 1：执行"格式"|"幻灯片设计"命令。

步骤 2：右面出现"幻灯片设计"任务窗格，如图 5-7 所示，根据需要选择一个模板，单击模板图片右边出现的下拉箭头，在弹出的快捷菜单（图 5-30）中选择应用于何处。

2．自定义模板

用户可将自己设计徽标或特定的背景图像、规定的幻灯片文字以及喜欢使用特定的配色方案这些设计偏好都保存在一个 PowerPoint 模板中（PowerPoint 模板文件的后缀名为 .pot）。以后，用户只需应用一次模板，即会将所有设计应用于整个演示文稿。自定义模板的步骤如下：

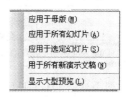

图 5-30　模板快捷菜单

步骤1：新建一个空白演示文稿。

步骤2：用上一节所学的内容自定各个母版。

步骤3：选择"文件"|"另存为"命令。

步骤4：在出现的另存为对话框中，在保存类型的下拉列表中选择"演示文稿设计模板（*.pot）"。

步骤5：选择存储的位置，输入模板名称后，单击"保存"按钮即可。

如果将模板文件保存在默认目录下，新模板会在下次打开PowerPoint时按字母顺序显示在"幻灯片设计"任务窗格的"可供使用"之下。如果改变了模板的保存位置，在应用此设计模板时需要单击"幻灯片设计"任务窗格最下面的"浏览"命令以找到此模板。

5.3.5 配色方案

配色方案由幻灯片设计中使用的8种颜色（用于背景、文本和线条、阴影、标题文本、填充、强调和超链接）组成。如果用户需要快速改变选定的幻灯片或整个演示文稿的色彩，用户可以通过应用配色方案来设计。

应用配色方案的操作步骤如下。

步骤1：在大纲窗口中单击要应用模板的幻灯片，选择"格式"|"幻灯片设计"命令。

步骤2：右面出现"幻灯片设计"任务窗格，单击上方的配色方案命令，在下方出现的各种已设置好的配色方案。

步骤3：单击配色方案图片右边出现的下拉箭头，在弹出的菜单中选择应用于所选的幻灯片或是应用于所有幻灯片。

步骤4：也可选择"编辑配色方案"命令（图5-31），打开"编辑配色方案"对话框（图5-32），在自定义标签下更改每一项颜色。

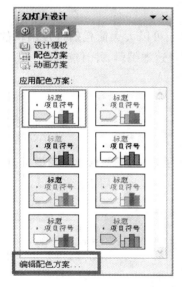

图5-31 "幻灯片设计"对话框

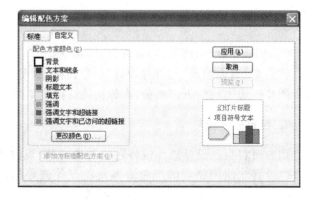

图5-32 "编辑配色方案"对话框

步骤 5：单击"应用"按钮，则将自定义的配色方案应用于所有幻灯片。

5.3.6 幻灯片背景

在幻灯片上，可以采用渐变背景、纹理背景、图案背景，或者以图片作为背景，使幻灯片产生更美丽的效果。

设置背景的步骤如下。

步骤 1：在大纲窗口中单击要应用模板的幻灯片，选择"格式"|"背景"命令。

步骤 2：单击"背景"对话框中的下拉箭头，选择出现的颜色或者选择"其他颜色"选项，设置背景颜色（图 5-33）。

步骤 3：若认为单一的背景颜色效果不好，可选择"填充效果"选项。

步骤 4：在打开的"填充效果"对话框中可以单击对应的标签，设置渐变背景或纹理背景或图案背景或者以图片作为背景（图 5-34）。

图 5-33 "背景"对话框

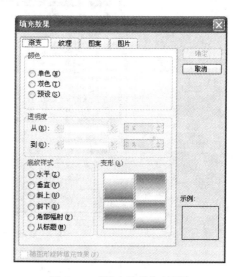
图 5-34 "填充效果"对话框

5.3.7 案例分析

在本节中，学习了对演示文稿文本格式处理，学习了插入图片、剪贴画、声音、影片等多媒体内容，使演示文稿内容不再单一，还学习了用母版和模板对幻灯片格式整体进行设置。下面利用所学的知识完成例 5-2。

【例 5-2】 对"美丽的风景区——黄山"演示文稿进行格式修饰。

步骤如下。

步骤 1：单击大纲窗口中的第 1 张幻灯片，选择"插入"|"影片和声音"子菜单中的"文件中的声音"，选择声音文件"BACK.MID"，插入时选择"自动"播放，右击出现的小喇叭，在快捷菜单中选择"编辑声音对象"命令，在出现的"声音选项"对话框中（图 5-35），选择两个复选框。

图 5-35 "声音选项"对话框

步骤2：选择"幻灯片放映"|"自定义动画"，在右边的任务窗格中，单击声音项右边的下拉箭头，选择"效果选项"，在打开的"播放 声音"对话框中设置停止播放在"9 张幻灯片后"（图 5-36）。

图 5-36 "播放 声音"对话框

步骤3：单击大纲窗口中的第 3 张幻灯片，在幻灯片窗口的内容占位符中单击"插入图片"，选择"黄山素材"文件夹下的"奇松.jpg"文件，插入图片后选择图片，进行大小调整。

步骤4：用同样的方法在第 4～6 张幻灯片上分别插入"黄山素材"文件夹下"怪石.jpg"、"云海.jpg"、"温泉.jpg"。

步骤5：单击大纲窗口中的第 7 张幻灯片，选择"插入"|"图片"|"来自文件"，插入"黄山素材"文件夹下的"迎客松.jpg"文件，插入图片后选择图片，将大小调整到接近占整张幻灯片，一定要将文字盖住，并用同样的方法在第 8 张幻灯片中插入"黄山素材"文件夹下的"梦笔生花.jpg"文件。

步骤6：单击大纲窗口中的最后一张幻灯片，在幻灯片窗口的内容占位符中单击"插入剪贴画"，在"打开图片"对话框中，选择一幅带有家的含义的剪贴画（没有相应的剪贴画，可以上网下载），单击"确定"按钮。

步骤7：最后选择"插入"|"图片"|"艺术字"命令，选择一种艺术字样式，再输入文字"欢迎大家来黄山玩"，插入艺术字后，调整大小及艺术字格式；完成后的整体效果如图 5-37 所示。

图 5-37 例 5-2 完成效果图

5.4 演示文稿的动画修饰

5.4.1 设置动画效果

动画效果为幻灯片上的文本、图片和其他内容赋予动作。设置了动画效果能使演示文稿在播放时更能吸引观众的注意力、突出重点。

1. 预设动画方案

预设动画方案将几类互补的动画效果连接起来，不必应用每个效果，只需应用一个方案就可以得到整个效果。

1）设置预设动画方案

步骤1：选择要设置预设动画方案的幻灯片。

步骤2：单击"幻灯片放映"|"动画方案"，打开"幻灯片设计"任务窗格（图5-38）。

步骤3：在任务窗格中单击某一种动画方案，就将它应用于已选择的幻灯片中。

步骤4：如果希望方案应用于演示文稿中所有幻灯片上，再单击"应用于所有幻灯片"。

图 5-38 "幻灯片设计"对话框

2）删除方案

步骤1：选择已设置预设动画方案的幻灯片。

步骤2：单击"幻灯片放映"|"动画方案"，打开"幻灯片设计"任务窗格。

步骤3：在任务窗格中单击"无动画"方案，则就将已选择的幻灯片中应用的方案删除。

步骤4：如果希望所有幻灯片中的方案删除，再单击"应用于所有幻灯片"。

2．自定义动画

设想已经应用了动画方案并且对它们相当满意，但是还想做少许特定的修改或添加。例如，希望只更改一张幻灯片上的标题效果；希望给某一幅画添加动画效果；以及希望自动播放某些效果等。使用"自定义动画"可进行类似的更改，同时还可以更改动画的速度和方向等。

1）添加"自定义动画"

步骤1：选择要设置"自定义动画"的元素。

步骤2：单击"幻灯片放映"|"自定义动画"，打开"自定义动画"任务窗格（图5-39）。

步骤3：单击"添加效果"按钮，在弹出的下拉菜单中选择相应的效果。

2）更改对象的"自定义动画"的效果

步骤1：单击"自定义动画"任务窗格中某对象已设置好的动画效果，"添加"按钮变为"更改"按钮（图5-40）。

图 5-39 "自定义动画"对话框

图 5-40 更改"自定义动画"

步骤2：单击"更改"按钮，在弹出的下拉菜单中选择其他效果即可改变对象的动画效果。

3）修改对象的"自定义动画"的开始方式、速度和方向

步骤1：单击"自定义动画"任务窗格已设好的动画效果。

步骤2：单击"修改"框内的"开始"（"方向"或"速度"）栏右面的下拉箭头进行修改

(图 5-40)。

4) 设置对象"效果选项"

步骤 1：单击"自定义动画"任务窗格已设好的动画效果旁边的下拉箭头(图 5-41)。

步骤 2：选择"效果选项…"，在打开的对话框中设置。

5) 删除对象设置的动画效果

步骤 1：单击"自定义动画"任务窗格已设好的动画效果。

步骤 2：单击"删除"清除效果。

效果选项对话框是设置动画效果一个非常有效的工具，一般该对话框有两个标签：效果、计时，有时也会有正文文本动画标签。

在"效果"标签中，主要有声音效果、动画播放后效果和动画文本效果，如果希望在播放效果时播放声音，请在"声音"框中选择一个声音，声音可帮助增加效果且绝对可以产生娱乐效果。如果动画播放后设置为变暗或隐藏效果对于将观众的注意力吸引到新的内容是很有效的。在动画文本效果中可精确设置文本的进入效果是"整批发送"还是"按字母"或者是"按字/词"方式进入。

图 5-41　自定义动画"效果选项"

在"计时"标签中，主要设置"开始"效果、设置"速度"以及"重复"次数。"开始"效果有三种方式：单击时、与上一动画同时、上一动画之后。"速度"设置与"自定义动画"任务窗格中的一样，它决定效果的期间。"重复"选项对某个效果设置多次重复，或在鼠标单击或幻灯片结束前一直播放它。

3. 动作路径

如果需要将幻灯片上的元素从一个位置移动到另一个位置，可以使用动作路径来实现。动作路径可以让幻灯片上的元素沿着各种图形运动，这些图形包括直线、曲线、斜线、随意绘制的线条、诸如星形和八字形等形状，或者根据需要进行的独特的设计。

1) 设置动作路径

步骤 1：选择要设置"动作路径"的元素。

步骤 2：单击"幻灯片放映"|"自定义动画"，打开"自定义动画"任务窗格。

步骤 3：单击"添加效果"按钮，在弹出的下拉菜单中的动作路径里选择相应的动作路径。

2) 编辑动作路径

步骤 1：在幻灯片上选定已设置好的动作路径的对象。

步骤 2：拖动出现的四向箭头，可以移动路径。

步骤 3：拖动尺寸控点（小白圆点），可以用来调整路径的大小。

步骤 4：拖动旋转控点（小绿圆点），可以用于旋转路径。

5.4.2　设置幻灯片的切换效果

幻灯片的切换效果是指两张幻灯片间切换时的过渡效果，设置了幻灯片的切换效果可以使切换到下一张幻灯片时显得自然平稳,艺术效果强。

幻灯片的切换效果设置的步骤如下。

步骤1:选中需要设置切换方式的幻灯片。

步骤2:选择"幻灯片放映"|"幻灯片切换"命令,打开"幻灯片切换"任务窗格(图5-42)。

步骤3:在任务窗格上部下拉列表中选择一种切换方式(如"横向棋盘式")。

步骤4:在任务窗格下部的根据需要设置好"速度"、"声音"和"换片方式"。

步骤5:如果需要将此切换方式应用于整个演示文稿,在任务窗格中,需要再单击"应用于所有幻灯片"按钮,否则只应用于所选定的幻灯片。

5.4.3 创建交互式演示文稿

在演示文稿中,可以通过超链接添加交互式的动作,例如,单击鼠标或移动鼠标时可以进入另一张幻灯片或者跳转到另一个应用程序或文档中。

1. 插入超链接

步骤1:选定要插入超级链接的对象,选择"插入"|"超链接"命令。

步骤2:在打开"插入超链接"对话框中先在左边选择链接到"原有文件或网页"、"本文档中的位置"还是"新建文档"等(图5-43)。

图5-42 "幻灯片切换"对话框

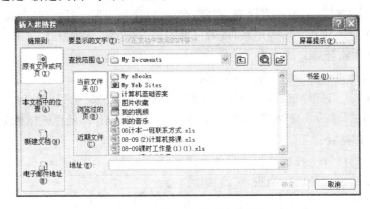

图5-43 "插入超链接"对话框

步骤3:再到右边选择具体的链接内容,单击"确定"按钮。

步骤4:这就对选定的对象设置了超链接,其颜色发生了变化并且下面多了一道线。

步骤5:右击设置了超链接的对象,在快捷菜单中选择"编辑超链接"可更改超链接,选择"删除超链接"可以删除超链接。

2. 动作设置

步骤1：选定要进行动作设置的对象，选择"幻灯片放映"|"动作设置"命令。
步骤2：在打开的"动作设置"对话框中选择某一个标签(图5-44)。
步骤3：再设置要进行的动作是超链接到其他幻灯片还运行其他程序。
步骤4：还可根据需要选择"播放声音"和"单击时突出显示"复选框，最后单击"确定"完成。

3. 设置动作按钮

步骤1：选择需要链接到其他幻灯片的幻灯片。
步骤2：在"幻灯片放映"|"动作按钮"中选择需要的图标按钮单击(图5-45)。

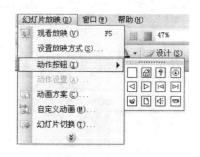

图 5-44　"动作设置"对话框　　　　图 5-45　"动作按钮"命令

步骤3：在幻灯片上选择放置按钮的起始点，按下鼠标左键，拖动鼠标，直至动作按钮的大小符合要求。
步骤4：若需更改系统定义的超链接，可双击按钮，打开"动作设置"对话框，选择"单击鼠标"标签，选择"超链接到"，从下拉表中重新选择一张要链接的幻灯片，单击"确定"按钮完成。

5.4.4　案例分析

在本节中，学习了对演示文稿进行自定义动画、设置动作路径、设置幻灯片的切换效果和添加超链接等操作，使演示文稿内容在放映时艺术效果更强。下面利用所学的知识完成例5-3。

【**例 5-3**】　对"美丽的风景区——黄山"演示文稿进行动画修饰。
操作步骤如下。
步骤1：单击"幻灯片放映"|"幻灯片切换"命令，为每一张幻灯片设置不同的切换方式。
步骤2：单击"幻灯片放映"|"自定义动画"命令，开始设置每张幻灯片中的各对象的出

场效果。

步骤 3：单击大纲窗口中的第一张幻灯片，选择副标题占位框，在"自定义动画"任务窗格中选择"添加效果"，添加以"飞入"的方式进入的动画效果。

步骤 4：对第 3～6 张幻灯片中的文字添加各种不同的进入的动画效果。

步骤 5：对第 7 张和第 8 张幻灯片中的图片添加不同的动画效果。

步骤 6：选中第 3 张幻灯片上的"迎客松"三个字后，选择"插入"|"超链接"命令，在出现的对话框中选择链接到"本文档中的位置"的第 7 张幻灯片。

步骤 7：选中第 4 张幻灯片上的"梦笔生花"4 个字后，选择"插入"|"超链接"命令，在出现的对话框中选择链接到"本文档中的位置"的第 8 张幻灯片。

步骤 8：在第 7 张幻灯片上添加一个"自定动作按钮"，设置超链接到第 4 张幻灯片。并右击此按钮选择"添加文本"命令，输入"返回"。

步骤 9：在第 8 张幻灯片上添加一个"自定动作按钮"，设置超链接到第 5 张幻灯片。并右击此按钮选择"添加文本"命令，输入"返回"，效果如图 5-46。

步骤 10：在第 6 张幻灯片上添加一个"结束动作按钮"。

图 5-46　"美丽的风景区——黄山"第 8 张

5.5　演示文稿的放映

完成了演示文稿的制作之后，就可以对其进行放映前的准备工作，这包括排练计时、设置放映方式等。做完了这些之后还可以将其打包拿到其他地方播放。

5.5.1 排练幻灯片计时

对幻灯片进行排练计时,可以记录演示文稿中每个幻灯片播放时所需的时间,然后在向实际观众演示时使用记录的时间自动播放幻灯片。

排练计时步骤如下。

步骤1:选择"幻灯片放映"菜单中的排练计时命令,此时从第一张幻灯片开始放映,同时在左上角显示"预演"工具栏,开始对演示文稿计时。

步骤2:对演示文稿计时时,请在"预演"工具栏(图5-47)上执行以下一项或多项操作:要出现下一项内容时,请单击幻灯片或单击预演工具栏上的"下一项"按钮 。要临时停止记录时间,请单击"暂停"按钮 ,要在暂停后继续记录时间,请再次单击"暂停"按钮 。要重新开始记录当前幻灯片的时间,请单击"重复"按钮 。

图5-47 "预演"工具栏

步骤3:放映到最后一张幻灯片的时间后,将出现一个消息框,显示演示文稿的总时间并提示用户执行下列操作之一,要保存记录的幻灯片计时,请单击"是";要放弃记录的幻灯片计时,请单击"否"按钮。

步骤4:此时将打开"幻灯片浏览"视图,并显示演示文稿中每张幻灯片的时间(图5-48)。

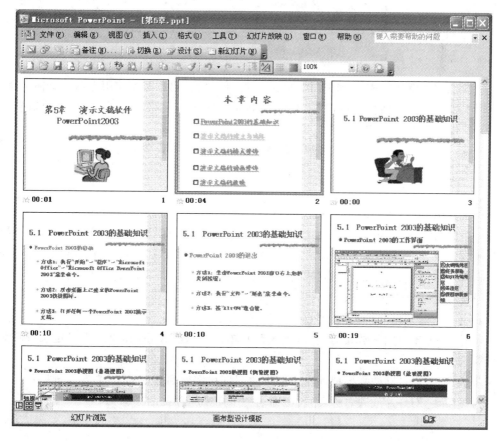

图5-48 "幻灯片浏览"视图

5.5.2 设置演示文稿的放映方式

演示文稿创建后,可以根据使用者的不同需要,设置不同的放映方式。

1. 设置放映方式的操作步骤

步骤1:选择"幻灯片放映"|"设置放映方式"命令。

步骤2:在打开的"设置放映"方式对话框中对放映类型、放映选项、放映内容以及换片方式进行设置(图5-49)。

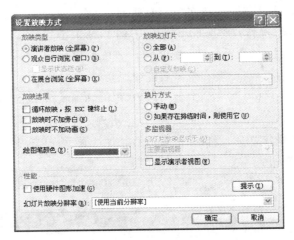

图5-49 "设置放映方式"对话框

步骤3:在"换片方式"选项区中,选中"手动"单选框,用户需要使用键盘或鼠标来换片;选中"如果存在排练时间,则使用它"单选框,将使用预先设置好的放映时间,自动切换每张幻灯片。最后单击"确定"按钮完成设置。

步骤4:选择"幻灯片放映"|"观看放映"命令,即可根据设置的方式进行放映。

2. 自定义放映方式

除了使用PowerPoint 2003提供的一些放映方式,还可以建立自己喜爱的方式来用于放映,这种方式就叫自定义放映方式。将现存的演示文稿中创建子演示文稿,把演示文稿分成几组,将演示文稿的某一部分播放给其中一部分观众看,把另一部分播放给另一部分观众看。通过这项功能,就能针对不同的观众创建多个内容相同或不同的演示文稿。

设置自定义放映的步骤如下。

步骤1:选择"幻灯片放映"|"自定义放映"命令。

步骤2:弹出自定义放映对话框(图5-50),单击"新建"按钮,弹出定义自定义放映对话框(图5-51)。

步骤3:根据自己的需要把演示文稿中的幻灯片添加到右边的"在自定义放映中的幻灯片"中,然后在"幻灯片放映名称"中自己命名一个用来保存的名字即可。

图 5-50 "自定义放映"对话框

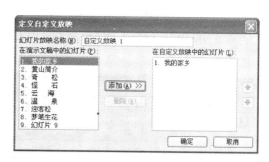
图 5-51 "定义自定义放映"对话框

步骤 4：如果需要对已经保存的自定义放映进行修改，再次选择"幻灯片放映"|"自定义放映"命令，在对话框的自定义放映列表框中，选择所要修改的自定义放映模式，然后进行编辑、删除和复制等修改操作。

步骤 5：最后在设置放映方式时，选择"自定义放映"方式，则放映时就放映用户定义的几张幻灯片。

5.5.3 打包演示文稿

用户经常需要携带演示文稿在别的计算机上放映，这就需要将演示文稿打包。打包的方法可以使讲演示文稿压缩成比较小的文件，打包演示文稿时，可以包含任何链接文件，也可将 TrueType 字体嵌入到包中，还可将 PowerPoint 播放器打在包中。演示文稿"打包"工具是一个很有效的工具，它不仅使用方便，而且也极为可靠。如果将播放器和演示文稿一起打包，那么，可在没有安装 PowerPoint 2003 的计算机上播放此演示文稿。

打包演示文稿的步骤如下。

步骤 1：将光盘插入到刻录机中。

步骤 2：打开需打包的演示文稿。

步骤 3：单击"文件"|"打包成 CD"命令，弹出的"打包成 CD"向导对话框（图 5-52）。

步骤 4：在对话框中单击"选项"按钮，弹出"选项"对话框（图 5-53）。

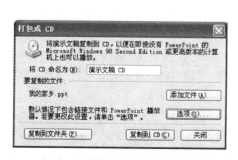
图 5-52 "打包成 CD"对话框

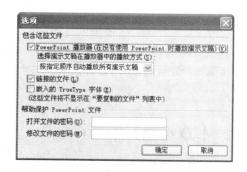
图 5-53 打包中"选项"对话框

步骤 5：通常选中 PowerPoint 播放器复选框；"选择演示文稿在播放器中的播放方式"则保持默认方式；如果在打包的演示文稿中使用了 TrueType 字体，则选中"嵌入的

TrueType 字体"复选框。单击"确定"按钮,返回如图 5-52 所示的对话框。

步骤 6:单击"复制到 CD",程序开始打包并刻录到光盘,完成单击"关闭"按钮,退出打包程序。

步骤 7:如果不需要复制到 CD 中,也可选择"复制到文件夹中"。

步骤 8:以后播放时直接双击 CD(或复制到文件夹时选定的文件夹)中的的 play.bat 即可播放。

5.5.4 案例分析

在本节中,学习了对演示文稿的各种播放技术:排练幻灯片计时、自定义放映内容、打包等。现在就来播放已完成的演示文稿。下面利用所学的知识完成例 5-4。

【例 5-4】 以演示文稿"美丽的风景区——黄山"中的第 1~6,第 9 共 7 张幻灯片一个名称为"黄山简介"自定义放映。

操作步骤如下。

步骤 1:选择"幻灯片放映"|"自定义放映"命令,单击"新建"按钮。

步骤 2:在弹出的对话框中设置幻灯片放映名称为"黄山简介",并将第 1~6、第 9 张幻灯片添加到右边列表中(图 5-54)。

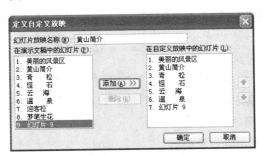

图 5-54 "定义自定义放映"对话框

步骤 3:单击"确定"按钮完成自定义放映设置。

步骤 4:选择"幻灯片放映"|"设置放映方式"命令。

步骤 5:在弹出的对话框的放映幻灯片部分选择自定义放映单选项,单击"确定"按钮,完成放映方式的设置。

步骤 6:最后选择"幻灯片放映"|"观看放映"命令,观看名为"黄山简介"的自定义放映内容。

5.6 本章小结

通过本章的介绍,知道 PowerPoint 2003 是制作和演示幻灯片的软件,能够制作出集文字、图形、图像、声音以及视频剪辑等多媒体元素于一体的演示文稿,把自己所要表达的信息组织在一组图文并茂的画面中,用于介绍公司的产品、展示自己的学术成果。用户不仅在投影仪或者计算机上进行演示,也可以将演示文稿打印出来,制作成胶片,以便应用到更广泛的领域中。利用 PowerPoint 2003 不仅可以创建演示文稿,还可以在互联网上给观众展示演示文稿。

本章主要介绍了 PowerPoint 2003 的基本概念与基本操作,演示文稿的制作,以及浏览、放映、打印演示文稿等方面的内容,讲解 PowerPoint 2003 的使用与操作。通过本章的学习,帮助读者学会灵活运用 PowerPoint 2003 创建和编辑演示文稿,能够以多种动画效果修饰每张幻灯片,并在幻灯片中插入图片、声音、视频等多媒体元素,使演示文稿的放映极富感染力。

5.7 习题

一、单项选择题

1. PowerPoint 2003 文档默认的扩展名为_____。
   A. pot   B. txt   C. exe   D. ppt
2. 在 PowerPoint 2003 中,如果希望在演示过程中终止幻灯片的放映,随时可按键_____。
   A. Delete   B. Ctrl+E   C. Shift+E   D. Esc
3. PowerPoint 2003 中,不能实现的功能为_____。
   A. 设置对象出现的先后次序   B. 文本框中加入图形文件
   C. 设置声音的循环播放   D. 设置幻灯片的切换效果
4. 在 PowerPoint 2003 的幻灯片放映过程中,要回到上一张幻灯片,不可用的操作是_____。
   A. 按 P 键   B. 按 PageUp 键
   C. 按 Back Space 键   D. 按 Space 键
5. 在 PowerPoint 2003 中,下列对幻灯片的超链接叙述错误的是_____。
   A. 可以链接到外部文档
   B. 可以链接到互联网上
   C. 可以在链接点所在文档内部的不同位置进行链接
   D. 一个链接点可以链接两个以上的目标
6. 在 PowerPoint 2003 中,可以最方便地移动幻灯片的视图是_____。
   A. 幻灯片   B. 幻灯片浏览   C. 幻灯片放映   D. 备注页
7. 要在选定的幻灯片中占位符输入文字,只要_____。
   A. 单击占位符,然后直接输入文字   B. 先删除占位符中的文字,然后输入文字
   C. 选中幻灯片,直接输入文字   D. 先删除占位符,然后输入文字
8. 在幻灯片制作过程中如果对页面版式不满意,可以通过_____菜单中的"幻灯片版式"来调整。
   A. 格式   B. 工具   C. 文件   D. 视图
9. 在 PPT 文档中设置了超链接的文字颜色会发生变化,如果要保持文字原有颜色(包括超链接使用前和使用后),可以通过_____实现。
   A. 幻灯片版式   B. 颜色

C. 幻灯片配色方案　　　　　　D. 背景

10. 如果要求幻灯片能在无人操作的条件下自动播放，应该事先对 PowerPoint 演示文稿进行_____操作。

　　A. 存盘　　　B. 打包　　　C. 排练计时　　　D. 播放

二、简答题

1. PowerPoint 2003 有几种视图方式？它们各有什么特点？
2. 创建演示文稿有哪几种方法？
3. 什么是幻灯片母版？
4. 配色方案是设计幻灯片中哪 8 种颜色？
5. 简述在 PowerPoint 中插入声音的步骤。

三、操作题

1. 利用"空演示文稿"建立演示文稿。

（1）建立具有 4 张幻灯片的自我介绍演示文稿。

（2）第 1 张幻灯片采用"标题与文本"版式，标题处填入"简历"；文本处填写你从小学开始的简历。

（3）通过"插入"|"新幻灯片"命令建立第 2 张幻灯片，该幻灯片采用"标题和表格"版式，标题处填入中学学校名；表格由 5 列 2 行组成，内容为高考的 4 门课程名、总分及对应的分数。

（4）第 3 张幻灯片采用"标题，文本与剪贴画"版式，标题处填入"个人爱好和特长"；文本处以简明扼要的文字填入你的爱好和特长；剪贴画选择你所喜欢的图片或你的照片。

（5）第 4 张幻灯片采用"组织结构图"版式，标题处填入你高中所在地在全国所处地理位置结构图。右上角是"组织结构图"工具栏，通过"插入形状"|"同事"等命令来增加有关结构成员。

2. 对建立的演示文稿进行编辑。

按规定的要求设置外观。

（1）演示文稿加入日期、页脚和幻灯片编号。

使演示文稿中所显示的日期和时间会随着机器内时钟的变化而改变；幻灯片编号从 100 开始，字号为 24 磅，并将其放在右下方；在"页脚区"输入作者名，作为每页的注释。

（2）利用母版统一设置幻灯片的格式：对标题设置"方正舒体、54 磅、粗体"。

（3）设置格式。

对第 1 张幻灯片的文本设置"楷体、粗体、32 磅"，段前 0.5 行，项目符号的符号为菱形；对第 2 张幻灯片的表格外框设置为 4.5 磅框线，内为 1.5 磅框线，表格内容水平、垂直居中。利用"格式"|"背景"命令，在"填充效果"|"过渡"选项卡中选择"雨后初晴"预设颜色。

（4）插入对象。

① 对第 2 张幻灯片插入图表，内容为表格中的各项数据。

② 对第 3 张幻灯片设置，将标题文字"个人爱好与特长"设为"艺术字"库中第 1 行第 4 列的样式，加阴影。

3. 根据自己的审美观和爱好，尽可能地美化你的演示立稿，并加以动画修饰。

第6章 计算机网络应用基础

随着社会经济的迅猛发展和计算机在各领域的广泛应用,人们对信息传播与交流日益增长的需求促进了信息技术的高速发展。信息化社会的基础是计算机和计算机互联的信息网络。它是计算机技术与通信技术相互结合并不断发展的产物,是信息高速公路的重要组成部分。尤其是Internet的出现和迅速发展,使得人们可以不受时间和地域的限制,以最快的速度获得所需的信息,实现资源共享。近年来,Internet已渗透到社会的各个应用领域,它正在影响和改变着人们的工作方式和生活方式。

6.1 计算机网络概述

所谓计算机网络,就是把分布在不同地理位置的一群具有独立功能的计算机用通信设备及通信线路互联起来,在通信软件的管理和支持下,实现计算机之间的数据传输、资源共享或协同工作的系统。计算机网络应用了计算机技术、通信技术和现代信息处理技术的研究成果,是一门涉及多种学科和技术领域的综合性技术。它把分散在不同领域中的各种信息处理系统连接在一起,组成一个规模更大、功能更强、可靠性更高的信息系统。

6.1.1 计算机网络的形成与发展

计算机网络产生在20世纪50年代,形成于20世纪60年代。之后,由于人们在微电子技术领域取得的辉煌成就,使得作为信息网络基础设施的计算机和通信技术得以迅速发展。至20世纪90年代信息高速公路计划的提出和实施,使全球信息化、网络化发展达到高潮。2000年之后随着人类社会信息化进程的加快及计算机的广泛应用,使互联网应用得到普及并逐步进入每个家庭。

计算机网络的发展过程是从简单到复杂、从单机到多机,由终端与计算机之间的通信演变到计算机与计算机之间的直接通信的过程。

随着计算机技术和通信技术的发展,计算机与通信技术的紧密结合使得计算机网络得到逐步发展。计算机网络的发展大致分为如下4个阶段。

1. 第一个阶段——面向终端的计算机通信网络阶段

这种网络系统是由多台终端设备通过通信线路连接到一台中央计算机上而构成。被称为"主机"的计算机用来存储和处理数据,集中控制和管理整个系统。所有用户都使用连接系统的终端设备,将数据录入到主机中处理,或者是将主机中的处理结果,通过集中控制的输出设备输出。这种以单个主机为中心、面向终端设备的网络结构称为第一代计算机网络。

在这种系统中,可供共享的资源集中在主机中,并且系统中除主机具有独立的数据处理能力外,系统中所连接的终端设备均无独立处理数据的能力,远程终端可以共享计算机资源,不能为主机提供服务,大型主机在系统中占据着绝对的支配作用,所有的控制和管理功能都是由主机来完成的,网络功能以数据通信为主。

20 世纪 60 年代初,美国航空公司建成的由一台计算机与分布在全美国的两千多个终端组成的航空订票系统 SABRE-1,就是这种类型的计算机通信网络。

这一阶段完成了数据通信和计算机通信网络的研究,为计算机网络的产生做好了技术准备,并奠定了理论基础。

2. 第二个阶段——分组交换网络阶段

基于电话线路系统中的通信双方在通话时用户要独占电话线路,而计算机网络传输数据具有随机性和突发性,在联网期间也不是持续地传输数据,因而可能会造成线路的瞬时拥挤或者空置浪费。为了解决共享线路问题,20 世纪 60 年代中期提出了分组交换技术,并得以实施。分组交换网络中各用户之间的连接必须经过通信控制处理机。分组交换是一种存储——转发交换方式,它将到达交换机的数据先送到交换机存储器中暂时存储和处理,等到相应的电路有空闲时再进行传输。

这一阶段计算机网络的典型代表是美国国防部高级研究计划局协助开发的 ARPAnet,即人们常说的 ARPA 网,它通过有线、无线和卫星通信线路,把网络覆盖到美国本土、夏威夷及欧洲。由于 ARPA 网的成功,使世界上大多数国家均采用这种技术构建计算机网络。从 20 世纪 70 年代中期开始,各国邮电部门陆续建立和管理自己的公用数据网 PDN(Public Data Network),例如,美国的 TELNET、英国的 PSS、日本的 DDX、法国的 TRANSPAC 等。计算机通过公用数据网 PDN 远程互联。

美国的 ARPANET 和分组交换技术的研究是计算机网络技术发展的里程碑。

3. 第三个阶段——标准化网络阶段

到了 20 世纪 70 年代,不少公司推出了自己的网络体系结构。最著名的就是 IBM 公司的 SNA(System Network Architecture)和 DEC 公司的 DNA(Digital Network Architecture)。不久,各种不同的网络体系结构相继出现。由于早期网络并没有统一的标准,各个国家甚至同一个国家的各个公司的网络不能相互兼容,这阻碍了网络的发展。因此在 1977 年由国际标准化组织 ISO 成立了一个机构,专门研究网络通信的体系结构,经过多年的艰苦工作,于 1983 年提出了著名的开放系统互连参考模型 OSI(Open Systems Interconnection),给网络的发展提供了一个可以遵循的国际规则。从而使得网络的软硬件产品拥有了共同的标准,推动了计算机网络发展和快速普及。

这一阶段主要解决了网络体系结构和网络协议的国际标准化。

4. 第四个阶段——局域网和 Internet 阶段

20 世纪 70 年代中期出现了局域网 LAN(Local Area Network),能够把在几百米距离、小区域范围内的计算机(特别是微机)连成网络。1975 年美国 Xerox 公司研制的以太网(Ethernet)是第一个成功的局域网,后来它成为 IEEE 802.3 标准的基础。1981 年美国

Novell 公司提出了局域网中的文件服务器概念,并根据此概念研制了 NetWare 网络操作系统,成为局域网的主流操作系统之一。此后美国 Microsoft 公司的视窗软件 Windows NT、Windows 2000、Windows XP、Windows Vista、Windows 7 及自由软件平台 Linux 等都对局域网的发展起到了重要作用。

1990 年以后迅速发展起来的 Internet(因特网),把分散在各地的计算机网络通过统一的协议连成一个跨越国界范围、覆盖全球的计算机网络。

这一阶段计算机网络发展的特点是互连、高速、智能与更为广泛的应用。这一阶段采用 HTTP 超文本传输协议,用户通过因特网浏览 Web 网页信息,可以在因特网上通信、学习、交友、娱乐、购物,真正实现了多媒体信息传输、处理和共享。高数据传输率、高带宽网络建立起来,计算机网络的基本技术已经发生了根本的改变,异步传输模式(ATM)技术、信元交换技术、网络语言、千兆以太网技术等新技术大量涌现,因特网信息膨胀,人们之间的通信"距离"在缩小,通信形式多样化。计算机网络的发展又促进了信息社会的发展。计算机网络已经成为人类历史上发展最为迅速和成功的技术。

总之,计算机网络是将多个具有独立工作能力的计算机系统通过通信设备和线路互联起来,配以功能完善的网络软件(如网络通信协议、信息交换方式、网络操作系统等),实现共享软件、硬件和数据资源的系统。它的快速发展和广泛应用对全球的经济、教育、科技、文化的发展已经产生并且仍将发挥重要影响。

6.1.2 计算机网络的功能

计算机网络的功能主要体现在信息交换、资源共享和分布式处理三个方面。资源包括软件、硬件和数据资源。网络中的计算机不仅可以使用自身的资源,也可以共享网络上的其他资源。计算机网络上可以把一个大问题分解到不同的计算机上进行分布处理。其功能如下。

1. 共享资源

网络资源包括硬件、软件和数据资源。网络用户利用计算机网络可以共享主机设备,如中型机、小型机、工作站等,以完成特殊的处理任务;也可以共享外部设备,如打印机、扫描仪、绘图仪等,达到节约投资避免重复投资的目的;可以共享网络系统中的各种软件资源,如主机中的各种应用软件、工具软件、语言处理程序等;而网上的数据库和各种信息资源则是数据共享的主要内容。计算机网络提供了这样的便利,使全世界的信息资源可通过 Internet 实现共享。

2. 数据通信

数据通信是计算机网络的最基本功能之一,主要完成网络中各个结点之间的通信。计算机网络可以传输各类数据,包括声音、图像、视频等多媒体信息。利用计算机网络提供的通信服务,可以传送电子邮件、发布新闻消息、进行电子商务、远程教育、远程医疗、举行视频会议等。

3. 数据的传送和集中处理

计算机应用的发展,已经从科学计算到数据处理,从单机到网络。分布在很远位置的用户可以互相传输数据信息,互相交流,协同工作。如利用计算机网络可以实现在一个地区甚至全球范围内进行信息系统的数据采集、加工处理、预测决策等工作。

计算机网络技术的发展和应用,已使得现代的办公手段、经营管理等发生了变化。目前,已经有了许多管理信息系统(MIS)、办公自动化系统(OA)等,通过这些系统可以实现日常工作的集中管理,提高工作效率,增加经济效益。

4. 有利于进行分布处理

在计算机网络中,可在获得数据和需进行数据处理的地方分别设置计算机,对于较大型的综合性问题通过一定的算法,把数据处理功能交给不同的计算机,达到均衡使用网络资源、实现分布处理的目的。另外,对解决此类大型综合性问题来说,多台计算机联合使用并构成高性能的计算机体系的成本要比单独购置高性能的大型计算机便宜得多。

5. 负荷均衡

负荷均衡是指工作被均匀地分配给网络上的各台计算机系统。网络控制中心负责分配和检测,当某台计算机负荷过重时,系统会自动转移负荷到较轻的计算机系统去处理,这样能均衡各计算机的负载,提高处理问题的实时性,从而提高了整个网络的可靠性。

6.1.3 计算机网络的组成

从网络逻辑功能角度来看,计算机网络主要由资源子网和通信子网两部分组成,如图 6-1 所示。

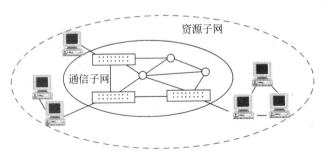

图 6-1 资源子网和通信子网

资源子网由联网的计算机、终端、外部设备、网络协议、各种软件资源和信息资源组成。其主要任务是收集、存储和处理信息,为网络用户提供网络资源和网络服务。通信子网是把各节点互相连接起来的数据通信系统,由通信控制处理机、通信线路、其他通信设备、网络协议和通信控制软件等组成。其主要任务是连接网络中的各种计算机,完成数据的传输、转发及通信处理。

服务器和客户机是构成资源子网的主要设备,通信处理设备和通信介质是构成通信子网的主要设备。

1. 网络硬件

1)主机

主机(服务器)是网络上为其他计算机提供服务的功能强大的计算机。服务器一般由高档微机、工作站或专门设计的计算机(即专用服务器,分为大型机、小型机或 UNIX 服务器)充当。根据服务器在网络中所起的作用,可以将它们进一步划分为文件服务器、数据库服务器、打印服务器、通信服务器等。

服务器是为网络提供共享资源的基本设备,在其上运行的网络操作系统,是网络控制的核心。服务器作为网络的节点,存储、处理网络上 80% 的数据、信息,因此也被称为网络的灵魂。服务器的高性能主要体现在高速度的运算能力、长时间的可靠运行、强大的外部数据吞吐能力等方面。

2)终端

终端(工作站)是以个人计算机和分布式网络计算为基础的计算机,主要面向专业应用领域,具备强大的数据运算与图形、图像处理能力,是为满足工程设计、动画制作、科学研究、软件开发、金融管理、信息服务、模拟仿真等专业领域而设计开发的高性能计算机。

终端是一种高档的微型计算机,通常配有高分辨率的大屏幕显示器及大容量的内存储器和外部存储器,并且具有较强的信息处理功能和高性能的图形、图像处理功能。

3)共享设备

连接在各种服务器上的各种设备都可以作为共享设备。如服务器上的硬盘、打印机、光驱、绘图仪等。另外还有一些专门设计的共享设备,如网络共享打印机,可以不经过主机而直接连到网络上,局域网中的计算机都可以使用这种网络共享打印机,就像使用本地打印机一样的方便。

2. 传输介质

网络传输介质是指在网络中传输信息的载体,常用的传输介质分为有线传输介质和无线传输介质两大类。

(1) 有线传输介质是指在两个通信设备之间实现的物理连接部分,它能将信号从一方传输到另一方。有线传输介质主要有双绞线、同轴电缆和光纤,参考 6.1.6 节。

(2) 无线传输介质是指在两个通信设备之间不使用任何人为的物理连接,而是通过利用电磁波等来传输信号的一种技术。在电磁波频谱中,目前可用于通信的有卫星通信、红外线、激光、微波等。

3. 网络连接设备

网络连接设备是用于网络互联的设备,主要有网络适配器、集线器、交换机、路由器、调制解调器等。

1)网络适配器

网络适配器(Adapter)是计算机与外界局域网连接的设备,它插在主机箱内的主板上

（或集成在主板上）。笔记本电脑一般集成有线网卡和 Wi-Fi 无线网卡，有时也使用 PCMCIA 接口的无线网卡或者 USB 接口的无线网卡或者无线上网卡。网络适配器又称为网络接口卡 NIC(Network Interface Card)，但是现在更多的人愿意简单地称其为"网卡"，如图 6-2 所示。

有线网卡　　USB接口无线网卡　　PCMCIA接口无线网卡　　无线上网卡

图 6-2　常见网卡

2）集线器

集线器的英文名称为"Hub"，如图 6-3 所示。"Hub"是"中心"的意思，集线器的主要功能是对接收到的信号进行再生整形放大，以扩大网络的传输距离，同时把所有节点集中在以它为中心的节点上。集线器所有端口共享同一出口带宽，如 100M 带宽出口，多台机器相互竞争这 100M 带宽。

图 6-3　集线器

3）交换机

交换机(Switch，意为"开关")是一种用于电信号转发的网络设备，如图 6-4 所示。它可以为接入交换机的任意两个网络节点提供独享的电信号通路。最常见的交换机是以太网交换机。其他常见的还有电话语音交换机、光纤交换机等。

图 6-4　交换机

交换机在同一时刻可进行多个端口对之间的数据传输。每一端口都可视为独立的网段，连接在其上的网络设备独自享有全部的带宽，无须同其他设备竞争使用。当节点 A 向节点 D 发送数据时，节点 B 可同时向节点 C 发送数据，而且这两个传输都享有网络的全部带宽，都有着自己的虚拟连接。假使这里使用的是 100Mb/s 的以太网交换机，那么该交换机这时的总流通量就等于 2×100Mb/s=200Mb/s，而使用 100Mb/s 的共享式 HUB 时，一个 HUB 的总流通量也不会超出 100Mb/s。

4）网桥

网桥（Bridge）如图6-5所示。它将两个相似的网络连接起来，并对网络数据的流通进行管理。它工作于数据链路层，不但能扩展网络的距离和范围，而且可提高网络的性能、可靠性和安全性。网桥可以是专门硬件设备，也可以由计算机加装的网桥软件来实现，这时计算机上会安装多个网络适配器。

5）路由器

路由器（Router）是连接因特网中各局域网、广域网的设备，它会根据信道的情况自动选择和设定路由，以最佳路径，按前后顺序发送信号，常见的路由器分为有线路由器和无线路由器，如图6-6和图6-7所示。路由器是互联网络的枢纽、"交通警察"。

图6-5 网桥

图6-6 有线路由器

所谓路由就是指通过相互连接的网络把信息从源地点移动到目标地点的活动。一般来说，在路由过程中，信息至少会经过一个或多个中间节点。通常，人们会把路由和交换进行对比，这主要是因为在普通用户看来两者所实现的功能是完全一样的。其实，路由和交换之间的主要区别就是交换发生在OSI参考模型的第二层（数据链路层），而路由发生在第三层，即网络层。这一区别决定了路由和交换在移动信息的过程中需要使用不同的控制信息，所以两者实现各自功能的方式是不同的。

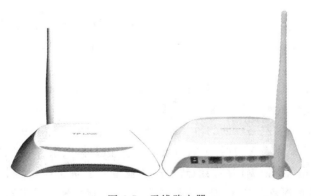

图6-7 无线路由器

6）调制解调器

调制解调器（Modem）是一种计算机硬件，它能把计算机的数字信号翻译成可沿普通电话线传送的脉冲信号,而这些脉冲信号又可被线路另一端的另一个调制解调器接收,并译成计算机可读懂的语言。这一个简单过程完成了两台计算机间的通信。

电子信号分两种,一种是"模拟信号",另一种是"数字信号"。电话线路传输的是模拟信号,而PC内处理的是数字信号。调制解调器的作用是:调制——把数字信号转换成电话线上传输的模拟信号;解调——把模拟信号转换成数字信号。

调制解调器主要有两种,分别是内置式和外置式,如图6-8所示。由于市场的需求,出现了调制解调器与无线路由的结合,像电信的 Wireless ADSL Router 设备(即常说的无线"猫"),如图6-9所示。

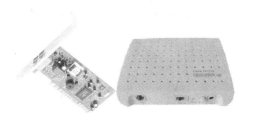

图 6-8　调制解调器　　　　　　　　　图 6-9　无线"猫"

4. 网络软件

网络软件是在计算机网络环境中,用于支持数据通信和各种网络活动的软件。连入计算机网络的系统,通常根据系统本身的特点、能力和服务对象,配置不同的网络应用系统。其目的是为了本机用户共享网络中其他系统的资源,或是为了把本机系统的功能和资源提供给网络中其他用户使用。

1) 各类网络软件

网络软件包括通信支撑平台软件、网络服务支撑平台软件、网络应用支撑平台软件、网络应用系统、网络管理系统以及用于特殊网络站点的软件等。如网络操作系统、TCP/IP协议、聊天软件等。

(1) 通信软件:用以监督和控制通信工作的软件。它除了作为计算机网络软件的基础组成部分外,还可用作计算机与自带终端或附属计算机之间实现通信的软件。

(2) 网络协议软件:网络软件的重要组成部分。按网络所采用的协议层次模型(如ISO建议的开放系统互连基本参考模型)组织而成。除物理层外,其余各层协议大都由软件实现。

(3) 网络应用系统:根据网络的组建目的和业务的发展情况,研制、开发或购置的应用软件。其任务是实现网络总体规划所规定的各项业务,提供网络服务和资源共享。

(4) 网络操作系统:是网络的心脏和灵魂,是向网络计算机提供服务的特殊操作系统。它在计算机操作系统下工作,使计算机操作系统增加了网络操作所需要的能力。网络操作系统运行在称为服务器的计算机上,并由联网的计算机用户共享,这类用户称为客户。

一个真正实用的、具有较大效益的计算机网络,除了配置上述各种软件外,通常还应在网络协议软件与网络应用系统之间,建立一个完善的网络应用支撑平台,为网络用户创造一个良好的运行环境和开发环境。

2) 网络软件的发展趋向

计算机网络软件受到重视的研究方向有:全网界面一致的网络操作系统,不同类型计算机网络的互连(包括广域网与广域网、广域网与局域网、局域网与局域网),网络协议标准化及其实现,协议工程(协议形式描述、一致性测试、自动生成等),网络应用体系结构和网络应用支撑技术研究等。

6.1.4 计算机网络的拓扑结构及分类

1. 计算机网络的分类

可以从不同的角度来对计算机网络进行分类,常见的分类包括按地理范围分类和按通信传播方式分类等。

1) 按地理范围分类

按照联网的计算机之间的距离和网络覆盖地域范围的不同,网络可分为以下三种。

(1) 局域网

局域网(Local Area Network,LAN)。局域网用于将有限范围内(如一个家庭、一个办公室、一个实验室、一幢建筑、一个单位)的各种计算机、终端与外部设备互连成网。其作用范围通常为几米到十几千米(如一个学校的多个校区互联),提供高数据传输率(10Mb/s~10Gb/s)、低误码率的高质量数据传输服务。通信线路一般采用双绞线或同轴电缆或光缆等。通常是为了使一个单位、企业、学校或一个相对独立的范围内大量存在的计算机相互通信,共享某些外部设备(如高容量硬盘、多功能打印、绘图仪等)、互相共享数据信息、共享互联网出口而建立的,如图 6-10 所示。

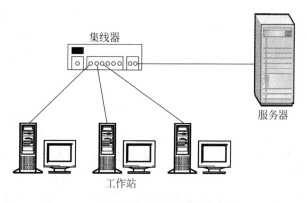

图 6-10 局域网互联

(2) 广域网

广域网(Wide Area Network,WAN)。广域网也称远程网,通常跨接很大的物理范围,所覆盖的范围从几十千米到几千千米,它能连接多个城市或国家,或横跨几个洲并能提供远距离通信,形成国际性的远程网络。广域网的通信子网主要使用分组交换技术。广域网的通信子网可以利用公用分组交换网、卫星通信网和无线分组交换网,它将分布在不同地区的局域网或计算机系统互连起来,达到资源共享的目的。

通常广域网的数据传输速率比局域网低,而信号的传播延迟却比局域网要大得多。广域网的典型速率是从56kb/s到155Mb/s,现在也已有622Mb/s,2.4Gb/s甚至更高速率的广域网;传播延迟可从几毫秒到几百毫秒(使用卫星信道时)。

大多数局域网在应用中并不是孤立的,除了与本部门的其他计算机系统互相通信外,还可以与广域网连接。网络互连形成了更大规模的互联网,可使不同网络上的用户能相互通信和交换信息,实现了局域网资源共享与广域网共享相结合,如图6-11所示。

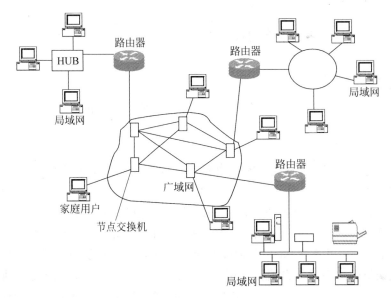

图6-11 互联网络

(3) 城域网

城域网(Metropolitan Area Network,MAN)。城域网是在一个城市范围内,以IP和ATM电信技术为基础,以光纤作为传输媒介,集数据、语音、视频服务于一体的高带宽、多功能、多业务接入的多媒体通信网络。它能够满足政府机构、金融保险、大中小学校、公司企业等单位对高速率、高质量数据通信业务日益旺盛的需求,特别是快速发展起来的互联网用户群对宽带高速上网的需求。

城域网是一种大型的LAN,连接距离可以在10~100km,作用范围介于局域网和广域网之间,可以覆盖一组邻近的公司或一个城市,如图6-12所示。城域网通常使用与LAN相似的技术,它采用的是IEEE 802.6标准中定义的城域网(MAN)数据链路层通信协议——分布式队列双总线DQDB(Distributed Queue Dual Bus)协议。

城域网具有传输速率高(数据传输速度可达到100M、1000M)、用户投入少且接入简单、技术先进安全等特点。

2) 按通信传播方式分类

(1) 广播式网络:是在网络中只有一个单一的通信信道,由这个网络中所有的主机所共享。在这种网络中,所有联网计算机都共享一条公共通信信道,当一台计算机发送报文分组时,所有其他计算机都会收到这个分组。由于分组中的地址字段指明本分组该由哪台计

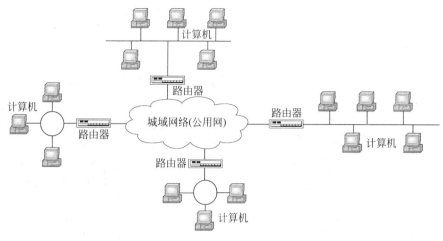

图 6-12 城域网互联

算机接收,因此一旦收到分组,各个计算机都要检查地址字段,如果是发给它自己的,即处理该分组,否则就丢弃。局域网大多数都是广播式网络。

(2) 点到点网络:是由一对对计算机之间的多条连接所构成。在这种网络中,每条物理线路连接一对计算机。为了能从源节点到达目的地节点,点到点网络上的分组必须通过一个或多个中间节点,由于线路结构的复杂性,从源节点到目的节点可能存在多条路径,因此选择合理的路径十分重要。广域网大多数都是点到点网络。

2. 网络拓扑结构

网络的拓扑结构是指构成网络的节点(如工作站)和连接各节点的传输线路组成的图形的共同特征。网络拓扑图给出了网络服务器、工作站的网络配置和相互间的连接方式,它的结构主要有星型结构、环型结构、总线型结构、树型结构、网状结构等几种。

1) 星型拓扑结构

星型结构是最古老的一种连接方式之一,大家每天都使用的电话就属于这种结构。星型结构是指各工作站以星型方式连接成网。网络有中央节点,其他节点(工作站、服务器)都与中央节点直接相连,这种结构以中央节点为中心,因此又称为集中式网络。

这种结构便于集中控制,因为节点之间的通信必须经过中心站。由于这一特点,也带来了易于维护和安全等优点。节点设备因为故障而停机时也不会影响其他节点间的通信。同时它的网络延迟时间较小,传输误差较低。

星型结构的缺点是网络性能依赖中央节点,一旦中央节点出现故障,整个系统便趋于瘫痪,因此要求中央节点必须具有极高的可靠性。星型结构如图 6-13 所示。

2) 环型网络拓扑结构

环型结构(图 6-14)在 LAN 中使用较多。这种结构中的传输媒体从一个节点到另一个节点,直到将所有的节点连成环型。数据在环路中沿着一个方向在各个节点间传输,信息从一个节点传到另一个节点。

环型结构的特点是:每个节点都与两个相邻的节点相连,因而存在着点到点链路,但总是以单向方式操作,于是便有上游节点和下游节点之称;信息流在网中是沿着固定方向流动的,两个节点仅有一条道路,简化了路径选择的控制;环路上各节点都是自举控制,故控

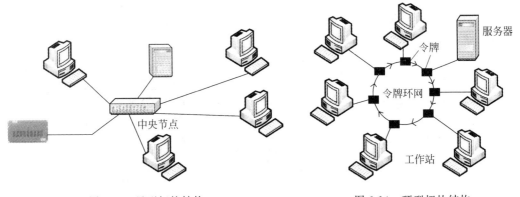

图 6-13　星型拓扑结构　　　　　　　　图 6-14　环型拓扑结构

制软件简单。

由于信息源在环路中是串行地穿过各个节点,当环中节点过多时,势必影响信息传输速率,使网络的响应时间延长;环路是封闭的,不便于扩充;一个节点故障,将会造成全网瘫痪,可靠性低;维护难,对分支节点故障定位较难。

令牌传输协议经常被用于环型拓扑结构网络中。

3）总线型拓扑结构

总线型拓扑结构是采用单根传输线作为传输介质,网络上的所有节点都通过相应的硬件接口直接连到一条主干线（即总线）上,如图 6-15 所示。节点之间按广播方式通信,一个节点发出的信息,总线上的其他节点均可"收听"到。

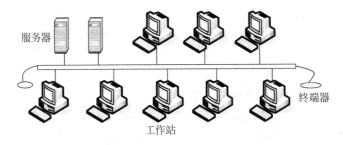

图 6-15　总线型拓扑结构

总线型拓扑结构的优点是结构简单,布线容易,连线长度短,可靠性较高,增加节点时便于扩充,是局域网常采用的拓扑结构。缺点是所有的数据都需经过总线传送,总线成为整个网络的瓶颈;出现故障诊断较为困难。

4）树型拓扑结构

树型结构是分级的集中控制式网络,节点按层次进行连接。在树型拓扑结构中,信息交换主要在上下节点之间进行,相邻节点之间数据交换量小。与星型相比,它的通信线路总长度短,成本较低,节点易于扩充,寻找路径比较方便。但除了叶节点及其相连的线路外,任一节点或其相连的线路故障都会使系统受到影响。树型结构如图 6-16 所示。

5）网状拓扑结构

网状拓扑结构的节点之间的连接是任意的,没有规律,网络中的每台设备之间均有点到点的链路连接,这种连接不经济,只有每个站点都要频繁发送信息时才使用这种方法。它的安装也复杂,但系统可靠性高,容错能力强。有时也称为分布式结构。主要用于地域范围大、入网主机多(机型多)的环境,常用于构造广域网络。网状拓扑结构如图6-17所示。

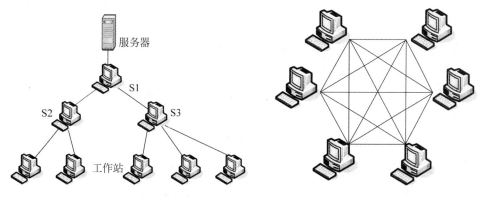

图6-16　树型拓扑结构　　　　　　图6-17　网状拓扑结构

6.1.5　计算机网络协议

计算机网络系统是一个十分复杂的系统,要使其能协同工作实现信息交换和资源共享,它们之间必须具有共同约定。如何表达信息、交流什么、怎样交流及何时交流,都必须遵循某种互相都能接受的规则。

1. 网络协议

网络协议是为了使网络设备之间能成功地收发信息,所制定的语言和规范,例如,互联网TCP/IP协议、访问网站的超文本传输HTTP协议、文件传输FTP协议、远程登录Telnet协议、简单电子邮件传输SMTP协议等。

网络协议通常是由语义、语法和变换规则三部分组成。语义规定了通信双方彼此之间准备"讲什么",即确定协议元素的类型;语法规定通信双方彼此之间"如何讲",即确定协议元素的格式;变换规则用来规定通信双方彼此之间的"应答关系",即确定通信过程中的状态变化,通常可用状态变化图来描述。

不同的计算机之间必须使用相同的网络协议才能进行通信。计算机网络协议有很多种,不同结构的网络使用不同的协议。常见的网络协议如表6-1所示。

表6-1　网络协议

网 络 结 构	通 信 协 议
以太网	CSMA/CD(载波侦听多路访问协议)
令牌环网	令牌环协议
ATM网	ATM协议
FDDI网	FDDI协议

2. OSI 协议模型

OSI(Open System Interconnect)开放式系统互联模型是国际标准化组织(ISO)为了解决网络标准化问题而推出的计算机互联的国际标准。其目的就是推荐所有公司使用这个规范来控制网络的互联。OSI 实际上并非是一个实用型的网络协议,仅仅是划分了网络层次的一种参考模型,为设计真正实用的网络协议提供了指导,简化了协议的设计,方便了网络的互联。提供各种网络服务功能的计算机网络系统是非常复杂的,根据分而治之的原则,OSI 将整个通信功能划分为 7 个层次,如图 6-18 所示。这里将从最下层开始,依次讨论 OSI 模型的各层。

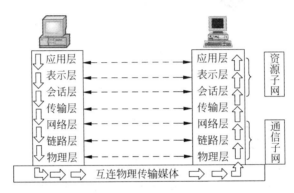

图 6-18　OSI 协议模型

(1) 物理层:即硬件接口,通过物理介质传送和接收原始的二进制位流。

(2) 数据链路层:提供相邻网络节点间的可靠通信。传输以帧为单位的数据包,向网络层提供正确无误的信息包的发送和接收服务。

(3) 网络层:负责提供连接和路由选择,包括处理输出报文分组的地址,解码输入报文分组的地址和维护路由信息,以及对网络变化做出适当的响应。

(4) 传输层:提供端到端的通信,它从会话层接收数据,进行适当处理之后传送到网络层。在网络另一端的传输层从网络层接收对方传来的数据,进行逆向处理后提交给会话层。

(5) 会话层:负责建立、管理、拆除进程之间的通信连接,"进程"是指电子邮件、文件传输等一次独立的程序执行。

(6) 表示层:负责处理不同的数据表示上的差异及其相互转换,如 ASCII 码与 Unicode 码之间的转换,不同格式文件夹的转换,不兼容终端的数据格式之间的转换以及数据加密、解密等。

(7) 应用层:是 OSI 的最高层,也是用户访问网络的接口层,是直接面向用户的。在 OSI 环境下,应用层为用户提供各种网络服务,例如电子邮件、文件传输、远程登录等。由于应用的内容完全取决于用户,因此 OSI 没有规定应用层的协议,由用户自己去开发,随着计算机网络应用的进一步发展,应用层所提供的服务会越来越多。

3. TCP/IP 协议

TCP/IP(Transmission Control Protocol/Internet Protocol),中文译名为传输控制协

议/因特网互联协议,又叫网络通信协议,这个协议是 Internet 最基本的协议,是 Internet 国际互联网络的基础,主要是由网络层的 IP 协议和传输层的 TCP 协议组成的。

传输控制协议 TCP 是一个面向连接的协议,提供用户之间可靠数据包投递服务。

网际协议 IP 详细规定了计算机在通信时应该遵循的全部规则,是 Internet 上使用的一个关键的底层协议,提供结点之间的分组投递服务。

TCP/IP 模型由网络接口层、网络层、传输层、应用层 4 层组成。在 TCP/IP 模型中,OSI 参考模型中的会话层和表示层的功能被合并到应用层实现,同时将 OSI 参考模型中的数据链路层和物理层合并为网络接口层。各层的主要功能如下。

1) 网络接口层

实际上 TCP/IP 模型没有真正描述这一层的实现,只是要求能够提供给其上层(网络层)一个访问接口,以便在其上传递 IP 分组。由于这一层次未被定义,所以其具体的实现方法将随着网络类型的不同而不同。

2) 网络层

网络层是整个 TCP/IP 协议的核心。它的功能是把分组发往目标网络或主机。同时,为了尽快地发送分组,对分组传递路径进行路由选择。网络层定义了分组格式和协议,即 IP 协议(Internet Protocol)。网络层还可以将不同类型的网络(异构网)互联起来。

3) 传输层

它提供了节点间的数据传送服务,如传输控制协议(TCP)、用户数据报协议(UDP)等,TCP 和 UDP 给数据包加入传输数据并把它传输到下一层中,这一层负责传送数据,并且确定数据已被送达并接收。

4) 应用层

位于 TCP/IP 协议的最高层,它提供应用程序间沟通,如简单电子邮件传输(SMTP)、文件传输协议(FTP)、网络远程访问协议(Telnet)等。

6.1.6 局域网技术

局域网是计算机网络的一种,它既具有一般计算机网络的特点,又有自己的特征。局域网是在一个较小的范围内利用通信线路将众多计算机及外设连接起来,达到数据通信和资源共享的目的。世界上局域网的数量越来越多,有 10 万个甚至更多个局域网每天都在运行,其数量远远超过广域网,局域网也是因特网的重要组成部分。许多用户的计算机都是通过局域网方式接入互联网的。局域网研究早在 20 世纪 70 年代就开始了,包括以太网(Ethernet)、令牌环网、令牌总线等多种类型。应用最为广泛的以太网,目前比较普及,如家庭中两台或多台计算机就可以组建局域网。

1. 局域网特点

局域网分布范围小,投资少,配置简单等,它具有如下特征。

(1) 传输速率高,一般为 1~100Mb/s,光纤高速网可达 1000Mb/s,甚至 10000Mb/s。

(2) 支持传输介质种类多,如双绞线、同轴电缆、光缆、无线电磁波。

(3) 通信处理一般由网卡完成,由于传输的都是数字信号,所以不需要像调制解调器等这样的设备。

（4）传输质量好,误码率低,这是因为传输距离短信号衰减少,所以局域网与广域网比传输质量好,误码率低。

（5）有规则的拓扑结构,局域网不像广域网拓扑结构那样复杂。

2. 传输介质

1) 有线介质

（1）双绞线

双绞线（又称双扭线）是最普通的传输介质,它由两根绝缘的金属导线扭在一起而成,通常还把若干对双绞线对（两对或4对）捆成一条电缆并以坚韧的护套包裹着,每对双绞线合并作一根通信线使用,以减小各对导线之间的电磁干扰,如图6-19所示。

（2）同轴电缆

同轴电缆（图6-20）是网络中最常用的传输介质,共有4层,最内层是中心导体,从里往外,依次分为绝缘层、导体网和保护套。

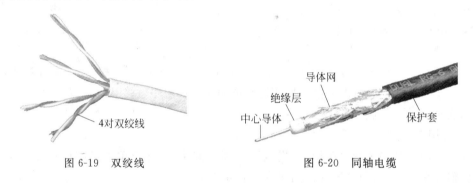

图 6-19　双绞线　　　　　图 6-20　同轴电缆

（3）光缆

光缆又称光纤。随着对数据传输速度的要求不断提高,光缆的使用日益普遍。对于计算机网络来说,光缆具有无可比拟的优势。

光缆由纤芯、包层和护套层组成。其中纤芯由玻璃或塑料制成,包层由玻璃制成,护套由塑料制成,如图6-21所示。

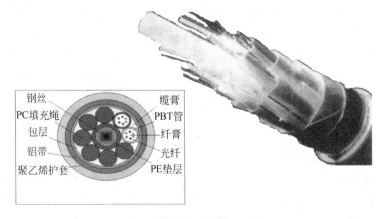

图 6-21　光缆

光纤通信具有许多优点,首先是传输速率高,目前实际可达到的传输速率为几十至几千Mb/s;其次是抗电磁干扰能力强、重量轻、体积小、韧性好、安全保密性高等。目前,多用于作为计算机网络的主干线。光纤的最大问题是与其他传输介质相比,价格昂贵。另外,光纤衔接和光纤分支均较困难,而且在分支时,信号能量损失很大。

2) 无线介质

无线局域网使用的电磁波工作于 2.5GHz 或 5GHz 频段,以无线方式构成局域网。无线局域网络(Wireless Local Area Networks;WLAN)是相当便利的数据传输系统,它利用射频(Radio Frequency,RF)技术取代旧式碍手碍脚的双绞铜线(Coaxial)所构成的局域网络,使得无线局域网络能利用简单的存取架构让用户透过它,达到"信息随身化、便利走天下"的理想境界。

现在的笔记本一般都带有无线网卡,可以通过无线方式连接上局域网来实现上网,如无线校园网。当然台式电脑也可以接上 USB 无线网卡实现无线网络连接。目前许多智能手机也集成了无线网卡,可以通过无线局域网方式来连接互联网,这样手机上网就比较经济了,特别是带有无线路由器的家庭,智能手机上网相当于免费了。

3. 局域网架构

1) 专用服务器结构

专用服务器结构(Server-Base)又称为"工作站/文件服务器"结构,由若干台微机工作站与一台或多台文件服务器通过通信线路连接起来组成,工作站可以存取服务器上的文件,共享存储设备。

文件服务器以共享磁盘文件为主要目的,它可以满足一般的数据传递。但是在数据库系统和其他复杂应用系统(被不断增加的用户使用的系统)到来的时候,服务器已经不能承担这样的任务了,因为随着用户的增多,为每个用户服务的程序也增多,每个程序都是独立运行的大文件,占用较多内存空间和系统资源,这时服务器对用户提供的服务给用户感觉极慢,因此产生了客户机/服务器模式。

2) 客户机/服务器模式

在客户机/服务器模式(Client/Server)下,其中一台或几台较大的计算机集中进行共享数据库的管理和存取,称为服务器,而将其他应用处理工作分散到网络中其他微机上去做,构成分布式的处理系统。服务器控制管理数据的能力已由文件管理方式上升为数据库管理方式。因此,C/S 的服务器也称为数据库服务器,注重于数据定义及存取安全、备份及还原,并发控制及事务管理,执行诸如选择检索和索引排序等数据库管理功能。它有足够的能力做到,把通过其处理后的数据(用户所需的那一部分)而不是整个文件通过网络传送到客户机去,从而减轻了网络的传输负荷。C/S 结构是数据库技术的发展和普遍应用与局域网技术发展相结合的结果。

3) 对等式网络

对等网模式(Peer-to-Peer)在拓扑结构上与专用 Server 的 C/S 不同,在对等式网络结构中,没有专用服务器。在这种网络模式中,每一个工作站既可以起客户机作用也可以起服务器作用。有许多网络操作系统可应用于点对点网络,如微软公司的 Windows XP 和 Novell Lite 等。

对等网也常常被称做工作组。对等网络一般常采用星型网络拓扑结构,最简单的对等网络就是使用双绞线直接相连的两台计算机,计算机的数量通常不会超过 10 台,网络结构相对比较简单。

点对点对等式网络有许多优点,如它比上面所介绍的 C/S 网络模式造价低,它们允许数据库和处理机能分布在一个很大的范围里,还允许动态地安排计算机需求。当然它的缺点也是非常明显的,那就是提供较少的服务功能,并且难以确定文件的位置,使得整个网络难以管理。

6.2 Windows 系统的网络功能

每次启动 Windows 系统时,系统会要求用户登录后才能使用该计算机中的资源。如果使用网络用户名和密码登录,则不仅可以使用该计算机中的资源,而且能够登录网络中任意一台联网的计算机,访问这台计算机上的共享信息。Windows XP 可以使用户使用网络资源以及其他网络用户共享资源就像使用本地资源一样的方便。

6.2.1 网络登录设计

1. 相关概念

在介绍 Windows 具体的登录过程前,先了解以下几个相关的概念。

1) 计算机名称

在局域网中,每一台计算机都应有唯一的名称,计算机名称用于识别网络上的计算机。如果两台计算机具有相同名称,则会导致计算机通信发生冲突。可以利用计算机的名称通过网络来访问该计算机中的共享资源。

可以通过右击"我的电脑"图标,在弹出的快捷菜单中选择"属性"来打开"系统属性"对话框,再选择"计算机名"标签,从中可查看到当前计算机的名称。如图 6-22 所示。也可以选择"更改(C)…"命令按钮来重新命名当前计算机或加入域,如图 6-23 所示。

2) 域和工作组

在局域网中,用来管理网络中的每一台计算机、每一个用户信息和各种共享资源的计算机称为"域服务器",由域服务器负责管理的网络称为"域"。在登录网络时,必须指明登录到哪个域,以便由指定域的域服务器对提供的用户名和密码进行验证。

对于简单的网络环境,可能没有提供专门的域服务器进行网络管理。用户可以通过工作组形式访问网络资源。工作组就是将不同的计算机按功能分别列入不同的组中,以方便管理,例如图 6-23 中的工作组名为"HSXY"。工作组的计算机之间直接进行通信,而不需要服务器来管理网络资源。工作组中的计算机都是平等的,相互之间共享资源。

通过工作组访问网络资源时,由于没有专门的计算机统一管理用户的登录权限信息,因此需要在工作组中的每一台计算机上创建允许访问该计算机的用户名和密码。只需登录到本地计算机上,当需要访问网络资源时,通过"网上邻居"访问具体的计算机,被访问的计算

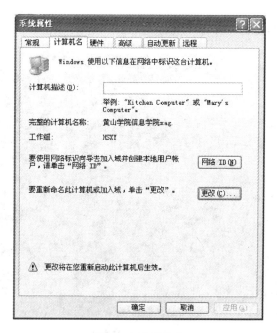

图 6-22 计算机名

机将会提示输入用户名和密码,此时,需要提供在被访问计算机上已创建的用户名和密码就可登录该计算机,如图 6-24 所示。

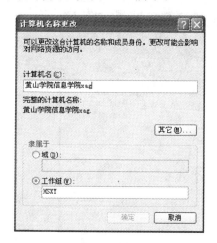

图 6-23 计算机名和工作组的设置

图 6-24 网络登录界面

3) 用户账户

在访问网络中的其他计算机时必须提供用户名(用户账户)和密码。用户账户定义了用户可以在 Windows 中执行的操作。在独立计算机或作为工作组成员的计算机上,用户账户建立了分配给每个用户的特权。用户账户记录了用户名和用户登录所需要的密码,以及用户使用计算机能够登录到网络并访问域资源的权利和权限。

在 Windows XP 中可以在"控制面板"中打开"用户账户"来管理用户账户,如图 6-25 所示。在其中可以更改账户、创建一个新账户、更改用户登录或注销的方式等。

图 6-25 用户管理界面

也可以右击"我的电脑"图标,选择"管理(G)"来打开"计算机管理"窗口,再选择"本地用户和组"来管理用户账户信息,如新建用户、设置密码等操作,如图 6-26 所示。

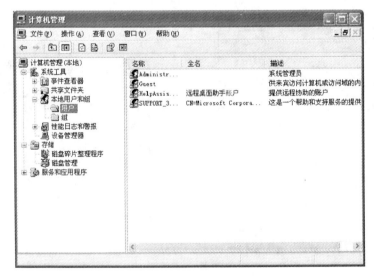

图 6-26 "计算机管理"界面

2. 网络登录

在 Windows 2000 中登录 Windows 时,可以指定登录到哪个域,而 Windows XP 则不能在登录窗口中选择登录域选项。默认的 Windows XP 系统不是根据提供的用户名和口令来赋予登录权限的,而是要取决于系统的设置。Windows XP 的网络登录有"典型"和"仅来宾"两种模式,各自的含义如下。

如果将 Windows XP 登录模式设置为"典型",则登录过程中使用客户提供的用户名进行登录,登录成功后具有这个用户的相应权限。若该用户是超级用户,那么所取得的权限就是超级用户权限。如果将 Windows XP 登录模式设置为"仅来宾",则登录过程中不论是用什么用户登录,只要登录成功,就自动映射到"来宾"账户,也就是只具有 Guest 用户的权限。即无论该用户具有什么用户权限,即使是超级用户,在这种登录模式下建立连接后得到的只能是 Guest 权限。Windows XP 系统默认登录模式是"仅来宾",如图 6-27 所示。

图 6-27 Windows 网络登录说明

也可以用 Telnet 或"终端服务"之类的服务来远程执行交互式登录。

6.2.2 资源共享及网络资源的访问

1. 设置资源共享

如果想把当前计算机上的内容以网络资源的形式提供给网络中其他用户使用,需要通过共享文件夹的方式来实现。

右击需要共享的文件夹,选择"属性",在打开的"属性"对话框中选择"共享"标签,再选中"网络共享和安全"中的"在网络系统上共享这个文件夹(S)",可以设置一个新的共享名称(不同于原文件夹名称），也可以选中"允许网络用户更改我的文件(W)"来允许别人对我的文件进行修改，最后单击"确定"按钮即可，如图 6-28 所示。设置了共享属性的文件夹图标为 . 。

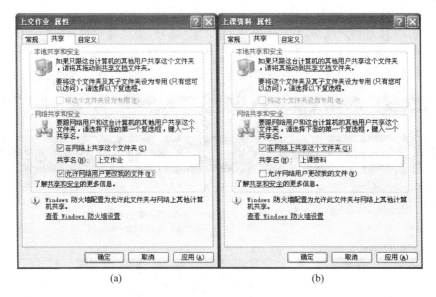

图 6-28 文件夹共享

取消某个文件夹的共享属性的操作为在图 6-28 中将"在网络系统上共享这个文件夹(S)"前面的钩去掉即可。则该文件夹的图标又恢复为普通的文件夹图标 . 。

2. 网络资源的访问

"网上邻居"是进入所有可用网络资源的一种快捷途径，就像通过"我的电脑"来获得本地计算机系统中的所有资源一样。打开桌面上的"网上邻居"窗口，选择"网络任务"中的"查看工作组计算机"，打开工作组窗口如图 6-29 所示，其中显示出当前已经启动的计算机。

图 6-29 工作组 Hsxy 中的计算机

双击其中一个计算机图标,可查看该计算机上的共享文件和打印机信息,如图 6-30 所示"Teacher"计算机中共享的内容。

图 6-30　计算机 Teacher 中共享的内容

双击其中的图标,就可以访问该计算机上的共享文件了,如图 6-31 所示"上课资料"文件夹窗口。

图 6-31　共享文件夹"上课资料"中的内容

6.2.3　网络驱动器的应用

如果需要经常访问网络上某台计算机提供共享的网络资源,可以将要访问的网络上其他计算机的共享文件夹"映射"为网络驱动器,这样,就可以像使用本地磁盘一样地方便。

"映射"网络驱动器具有以下优点。

(1) 能够通过"我的电脑"和资源管理器访问映射的网络驱动器。

(2) 启动系统时,Windows 可自动重新连接到映射的网络驱动器。

(3) 查找文件时,映射的网络驱动器也成为"我的电脑"的一部分。

"映射"网络驱动器的具体步骤如下。

步骤1：找到网络上其他计算机共享的文件夹（如\\Teacher\上课资料），右击此文件夹，选择"映射网络驱动器(M)…"项，打开映射网络驱动器对话框。

步骤2：在"驱动器"下拉列表中指定具体映射到哪个驱动器，例如S盘。

步骤3：选中"登录时重新连接(R)"，指定每次启动Windows时都连接到该网络资源。如图6-32所示，单击"完成"即可。在"我的电脑"窗口中可以看到刚刚映射的网络驱动器，如图6-33所示。

图6-32　映射网络驱动器

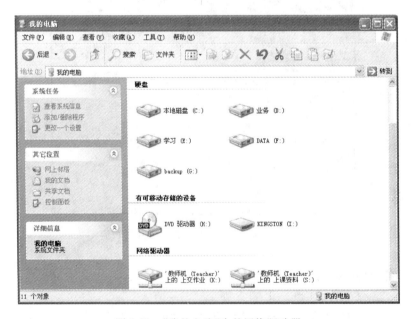

图6-33　"我的电脑"中的网络驱动器

6.2.4　案例分析

【例6-1】　计算机机房由一台教师机和50台学生机组成。教师机上有许多资料文件，可供上机的同学下载。如何将这些资源非常方便地共享给所有同学们呢？学生完成的作业又如何上交给教师检查呢?

分析:由于是在一个机房中,可以将所有的学生机和教师机都加入同一个组,例如 HSXY。教师机命名为 Teacher,学生机命名为 St01~St50。将教师机要共享的资料文件夹取名为"上课资料",学生要上交的作业文件夹取名为"上交作业"。

操作步骤如下。

步骤 1:将教师机命名为 Teacher,工作组设为 HSXY。

步骤 2:将所有的学生机按顺序命名为 St01~St50,工作组设为 HSXY。

在教师机的 D 盘上新建一个文件夹为"上课资料"。并将所有需要共享给学生的资料文件复制到其中。再新建一个文件夹为"上交作业"。

步骤 3:设置"上课资料"文件夹为共享文件夹,"允许网络用户更改我的文件(W)"这项不要选中,因为这些资料不允许学生修改。

步骤 4:设置"上交作业"文件夹为共享文件夹,要选中"允许网络用户更改我的文件(W)"这项,因为学生上交作业必须对此文件夹有写权限(可参见前面的图 6-28)。

步骤 5:对所有学生机,在"网上邻居"中找到 Teacher 计算机,将其中的"上课资料"映射为 S 盘,将"上交作业"映射为 K 盘。

至此所有设置完成,对教师来说只要将自己的要共享给学生的资料放到教师机的"上课资料"文件夹中,学生便可以在学生机"我的电脑"中的 S 盘中看到教师共享的资料。对学生来说,做好的作业将它复制到学生机"我的电脑"中的 K 盘,教师在教师机的"上交作业"文件夹中就可以看到学生上交的作业。

注意:由于现在的系统都比较注重网络安全,所以系统都会安装防火墙,要想实现上述案例,前提是要关闭系统中的防火墙,否则本机防火墙会挡住其他计算机来访问本机共享的资源。

6.3 Internet 及应用

Internet 是全球最大的由众多网络互联而成的开放计算机网络。Internet 可以连接各种各样的计算机系统和计算机网络,不论是微机还是大、中型计算机,甚至是手机,不论是局域网还是广域网,不管它们在世界上什么地方,只要共同遵循 TCP/IP 协议,就可以接入 Internet。Internet 提供了包罗万象、瞬息万变的信息资源,Internet 成为获取信息的一种方便、快捷、有效的手段,成为信息社会的重要支柱。

6.3.1 Internet 概述

1. 什么是 Internet?

Internet 是世界上最大的互联网络,通过分层结构实现。它包括物理网、协议、应用软件和信息 4 大部分。

物理网是 Internet 的基础,它包括了大大小小不同拓扑结构的局域网、城域网和广域网。通过成千上万个路由器或网关与各种通信线路进行连接。

Internet 上使用 TCP/IP 协议组,负责网上信息的传输和将传输的信息转换成用户能够识别的信息。Internet 正是依靠 TCP/IP 协议才能实现各种网络互联。

实际应用中,用户是通过一个个具体的应用软件与因特网打交道的。每一个应用软件的使用代表着要获取因特网提供的某种网络服务。

没有信息,网络就没有任何价值。信息在网络世界中好比货物在交通网络中一样,修建公路(物理网)、制定交通规则(协议)和使用各式各样的交通工具(应用软件)的目的是为了运送货物(信息)。

2. Internet 的功能

Internet 上的资源分为信息资源和服务资源两类。Internet 的主要功能可分为 5 个方面:网上信息查询、网上交流、电子邮件、文件传输和远程登录。

网上信息查询和网上交流包括了万维网 WWW、专题讨论、菜单式信息查询服务、广域网信息服务系统、网络新闻组和电子公告栏等。

电子邮件通过网络技术收发以电子文件格式编写的邮件。

文件传输通过 FTP 程序,用户可以将 Internet 上一台计算机内的文件复制到网上另一台计算机上。

远程登录通过 Telnet 或其他程序登录到 Internet 的一台主机上,使用户的计算机成为该台主机的远程终端,这样用户就可以使用主机上的资源。

3. Internet 的工作方式

Internet 采用客户机/服务器方式访问资源。当用户连接 Internet 后,首先启动客户机软件,例如 Internet Explorer,生成一个请求通过网络将请求发送到服务器,然后等待应答。服务器由一些更为复杂的软件组成,它在接收到客户端发来的请求后分析请求并给予回答,应答信息也通过网络返回到客户端。客户端软件收到服务器发送的信息后将结果显示给用户。与客户端不同,服务器程序必须一直运行着,随时准备好接收请求,客户机可以任何时候访问服务器。

4. Internet 起源及现状

Internet 起源于美国国防部高级计划研究局的 ARPANET。从 20 世纪 60 年代起,由 ARPA 提供经费,联合计算机公司和大学共同研制而发展起来了 ARPANET 网络。最初,ARPANET 主要是用于军事研究目的,其指导思想是:网络必须经受得住故障的考验而维持正常的工作,一旦发生战争,当网络的某一部分因遭受攻击而失去工作能力时,网络的其他部分应能维持正常的通信工作。ARPANET 在技术上的另一个重大贡献是 TCP/IP 协议组的开发和利用。作为 Internet 的早期骨干网,ARPANET 的成功奠定了 Internet 存在和发展的基础,较好地解决了异种机网络互联的一系列理论和技术问题。

1983 年,ARPANET 分裂为两部分,ARPANET 和纯军事用的 MILNET。同时,局域网和广域网的产生和蓬勃发展对 Internet 的进一步发展起了重要的作用。其中最引人注目的是美国国家科学基金会 ASF 建立的 NSFnet。NSF 在全美国建立了按地区划分的计算机广域网并将这些地区网络和超级计算机中心互联起来。NSFnet 于 1990 年 6 月彻底取代了 ARPANET 而成为 Internet 的主干网。

NSFnet 对 Internet 的最大贡献是使 Internet 向全社会开放,而不像以前的那样仅供计算机研究人员和政府机构使用。1990 年 9 月,由 Merit,IBM 和 MCI 公司联合建立了一个非营利的组织——先进网络科学公司(ANS)。ANS 的目的是建立一个全美范围的 T3 级主干网,它能以 45Mb/s 的速率传送数据。到 1991 年底,NSFnet 的全部主干网都与 ANS 提供的 T3 级主干网相联通。

Internet 的第二次飞跃归功于 Internet 的商业化,商业机构一踏入 Internet 这一陌生世界,很快发现了它在通信、资料检索、客户服务等方面的巨大潜力。于是世界各地的无数企业纷纷涌入 Internet,带来了 Internet 发展史上的一个新的飞跃,很快便达到了现今的规模。

5. Internet 在中国

1987 年 9 月 14 日,北京计算机应用技术研究所发出了中国第一封电子邮件"Across the Great Wall we can reach every corner in the world."(越过长城,走向世界),揭开了中国人使用互联网的序幕。

1988 年,中国科学院高能物理研究所采用 X.25 协议使该单位的 DECnet 成为西欧中心 DECnet 的延伸,实现了计算机国际远程连网以及与欧洲和北美地区的电子邮件通信。

1994 年 3 月中国作为第 71 国家级网正式加入 Internet,并建立了中国顶级域名服务器,实现了网上的全部功能。

目前我国的 Internet 使用已经非常普及,形成了非常大的用户群。截至 2013 年 1 月 1 日,中国网民规模已达 5.64 亿人,居世界第一位。我国网民规模、宽带网民数、国家顶级域名注册量(1341 万)三项指标也居世界第一,互联网普及率稳步提升,达 42.1%。使用手机上网的用户达 4.20 亿人。

目前国内具有国际出口权限的有 10 大运营商,他们在中国 Internet 的不同时期、不同领域中分别扮演主要角色,为我国经济、文化、教育和科学的发展起着决定性作用。同时也代表中国通过 Internet 上的信息服务向全世界展示,中国在互联网时代前进非常迅速。

1) 中国互联网传统意义上的 4 大骨干网

(1) 中国公用计算机互联网

中国公用计算机互联网(CHINANET)(简称"中国互联网")是 1995 年中国原邮电部投资建设的国家级网络,于 1996 年 6 月在全国正式开通,是国际计算机互联网(Internet)的一部分,是中国的 Internet 骨干网。

(2) 中国科技网

中国科学技术计算机网(CSTNET)是在中关村地区教育与科研示范网 NCFC 和中国科学院计算机网络 CASNET 的基础上建设和发展起来的覆盖我国大范围的大型计算机网络,是我国最早建设并获国家正式承认的具有国际出口权限的互联网之一。

(3) 中国教育与科研计算机网络

中国教育和科研计算机网(CERNET)是由国家投资建设,教育部负责管理,清华大学等高等学校承担建设和管理运行的全国性学术计算机互联网络。它主要面向教育和科研单位,是全国最大的公益性互联网络。1996 年被国务院确认为全国 4 大骨干网之一。

（4）国家公用经济信息通信网

国家公用经济信息通信网(GBNET)又称金桥网,是在 1993 年 3 月 12 日国务院会议提出并部署建设的我国重要的信息化基础设施和跨世纪的重大工程之一。1996 年 8 月,金桥工程被正式批准为国家 107 个重点工程之一。

2) 中国互联网现今的骨干网

随着我国经济和通信技术的发展致使网络的增加迅速,原有的 4 大骨干网并不能满足社会对网络的需要,因此,在原有的 4 大骨干网的基础上增加了不少新的骨干网。如:中国移动互联网(CMNET)、中国网通宽带(CNCNET)、中国联通互联网(UNINET)、中国铁通互联网(CRNET)、中国国际经贸网(CIETNET)、中国长城互联网(CGWNET)等。

6.3.2 Internet 接入方式

Internet 接入是指用户采用什么设备、采用什么通信网络或者线路接入 Internet。下面介绍几种常用的接入方式。

1. 使用调制解调器入网

这是以前家庭用户上网常用的接入方式,就是通过使用调制解调器(Modem)经过电话线与 Internet 服务提供商(ISP)相连接,如图 6-34 所示。Modem 将计算机输出的数字信息转换为模拟信号,然后通过电话线发送给 ISP。ISP 的 Modem 将接收的模拟信号又还原为数字信号,发送给路由器传输到 Internet 上。由于最高速度只有 56Kb/s 等原因,这种方式已经被现在的宽带接入方式取代。

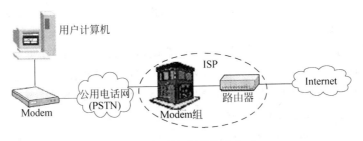

图 6-34 调制解调器接入方式

2. 通过 ISDN、ADSL 专线入网

ISDN(Integrated Services Digital Network,综合业务数字网)是通过对电话网进行数字化改造,可将电话、传真、数字通信等业务全部通过数字化的方式传输的网络。ISDN 具有连接速率较高、通信费用低、同时支持多种业务等优点,国外采用这种方式接入 Internet 非常广泛。速率可达 128Kb/s,由于新的技术出现,这种低速接入已被取代。

ADSL(Asymmetric Digital Subscriber Line,非对称数字用户环路)是一种新的数据传输方式。它因为上行和下行带宽不对称,因此称为非对称数字用户线环路。它采用频分复用技术把普通的电话线分成了电话、上行和下行三个相对独立的信道,从而避免了相互之间的干扰。即使边打电话边上网,也不会发生上网速率和通话质量下降的情况。通常 ADSL

在不影响正常电话通信的情况下可以提供最高 3.5Mb/s 的上行速度和最高 24Mb/s 的下行速度。这是目前比较常用的 Internet 接入方式。

3. 以局域网方式入网

这种方式是用路由器将本地计算机局域网作为一个网连接到 Internet 上,使得局域网中的所有计算机都能够访问 Internet。这种连接方式的本地传输速率可达 100～1000Mb/s,但访问 Internet 的速率要受到局域网出口(路由器)的速率和同时访问 Internet 的用户数量的影响。这种方式仍需为本地的每一台计算机都分配一个局域网内部 IP 地址,地址形式一般为 192.168.*.* 或 10.0.*.*。局域网中所有的计算机都通过路由器来访问网络。

这种入网方式需要使用性能非常好的路由器,它适用于用户数较多并且较为集中的情况,如大型企业、高等院校等。

4. 以 DDN、帧中继 FR 专线方式入网

许多种类的公共通信线路如 DDN、帧中继(FR)也支持 Internet 的接入,这些接入方式比较复杂、成本较昂贵,适合公司、机构单位使用。使用这些接入方式时,需要在用户及 ISP 两端各加装支持 TCP/IP 协议的路由器,为局域网上的每一台计算机申请一个静态 IP 地址,并向电信部门申请相应的数字专线,由用户独自使用。专线方式连接的最大优点是访问速率高、可靠性高。

5. 以无线方式入网

无线接入方式是使用无线电波将移动端系统(笔记本电脑、PDA、手机等)和 ISP 的基站连接起来,基站又通过有线方式连入 Internet,如图 6-35 所示。目前无线接入方式较多,如通过无线网卡连接上无线路由器接入网络(无线校园网),笔记本电脑上插上无线上网卡(含手机卡)接入、CDMA 无线接入、GPRS 接入、Bluetooth 接入。

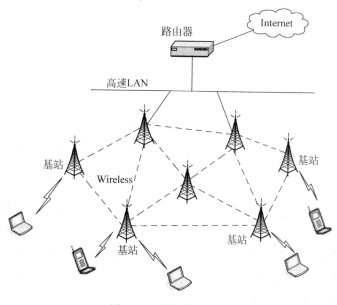

图 6-35 无线接入方式

6.3.3 Internet 上的网络地址

为了实现 Internet 上计算机之间的通信,每台计算机都必须有一个地址,就像每部电话要有一个电话号码一样,每个地址都必须是唯一的。在 Internet 中有两种主要的地址识别系统,即 IP 地址和域名系统。

1. IP 地址

在计算机技术中,地址是一种标识符,用于标示某个设备在网络中的物理位置。在网络中有两种地址:物理地址和网间地址。物理地址就是网卡地址,称为 MAC(Media Access Control)地址,网卡地址随着网络类型的不同而不同,不是统一的格式。为了保证不同的物理网络之间能互相通信,需要对地址进行统一,但这种统一不能改变原来的物理地址。网络技术就是将不同的物理地址统一起来的高层软件技术,它提供一个网间地址,使同一系统内一个地址只能对应一台主机(但是,一台主机不一定对应一个地址,可以设置多个地址)。

IP 地址是 IP 协议提供的一种统一格式的地址,它为 Internet 上的每一个网络和每一台主机分配一个网络地址,以此来屏蔽物理地址的差异。每一个 IP 地址在 Internet 上是唯一的,是运行 TCP/IP 协议的唯一标识。

1) IP 地址的组成

IP 地址采用分层结构,由网络地址和主机地址组成,用来标识特定主机的位置信息,如图 6-36 所示。

其中,网络地址代表在 Internet 中的一个物理网络,主机地址代表在这个网络中的一台主机。

网络地址	主机地址

图 6-36 IP 地址的组成

按照 TCP/IP 协议规定,IP 地址用二进制来表示,每个 IP 地址长度为 32 比特位,即用 4 个字节表示。为了方便人们的理解和记忆,IP 地址经常被写成十进制的形式,中间使用符号"."分开不同的字节,每个字节的表示范围是 0~255。例如一个 IP 地址"00001010000000000000000000000001"可以表示为"10.0.0.1"。IP 地址的这种表示法叫做"点分十进制表示法"。

2) IP 地址的类型

IP 地址根据网络规模的大小不同分为 5 种类型,即 A 类地址、B 类地址、C 类地址、D 类地址和 E 类地址,如图 6-37 所示。

一个 A 类 IP 地址由 1 字节的网络地址和 3 字节主机地址组成,网络地址的最高位必须是"0",地址范围为 1.0.0.1~126.255.255.254。可用的 A 类网络有 126 个,每个网络能容纳 1 677 214 台主机。

一个 B 类 IP 地址由两个字节的网络地址和两个字节的主机地址组成,网络地址的最高位必须是"10",地址范围为 128.1.0.1~191.255.255.254。可用的 B 类网络有 16 384 个,每个网络能容纳 65 534 台主机。

一个 C 类 IP 地址由 3 字节的网络地址和 1 字节的主机地址组成,网络地址的最高位必须是"110"。地址范围为 192.0.1.1~223.255.255.254。C 类网络可达 2 097 152 个,每个网络能容纳 254 台主机。

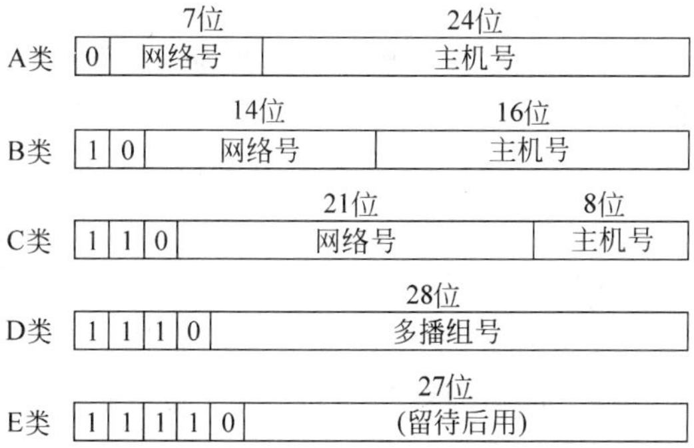

```
            7位              24位
A类 | 0 | 网络号  |     主机号     |

            14位             16位
B类 | 1 | 0 | 网络号 |    主机号   |

              21位            8位
C类 | 1 | 1 | 0 | 网络号  |  主机号  |

                28位
D类 | 1 | 1 | 1 | 0 |    多播组号    |

                27位
E类 | 1 | 1 | 1 | 1 | 0 |  (留待后用)  |
```

图 6-37　IP 地址的类型

D类 IP 地址第一个字节以"1110"开始,它是一个专门保留的地址。它并不指向特定的网络,目前这一类地址被用在多点广播(Multicast)中。多点广播地址用来一次寻址一组计算机,它标识共享同一协议的一组计算机。地址范围为 224.0.0.1～239.255.255.254。

E类 IP 地址第一个字节以"1111"开始,为将来使用保留。E类地址保留,仅作实验和开发用。

全零(0.0.0.0)地址指任意网络。全"1"的 IP 地址(255.255.255.255)是当前子网的广播地址。

3) 子网掩码

子网掩码又叫网络掩码、地址掩码、子网络遮罩,它是一种用来指明一个 IP 地址的哪些位标识的是主机所在的子网以及哪些位标识的是主机地址的掩码,即是将某个 IP 地址划分成网络地址和主机地址两部分。子网掩码不能单独存在,它必须结合 IP 地址一起使用。

子网掩码的设定必须遵循一定的规则。与 IP 地址相同,子网掩码的长度也是 32 位,左边是网络位,用二进制数字"1"表示;右边是主机位,用二进制数字"0"表示。只有通过子网掩码,才能表明一台主机所在的子网与其他子网的关系,使网络正常工作。

子网掩码的术语是扩展的网络前缀码而不是一个地址码,是用来确定一个网络层地址哪一部分是网络号,哪一部分是主机号,掩码为 1 的部分代表网络号,掩码为 0 的部分代表主机号。子网掩码的作用就是获取主机 IP 的网络地址信息,用于区别主机通信不同情况,由此选择不同路由。IP 地址中 A 类地址的默认子网掩码为 255.0.0.0;B 类地址的默认子网掩码为 255.255.0.0;C 类地址的默认子网掩码为 255.255.255.0。

4) IPv4 和 IPv6

现有的互联网是在 IPv4 协议(Internet Protocol Version 4)的基础上运行的。IPv4 采用 32 位地址长度,只有大约 43 亿个地址,因存在大量浪费,目前已基本分配完毕,特别是人口众多的亚洲国家分得的 IP 地址只有四亿多,严重不足。中国截至 2013 年 1 月 IPv4 地址数量达到 3.31 亿,落后于 5.64 亿网民的需求。地址不足,严重地制约了我国及其他国家互联网的应用和发展。随着互联网的迅速发展,IPv4 定义的有限地址空间将被耗尽,而地址空间的不足必将妨碍互联网的进一步发展。鉴于此,新一版本的互联网协议 IPv6 (Internet Protocol Version 6)被提出。

与 IPv4 相比,IPv6 有以下明显的优势。

(1) 扩大了地址空间。IPv4 中规定 IP 地址长度为 32,即有 $2^{32}-1$ 个地址;而 IPv6 中 IP 地址的长度为 128,即有 $2^{128}-1$ 个地址。

(2) 使用更小的路由表。IPv6 的地址分配一开始就遵循聚类(Aggregation)的原则,这使得路由器能在路由表中用一条记录(Entry)表示一片子网,大大减小了路由器中路由表的长度,提高了路由器转发数据包的速度。

(3) 增加增强了组播(Multicast)支持以及对流的支持(Flow Control),这使得网络上的多媒体应用有了长足发展的机会,为服务质量(QoS,Quality of Service)控制提供了良好的网络平台。

(4) 加入了对自动配置(Auto Configuration)的支持。这是对 DHCP 协议的改进和扩展,使得网络(尤其是局域网)的管理更加方便和快捷。

(5) 具有更高的安全性。在使用 IPv6 网络中用户可以对网络层的数据进行加密并对 IP 报文进行校验,极大地增强了网络的安全性。

随着互联网的飞速发展和互联网用户对服务水平要求的不断提高,IPv6 在全球将会越来越受到重视。目前中国在 IPv6 的发展上具有领先优势,中国将建成全球最大的 IPv6 骨干网。

2. 域名系统

在网络上辨别一台计算机的方式是利用 IP 地址,但是一组数字表示的 IP 地址不仅不容易记忆,而且表达不出什么相关的意义。而域名就是为网路上的主机取的一个有意义又容易记忆的字符类型的名字,为主机定义域名的命名机制就是域名系统。例如 IP 地址为 218.22.218.180 的主机,用域名表示为:www.hsu.edu.cn。通过该域名可以知道这台计算机位于中国教育领域,用做 www 信息浏览。

1) 域名

域名是网站在互联网上的名字。从技术上讲,域名只是 Internet 中用于解决地址对应问题的一种方法,可以说只是一个技术名词。但是,由于 Internet 已经成为全世界人的 Internet,域名也就成了一个社会科学名词。从社会科学的角度看,域名已经成为了 Internet 文化的一个重要组成部分。从商界的角度看,域名已被誉为"企业的网上商标"。没有一家企业不重视自己产品的标识——商标,而域名的重要性和其价值,也已经被全世界的企业所认识。

在全球互联网系统中,每个域名都必须是唯一的,不可重名。目前,世界各国的各种机构都纷纷加入国际互联网,域名越来越多。

在 Internet 的技术领域中,域名是 Internet 上一个服务器或一个网络系统的名字。域名由两个或两个以上的词构成,中间由"."点号分隔开,如 sina.com 就是一个域名。在 Internet 上,对"域"的命名有一些约定,一般结构为:

主机名.网络名.机构域.国别代码

域名最右边的那个词称为顶级域名。顶级域名分为两种:全球顶级域名和国别代码顶级域名。全球顶级域名不含国家代码,也叫国际域名,如表 6-2 所示。国别代码顶级域名中的国家或地区代码由两个字母组成,如表 6-3 所示。为了保证域名的通用性,Internet 制定了一组正式通用的代码作为顶级域名。

表 6-2 常见全球顶级域名

域名代码	用途	域名代码	用途
arts	文化娱乐活动单位	Info	提供信息服务单位
com	商业组织	gov	政府部门
edu	教育机构	net	主要网络支持中心
firm	公司、企业	org	非营利组织

表 6-3 国别代码顶级域名

域名	国家和地区	域名	国家和地区	域名	国家和地区
au	澳大利亚	dk	丹麦	jp	日本
be	比利时	fr	法国	kp	韩国
ca	加拿大	hk	香港	tw	台湾
cn	中国	in	印度	uk	英国
de	德国	it	意大利	us	美国

2) 中国互联网络的域名体系

中国互联网的域名体系顶级域名为 cn。二级域名共 40 个,分为类别域名和行政区域名两类。其中,类别域名共 6 个,有 ac(科研机构)、com(工商机构)、edu(教育机构)、gov(政府部门)、net(网络机构)、org(非营利组织)。行政区域名 34 个,对应我国的各省、自治区和直辖市,采用两个字符的汉语拼音表示。如 bj(北京)、sh(上海)、ah(安徽)、gd(广东)、hk(香港特别行政区)、xz(西藏自治区)等。

中国互联网信息中心(China Internet Network Information Center,简称 CNNIC)负责中国境内的互联网络域名注册、IP 地址分配,并协助政府实施对中国互联网络的管理。CNNIC 作为中国域名注册管理机构,负责运行和管理国家顶级域名 cn 和中文域名系统。作为亚太互联网络信息中心(Asia-Pacific Network Information Center,简称 APNIC)的国家互联网络注册机构会员,CNNIC 成立了以 CNNIC 为召集单位成立了 IP 地址分配联盟,负责为我国的网络服务商(ISP)和网络用户提供 IP 地址的申请服务。中国互联网信息中心的网址为 http://www.cnnic.net.cn。

2000 年以前注册域名只能使用英文字符,2000 年底开始,可以直接使用中文来注册域名。这样用中文网络地址更有利于我们中国人使用了。

6.3.4 Internet 浏览器

Internet 浏览器是个显示网页服务器或文件系统内的文件,并让用户与这些文件互动的一种软件。它用来显示在万维网或局域网中的文字、影像及其他资讯。这些文字或影像,可以是连接其他网址的超链接,用户可以迅速及轻易地浏览各种资讯。网页一般是 HTML

的格式。

浏览器是最经常使用到的客户端程序。个人计算机上常见的网页浏览器有微软公司的 Internet Explorer、Mozilla 的 Firefox、Apple 的 Safari、挪威欧普拉软件公司的 Opera、冲冠科技的 HotBrowser、Google 的 Chrome、搜狗公司的搜狗高速浏览器、360 公司的 360 安全浏览器、世界之窗等。

下面以 Internet Explorer 为例学习如何使用浏览器。

1. 浏览网站

首先双击计算机桌面上的 Internet Explorer 来启动浏览器。在窗口的地址栏中输入网站的域名地址后按回车，即进入所要打开的网站。如：输入 http://www.baidu.com.cn，即打开百度的主页，如图 6-38 所示。

图 6-38　Internet Explorer 浏览器

也可在地址栏中输入网站的 IP 地址来直接连接。

2. 设置 IE 主页

每次启动 IE 浏览器显示的那一页就是主页，可以将经常访问的网页或导航网页设置成主页。操作方法如下。

步骤 1：选择 IE 中的"工具"|"Internet 选项"命令，弹出"Internet 选项"对话框，如图 6-39 所示。

步骤 2：选择"常规"标签，在"主页"下的文本框中输入更改的主页地址，例如，输入：http://www.hsu.edu.cn，然后单击"确定"按钮，如图 6-40 所示。

图 6-39　设置主页步骤 1

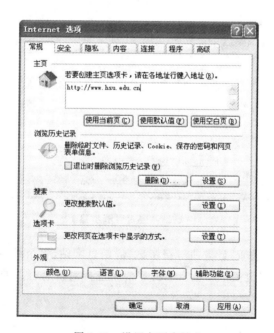

图 6-40　设置主页步骤 2

"使用当前页"：表示将正在访问的页面设置为主页。
"使用空白页"：表示将空的页面设置为主页。

3. 使用搜索引擎

搜索引擎是用来搜索网上的资源、提供所需要信息的工具。搜索引擎通过采用分类查询方式或主题查询方式获取特定的信息。常用的搜索引擎有：百度 http://www.baidu.com.cn 和谷歌 http://www.google.com 等，有些网站也有自己的搜索引擎，如：http://www.sohu.com.cn,新浪 http://www.sina.com.cn 等。

可以在浏览器的地址栏中直接输入所使用搜索引擎的网址，启动该搜索引擎。下面以百度搜索引擎为例说明操作方法：

步骤1：在 IE 中打开 http://www.baidu.com。

步骤2：在文本框中输入要检索的内容，如"计算机等级考试"，单击"百度一下"按钮，如图 6-41 所示。

图 6-41　搜索引擎步骤 1

窗口中显示出多个关于"计算机等级考试"的信息网站，每个结果都是指向网站的链接，如图 6-42 所示。在这些链接中根据自己的需要来选择对自己有益的链接进行查看，获取自己想要的信息资源。

4. 页面保存

浏览 Web 上的网页时，可以保存整个 Web 页，也可以保存其中的部分文本、图形等内容。此外，也可以将网页上的图形作为计算机墙纸在桌面上显示，或将网页打印出来。常用的保存方法是：另存为和收藏夹。

另存为：要保存当前的网页，可选择浏览器的"文件"菜单中的"另存为"项，打开"另存

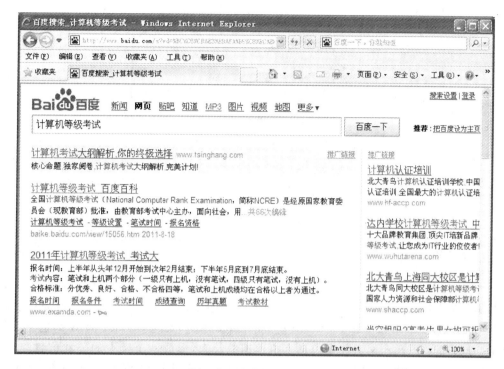

图 6-42 搜索引擎步骤 2

为"对话框,如图 6-43 所示。指定目标文件的存放位置、文件名和保存类型即可。如果要保存网页中的的图像或动画,可对对象右击,在弹出的快捷菜单中选择相关选项操作即可。

图 6-43 "保存网页"对话框

收藏夹:浏览器的收藏夹中可以保存网络地址与网页内容。选择"收藏"菜单中的"添加到收藏夹",可以将正在访问的网页添加到收藏夹,方便以后访问,如图 6-44 所示。下次访问该网页,只要在"收藏"菜单中选中此网页即可。

图 6-44　将网页添加到收藏夹

6.3.5　Internet 的信息服务

Internet 提供了丰富的信息资源和应用服务。因特网的信息服务主要有以下 6 种。

1. WWW

WWW(World Wide Web)的含义是"环球信息网",俗称"万维网"或 3W、Web,这是一个基于超文本(Hypertext)方式的信息查询工具。它是由位于瑞士日内瓦的欧洲粒子物理实验室 CERN(the European Partical Physics Laboratory)最先研制的。WWW 把位于全世界不同地方的 Internet 网上数据信息有机地组织起来,形成一个巨大的公共信息资源网。WWW 带来的是全世界范围的超文本服务。通过操纵计算机的鼠标器,人们就可以在 Internet 上浏览到分布在全世界各地的文本、图像、声音和视频等信息。另外,WWW 也可以提供传统的 Internet 服务,例如 Telnet(远程登录)、Ftp(远程传输文件)、Gopher(基于菜单的信息查询工具)和 Usenet News(Internet 的电子公告牌服务)。

目前,WWW 的使用大大超过了其他 Internet 服务,而且每天都有大量新出现的提供 WWW 商业或非商业服务的站点。此外,WWW 可以开拓市场的商业交流活动,也是传播公共信息的重要手段,WWW 已毫无疑问成为信息传播的重要媒介。据调查显示,近年来访问 WWW 资源的用户正在呈上升趋势。通过 WWW 人们既可以访问和查询自己所关心及希望获得的信息资源,又可以把自己的信息资源放到 Internet 上,提供给其他用户访问,缩小自己和整个世界的距离,但受益最大的仍将是那些连入 Internet 的广大普通用户。

2. BBS

BBS(Bulletin Board System)称为电子公告板系统。在计算机网络中,BBS 系统是为用户提供一个参与讨论、交流信息、张贴文章、发布消息的网络信息系统。大型的 BBS 系统可以形成一个网络体系,用 WWW 或 Telnet 方式访问。有的 BBS 只有一个小型的电子邮件系统,它一般是通过 Modem 和电话线相连接。BBS 系统一般由系统管理员负责管理,用户可以是公众或经过资格认证的注册会员。

目前,BBS 涉及到的题材广泛,就像是一个虚拟社区,一些志趣相同的人常常聚集在一起讨论和交流。国内著名的 BBS 站点有以下几个。

(1) 水木社区 (http://www.newsmth.net):源自清华大学,社会 BBS,主要讨论技术类话题,面向社会开放注册。

(2) 北邮人论坛 BBS(http://bbs.byr.edu.cn):北京邮电大学 BBS,高校 BBS,主要是

该校师生交流,面向社会开放注册。

(3) 南大小百合 BBS(http://bbs.nju.edu.cn):南京大学 BBS,高校 BBS,主要是该校师生交流,仅对该校师生开放注册。

3. 网上聊天

网上聊天是目前相当受欢迎的一项网络服务。人们可以安装聊天工具软件,并通过网络以一定的协议连接到一台或多台专用服务器上进行聊天。在网上,人们利用网上聊天室发送文字等消息与别人进行实时的"对话"。目前,网上聊天除了能传送文本消息外,而且还能传送语音、视频等信息,即语音聊天室等。正是由于聊天室具有相当好的消息实时传送功能,用户甚至可以立即就能看到对方发送过来的消息,同时还可以选择许多个性化的图像和语言动作。

目前较为流行的聊天软件系统有 QQ、MSN、Windows Live Messenger、UC、阿里旺旺、飞信、人人桌面(校内通)、飞鸽传书、Google Talk、天翼 Live 等。

4. 文件传送协议 FTP

文件传送协议 FTP(File Transfer Protocol)也是目前计算机网络中最广泛的应用之一。FTP 是文件传输的最主要工具,它可以传输任何格式的数据。这里所说的传送文件,包括文件下载和文件上传两种。

(1) 文件下载:是指从远程计算机上将文件复制到用户自己的本地计算机上。

(2) 文件上传:指将文件从用户自己的本地计算机中复制到远程计算机上。例如当完成自己所设计的网页时,可以通过 FTP 软件把这些网页文件传输到指定的服务器中。

FTP 操作首先需要登录到远程计算机上,并输入相应的用户名和口令,即可进行本地计算机与远程计算机之间的文件传输。Internet 还提供一种匿名 FTP 服务(Anonymous FTP),提供这种服务的匿名服务器允许网上的用户以"anonymous"作为用户名,以本地的电子邮件地址作为口令。

注意:如果涉及大量数据的传送还是建议使用专用的 FTP 应用软件,因为其不仅操作方便、传输效率高,而且有些 FTP 应用程序还有断点续传等非常有用的功能。现在这种应用程序很多,如网络蚂蚁、网际快车等、CuteFTP 等,使用非常方便。

5. 新闻组

新闻组是因特网上的电子新闻传播工具。在网络上用来存放电子邮件等各种信息(即电子新闻)的一台计算机,称为新闻服务器(NNTP Server)。而新闻组(Newsgroup)就是存放在服务器这台特殊的计算机上的"文件夹",在每个新闻组内存放有主题、内容各不相同的邮件。当然,一个服务器上有许多主题不同的新闻组,每个新闻组都可以有若干个子新闻组。

用户可以通过运行新闻阅读程序来阅读电子新闻,这样新闻组的文章信息就会显示出来,包括文章的作者、主题、第一页以及续页信息。当然用户也可以在新闻组上发送自己的信息。如果某个新闻组参加讨论的人多,则这个新闻组就会继续创建或存在下去,否则就会被自动删除。

6. 电子邮件

电子邮件(E-mail)是指发送者和指定的接收者利用计算机通信网络发送信息的一种非

交互式的通信方式。这些信息包括文本、数据、声音、图像、语言视频等内容。

由于 E-mail 采用了先进的网络通信技术,又能传送多种形式的信息,与传统的邮政通信相比,E-mail 具有传输速度快、费用低、高效率、全天候全自动服务等优点,同时 E-mail 的传送不受时间、地点、位置的限制,发送者和接收者可以随时进行信件交换,E-mail 得以迅速普及。近年来,随着电子商务、网上服务(如电子贺卡、网上购物等)的不断发展和成熟,E-mail 已经成为人们主要的通信方式之一。

1) 电子邮件地址

由于 E-mail 是直接寻址到用户的,而不仅仅是到邮件服务器,所以个人的 E-mail 用户名或有关说明也要编入 E-mail 地址中。互联网的 E-mail 地址组成格式如下。

用户名@电子邮件服务器名

它表示以用户名命名的电子信箱是建立在符号"@"后面说明的电子邮件服务器上,该服务器就是向用户提供电子邮件服务的"邮局"计算机。例如:hsxy@hsu.edu.cn。

2) 电子邮件服务器

在互联网上有很多处理电子邮件的计算机,它们就像是一个个邮局,采用存储-转发方式为用户传递电子邮件。从用户的计算机发出的邮件要经过多个这样的"邮局"中转,才能到达最终的目的地。这些互联网的"邮局"称做电子邮件服务器。在这些邮件服务器中,SMTP(Simple Mail Transfer Protocol)服务器是"发送邮件服务器",POP3(Post Office Protocol - Version 3)是"接收邮件服务器"。

3) 电子邮件收发

由于现在的网络速度比较快,上网费用也比较低廉,所以一般情况下大家都是登录到邮件服务器,在打开的电子邮件网页中直接编写电子邮件和收发电子邮件,如图 6-45 所示。在发送电子邮件时还可以将其他文件以附件的形式发给对方。如果用户收到电子邮件包含

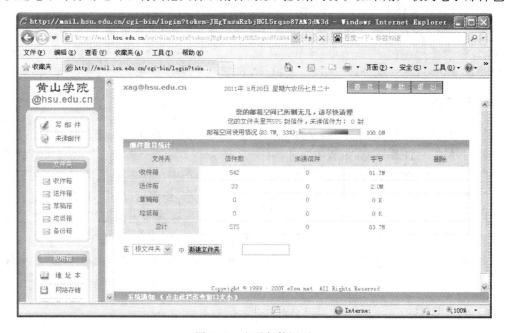

图 6-45　电子邮件网页

附件,则在邮件的标识中将带有一个"别针"的标志。

也可以用专用软件来收发电子邮件,如 FoxMail、Outlook、Z-Mail、Eudora、Kmail 等。

6.3.6 案例应用

【例 6-2】 一个家庭有 1 台台式计算机和两台笔记本电脑,希望装上宽带以后三台计算机都可以同时上网,并希望能够实现笔记本在家任何位置都可以上网,并且互不影响(这里说的是其他计算机联网与否跟本计算机无关,当然由于宽带的总带宽有限,这 3 台计算机还是会对带宽进行竞争的,例如一台计算机在看高清电影,下载的数据量比较大,非常占带宽,会影响到另外两台计算机的网速。若是 2M 宽带则比较明显、但 4M 宽带相互间影响会小得多)。如何最方便经济将 3 台计算机接入互联网,并实现无线局域网?

分析:若只有一台计算机,从 ISP 方装上宽带后即可上网,不管是光纤到户还是通过电话线使用 ADSL 方式接入互联网,ISP 方都会帮助客户处理好。

对于家中有 3 台计算机,在不加其他网络设备的情况下是不可能实现 3 台计算机同时上网的。同时要考虑笔记本的无线连接方式,最方便经济的方式是购买一个 100~120 元的家庭用的 150M(或 54M)无线宽带路由器即可实现 3 台计算机同时上网,并能满足笔记本的无线连接,这样也不会增加上网费用的开销,因为计费账号还是只有一个。

操作步骤如下。

步骤 1:将进户网线(或 ADSL 上的网线)接到路由器的 WAN 口。

步骤 2:将 3 台计算机的网线接到路由器的 3 个 LAN 口上,或笔记本采用无线连接方式,即不用接线(WAN 口为蓝色、LAN 口为黄色)。

步骤 3:设置 3 台计算机的 IP 地址为自动获取,操作方法是右击"网上邻居"图标,选择"属性",打开"网络连接"窗口(图 6-46),双击"本地连接",打开"本地连接 状态"对话框(图 6-47),

图 6-46 IP 地址设置步骤 1

选择其中"属性"按钮,打开"本地连接 属性"对话框(图 6-48),双击其中"Internet 协议(TCP/IP)",打开"Internet 协议(TCP/IP)属性"对话框(图 6-49),来设置自动获取 IP 地址和 DNS(路由器具有 DHCP——动态分配 IP 功能,可为 3 台计算机分配 IP)。

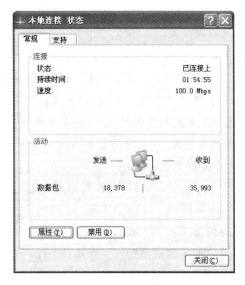

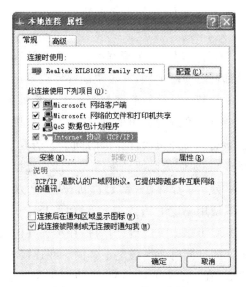

图 6-47　IP 地址设置步骤 2　　　　　　　　图 6-48　IP 地址设置步骤 3

步骤 4:根据路由器的说明访问路由器的设置页面,一般为 192.168.1.1 或 10.0.0.1 (在访问路由器时出现登录窗口,如图 6-50 所示,访问路由器的"用户名"、"密码"在路由器的背面都有说明),登录后出现路由器主页面窗口,如图 6-51 所示,选择"网络参数"→ "WAN 口设置"来设置外网的访问方式:如 WAN 口连接类型为 PPPoE(家庭宽带拨号方式),输入上网账号、上网口令,设置连接模式等(上网账号、上网口令由 ISP 提供,设置完成后单击"保存"按钮,如图 6-52 和图 6-53 所示)。

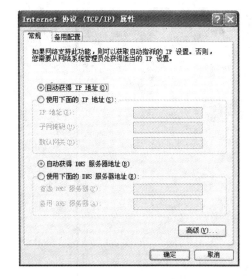

图 6-49　IP 地址设置步骤 4　　　　　　　　图 6-50　路由器设置步骤 1

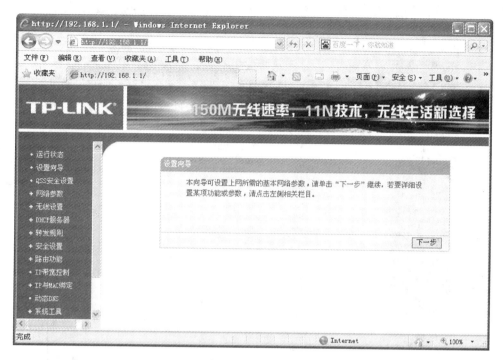

图 6-51　路由器设置步骤 2

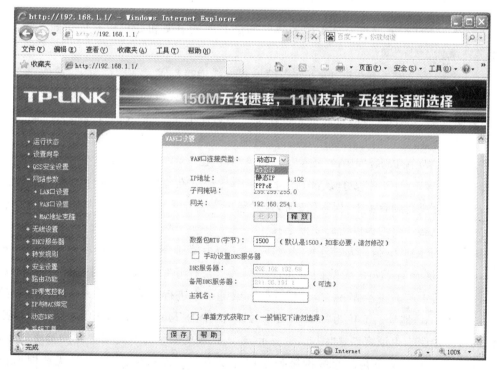

图 6-52　路由器设置步骤 3

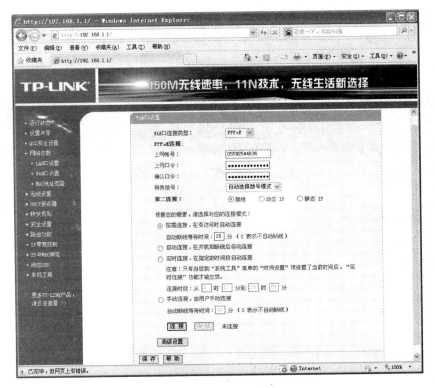

图 6-53　路由器设置步骤 4

步骤 5：一旦路由器与 ISP 提供的外网连接上，3 台计算机均可以直接访问互联网，不需要另外单独拨号上网。

这几个步骤完成了有线连接，下面继续设置无线连接步骤。

步骤 6：选择"无线设置"，默认打开"基本设置"状态，无线路由器的无线功能默认是打开的，如图 6-54 所示，这时就可提供无线连接。但这样不安全，别人的计算机只要能搜索到这个无线路由器，也可以直接连接上，实现蹭网。安全设置：选择"无线设置"→"无线安全设置"，提供"WPA-PSK/WPA2-PSK"，"WPA/WPA2"，"WEP"三种安全论证，建议使用"WPA-PSK/WPA2-PSK"安全认证，并设置一个比较复杂点的密码，这样不容易被人破解而被蹭网。设置完成后单击"保存"按钮，这时路由器会要求重启来应用刚才的设置，重启后连接无线路由器就必须提供密码才能连接了。

步骤 7：笔记本电脑的无线连接设置。选择"网上邻居"中的"无线网络连接"，如图 6-55 所示，或双击屏幕右下角的无线网络连接图标，来打开"无线网络连接"窗口，如图 6-56 所示。选择其中与本路由器 MAC 地址后 6 位一致的一个进行连接（MAC 地址在路由器的背面有，本例 MAC 地址后 6 位为"6DEC42"），如本例中的 TP-LINK_6DEC42 路由器。出现无线网络连接密钥论证窗口，如图 6-57 所示，输入正确的密钥后就连接上无线路由器了，如图 6-58 所示。屏幕右下角的无线网络连接图标变成了动态图标。一旦无线网络连接上，笔记本电脑上网再也不受网线的限制了，在家中任何位置都可以上网，在客厅、在房间坐在床上或躺在床上用笔记本电脑都可以了。

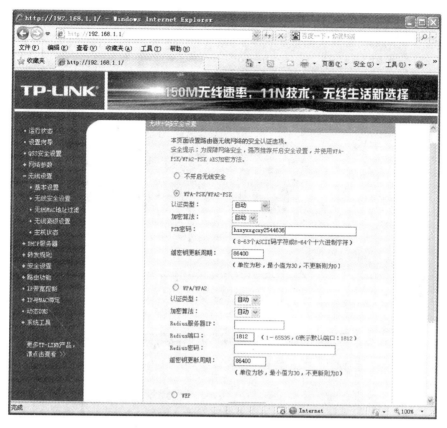

图 6-54　路由器设置步骤 5

图 6-55　路由器设置步骤 6

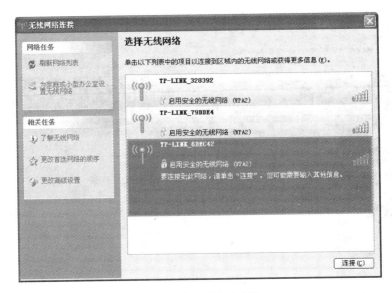

图 6-56　路由器设置步骤 7

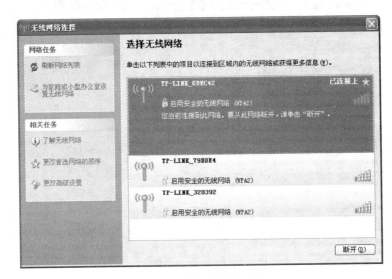

图 6-57　路由器设置步骤 8

图 6-58　路由器设置步骤 9

【例 6-3】 某高校校园网已经接入学生宿舍,每个宿舍都有一个网络接口。学生计算机通过校园网可以接入互联网,学校校园网对学生计算机实行的是动态分配 IP 地址。如果一个宿舍有 6 台计算机,如何能经济快速接入校园网,而每个人的网速不受相互影响?

分析:如果宿舍只有一台计算机,只要将这台计算机的网线插到宿舍的网络接口上,IP 地址设置为动态获取即可,这台计算机用一个上网账号通过校园网即可上网。

若有 6 台计算机要同时上网,故可以考虑用路由器或交换机来对网络接口进行扩容。

方法 1:若使用路由器,连接方法同案例 6-2 中的有线连接方法,则这 6 台计算机只要有一台计算机能上互联网,其他计算机就可以直接连上互联网,且不必使用 6 个账号。但是 6 台计算机使用一个账号上网,会导致 6 台计算机网速都变慢。

方法 2:使用交换机连接,由于有 6 台计算机,则要购买一个 8 口的小交换机(几十元)。将其中一个网络接口用网线连接宿舍的网络接口,其他网络接口都可以接一台计算机。每台计算机 IP 地址都设置为动态获取,每个同学使用自己的上网账号上网,这样,每台计算机的网速相互之间互不影响。

6.4 本章小结

当今信息社会发展的步伐太快了,信息已经成为人类赖以生存的重要资源。网络是这一资源的重要组成部分,我们的工作方式、学习方式及至思维方式都受它影响,已经在很大程度上离不开它了。

本章介绍了计算机网络的概念、计算机网络的形成与发展过程;计算机网络的功能包括资源共享、数据通信、数据的传送和集中处理等;计算机网络的组成包括网络硬件、传输介质、网络连接设备、网络软件;计算机网络分类包括局域网、广域网和城域网或广播式网络、点到点网络;计算机拓扑结构包括星型拓扑结构、环型网络拓扑结构、总线拓扑结构、树型拓扑结构等;计算机网络协议种类和常用的 TCP/IP 协议、OSI 协议模型;局域网技术中包括局域网特点、传输介质(双绞线、同轴电缆、光缆)、局域网架构。

在 Windows 系统的网络功能中介绍了网络登录设计、资源共享及网络资源的访问、网络驱动器的应用和案例。

在 Internet 及应用中介绍了什么是 Internet、Internet 的功能、Internet 的工作方式、Internet 起源及现状、中国的 Internet 的发展与骨干网络;Internet 常用的接入方式;IP 地址和域名的概念、IP 地址的组成、IP 地址的分类、域名体系;Internet 浏览器的使用;Internet 的信息服务包括 WWW、BBS、网上聊天、文件传送协议 FTP、电子邮件等;网络接入案例应用。

本章主要介绍计算机网络的有关内容,希望通过本章的学习,可以帮助大家了解计算机网络知识和提高网络应用能力,快速适应当今社会的发展速度。

6.5 习题

一、单项选择题

1. WWW 的作用是_____。
   A. 信息浏览   B. 文件传输   C. 收发电子邮件   D. 远程登录

2. 一个学校组建的计算机网络属于_____。
   A. 城域网　　　　B. 局域网　　　　C. 内部管理网　　D. 学校公共信息网
3. 计算机网络最显著的特征是_____。
   A. 运算速度快　　B. 运算精度高　　C. 存储容量大　　D. 资源共享
4. 若某一上网用户要拨号上网，_____不是必需的。
   A. 一个上网账号　　　　　　　　　B. 一条电话线
   C. 一个调制解调器　　　　　　　　D. 一个路由器
5. 调制解调器的作用是_____。
   A. 控制并协调计算机和电话网的连接　　B. 负责接通与电信局线路的连接
   C. 将模拟信号转换成数字信号　　　　　D. 模拟信号与数字信号相互转换
6. 收发电子邮件的必备条件是_____。
   A. 通信双方都要申请一个付费的电子信箱
   B. 通信双方电子信箱必须在同一服务器上
   C. 电子邮件必须带有附件
   D. 通信双方都有电子信箱
7. 电子邮件标识中带有一个"别针"，表示该邮件_____。
   A. 设有优先级　　B. 带有标记　　　C. 带有附件　　　D. 可以转发
8. 假如你的用户名为 zhangming，连接的服务商主机名为 yeah.net，那么，你的 E-mail 地址为_____。
   A. zhangming.yeah.net　　　　　　B. zhangming\yeah.net
   C. zhangming@yeah.net　　　　　　D. zhangming yeah.net

二、多项选择题

1. 在下列网络设备中，用于局域网连接的设备有_____。
   A. Modem　　　　B. 网卡　　　　　C. Hub　　　　　D. 交换机
2. 一台计算机连入计算机网络后，该计算机_____。
   A. 运行速度会加快
   B. 可以共享网络中的资源
   C. 可以与网络中的其他计算机传输文件
   D. 运行精度会提高
3. 计算机网络的主要作用不包括_____。
   A. 计算机之间的互相备份　　　　　B. 电子商务
   C. 数据通信　　　　　　　　　　　D. 资源共享
4. 在下列关于计算机网络协议的叙述中，错误的有_____。
   A. 计算机网络协议是各网络用户之间签订的法律文书
   B. 计算机网络协议是上网人员的道德规范
   C. 计算机网络协议是计算机信息传输的标准
   D. 计算机网络协议是实现网络连接的软件总称
5. 常用的网间连接设备包括_____。
   A. 网络系统软件　B. 网关　　　　　C. 网桥　　　　　D. 中继器

6. 在因特网中,域名与IP地址是一一对应的,下列_____不能完成这种对应关系。
   A. TCP　　　　　B. IP　　　　　C. DNS　　　　　D. PING
7. 当我们收发电子邮件时,不会是由于_____原因导致邮件无法发出。
   A. 接收方计算机关闭
   B. 邮件正文是Word文档
   C. 发送方的邮件服务器关闭
   D. 接收方计算机与邮件服务器不在一个子网

三、问答题

1. 什么是计算机网络?
2. 简述计算机网络的基本组成(软硬件)。
3. 什么是计算机网络的"拓扑结构"?常见的拓扑结构有哪些?
4. 因特网采用的标准网络协议是什么?
5. 在因特网中,IP地址和域名的作用是什么?它们之间有什么异同?
6. 为什么利用WWW浏览器可以实现全球范围的信息漫游?

第 7 章 网页制作基础

接入 Internet,浏览万维网中丰富多彩的网页,对于一般用户已不陌生,如何制作自己的网站,在 Internet 上展示自己的风格,是我们要解决的问题。

7.1 网页和网站

1. 什么是网页?

所有通过浏览器在 WWW 上看到的每个页面都是网页,它与字处理程序的文档、电子表格和幻灯片演示文稿同属于文件。网页可以用纯文本编辑器创建,也可以采用"所见即所得"的编辑工具进行加工,最终用户通过浏览器读取这些网页。

制作网页,通常需要网页制作软件、图形处理软件和网页动画制作软件的配合使用,当然了解一些 HTML 语言知识更好。对于网页制作而言,有许多比较容易学习和使用的工具软件,FrontPage 2003 是目前较为流行的网页制作工具软件之一,它的大部分操作与 Word 类似。

本章从 FrontPage 2003 入门,介绍网站的创建以及基本的网页制作(包括网页的基本编辑,网页中图片、超链接的使用,表格和框架布局,表单的使用等),使初学者快速掌握网页制作的基本方法,并将它们发布到 Internet 上。

2. 什么是网站?

Web 网站是由一组具有相关主题的经过组织和管理的网页组成的,它是一种思想、一个目标的体现。

例如:http://www.tup.tsinghua.edu.cn(清华大学出版社),就是由多个相关主题的网页组成,这样的组织结构就构成了一个网站。

一般而言,创建一个网站时,要经过以下几个步骤。

(1) 前期准备:在此阶段主要完成:需求分析、规划网站结构、绘制结构草图、收集内容。

(2) 中期制作:在此阶段主要利用各种网页制作工具:建立 Web 站点、制作网页、测试网站及网页。

(3) 后期发布及维护:网页制作完成后,可进行网站的发布和推广应用。根据需要对网页进行更新和维护。

7.2 FrontPage 2003 的基础知识

FrontPage 2003 是微软公司 Office 家族中的一员,它的用户界面具有典型的 Office 风格,界面的操作方式也与 Office 系列中其他软件如 Word、Excel 等完全相同。

通过 FrontPage 2003，可以建立并管理 Web 站点，设计出精美的网页，还可以结合 Web 数据库技术制作动态网页。

7.2.1 FrontPage 2003 的主要功能

FrontPage 2003 在功能上增强了不少，新版本中比较突出的 9 个新功能如下。

（1）自定义浏览器分辨率预览检查：在设计网页时，可实时调节当前页面为在客户端显示的分辨率，以便预览当前效果。

（2）描摹图像：是通过创建一个图像（一般为网页的效果图）为参照物，以便于网页的设计制作。这个描摹图像只是显示在 FrontPage 2003 的设计视图中，不会在制作完毕的页面中显示出来。

（3）层功能：过去，FrontPage 最欠缺的功能之一就是无法像 Macromedia Dreamweaver 那样使用层。而层的应用在网页制作中已经是不可或缺了。好在 FrontPage 2003 终于支持了此项功能。

（4）插入交互式按钮：FrontPage 2003 可以设置按钮的显示文字、样式以及链接、设置悬停图像及鼠标键按下时的图像等。

（5）行为的应用：行为一直是 Dreamweaver 的强项，而 FrontPage 2003 现在也有这个功能了。

（6）使用网页重定向：在 FrontPage 2003 中，单击"工具"|"中文简繁转换"|"插入重定向代码"，在弹出对话框中，设置简体页面网址及繁体页面网址。而后，插入的代码将通过浏览器对支持语言的检测，实现自动转向。

（7）检查网页错误：FrontPage 2003 可快速找出指定网页是否有错误，并可查看问题之所在。

（8）优化 HTML 代码：FrontPage 系列过去在代码效率方面做得相当不好，经常产生大量的垃圾代码。而在 FrontPage 2003 中，单击"工具"|"优化 HTML"，弹出对话框，在其中可酌情选择删除对象，包括注释性内容及空白信息等，从而删除大量垃圾代码，提高网页代码执行的效率，为网页"减肥"。

（9）规划页面布局：FrontPage 2003 具有页面规划视图来方便设计者对页面布局进行设计。

7.2.2 FrontPage 2003 的启动和退出

1. 启动

启动方法与启动其他 Office 2003 组件相似，主要方法有以下三种。

方法 1：单击"开始"|"程序"|Microsoft Office|Microsoft Office FrontPage 2003 命令，即可启动 FrontPage 2003。

方法 2：双击桌面上已建立的 FrontPage 2003 快捷图标可以启动 FrontPage 2003。

方法 3：选中任何使用 FrontPage 2003 编辑过的文件，右击该文件，从弹出的菜单中选

择"编辑"命令或选择"打开方式"|Microsoft Office FrontPage 命令。

2. 退出

退出方法与退出其他 Office 2003 组件也相似,主要方法有以下三种。
方法 1:单击 FrontPage 2003 窗口右上角的关闭按钮 ![X]。
方法 2:单击"文件"|"退出"命令。
方法 3:按 Alt+F4 组合键。

7.2.3 FrontPage 2003 的工作界面

FrontPage 2003 的工作界面与 Office 2003 保持一致的风格,如图 7-1 所示。

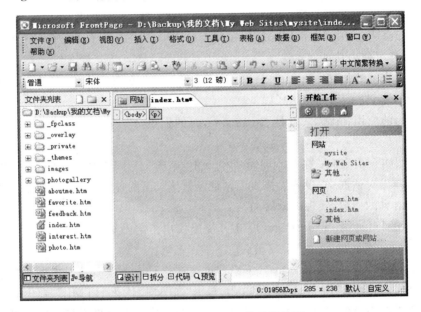

图 7-1 FrontPage 2003 的工作界面

1. FrontPage 2003 的主窗口

主窗口包含标题栏、菜单栏、标准工具按钮栏、编辑区、状态栏。
标题栏包括软件名称、站点所在位置等信息。

2. FrontPage 2003 的视图

在动手编辑网页的具体内容前,要先确定 Web 站点的组织结构、主页与其中的超链接的关系等内容。而视图为用户查看、修改 Web 站点组织结构提供了一个简便的方法。FrontPage 2003 提供了网页、文件夹、报表、导航、超链接、任务 6 种视图模式,分别代表 6 种不同的工作模式。

1)"网页"视图模式

"网页"视图模式是 FrontPage 2003 提供使用者编辑及制作网页的工作模式,设有"设计"、"代码"、"预览"和"拆分"4 种选项卡,如图 7-1 所示。

"设计"视图:此视图为默认视图,该视图近似于所见即所得的设计界面,如图 7-2 所示。

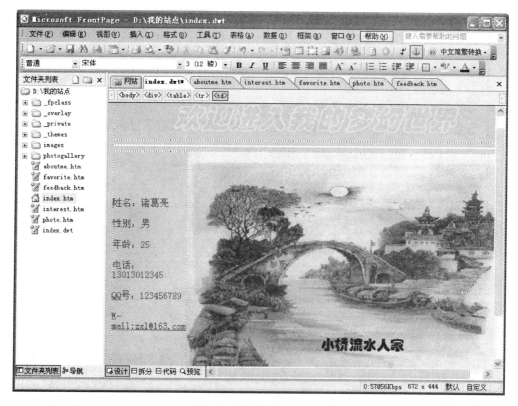

图 7-2 "设计"视图模式

"代码"视图:在此视图中可以查看、编写和编辑 HTML 标记。通过 FrontPage 中的优化代码功能,可以创建清洁的 HTML,并且更易于删除任何不需要的代码,如图 7-3 所示。

"拆分"视图:在此视图中可以使用拆分屏幕格式来审阅和编辑网页内容,这种格式使您能够同时访问"代码"视图和"设计"视图,如图 7-4 所示。

"预览"视图:在此视图中可以预览当前网页在 Web 浏览器中的显示效果,如图 7-5 所示。

2)"文件夹"视图模式

一个站点要涉及许多文件,可以使用"文件夹"视图来直接处理文件和文件夹,并组织网站内容。与 Microsoft Windows 资源管理器相似,还可以在此视图中创建、删除、复制和移动文件夹。

3)"报表"视图模式

在"报表"视图中可以运行报表查询分析网站内容。可以计算网站中文件的总大小、指出哪些文件没有与其他文件链接、标识出慢速网页或过期网页、按负责处理文件的任务或人员对文件进行分组等。

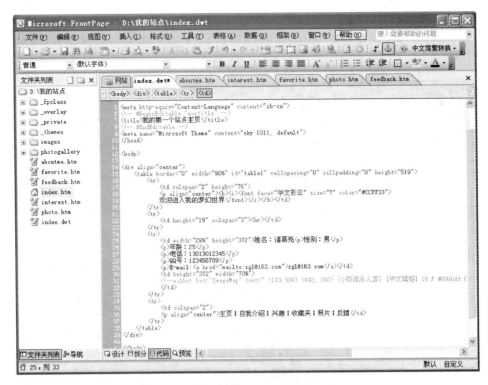

图 7-3 "代码"视图模式

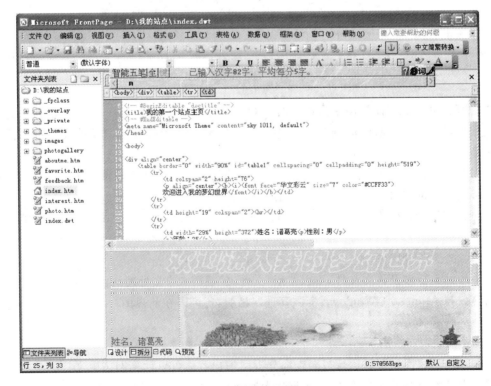

图 7-4 "拆分"视图模式

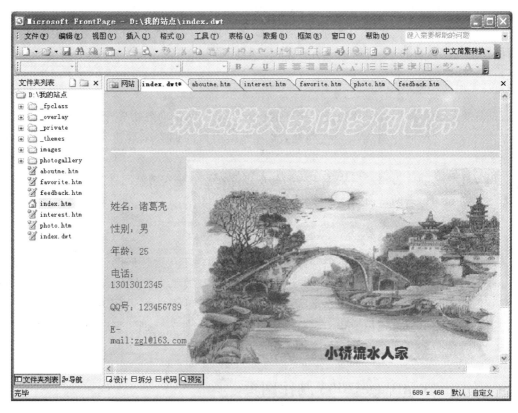

图 7-5 "预览"视图模式

4)"导航"视图模式

"导航"视图提供了网页的分层视图。在此视图中可以调整网页在网站中的位置,操作步骤:单击需要调整的网页,并将其拖到网站中的新位置。

5)"超链接"视图模式

在 FrontPage 中,"超链接"视图可以将网站中超链接的状态显示在一个列表中,此列表既包括内部超链接,又包括外部超链接,并用图标指示超链接已通过验证或已中断。

6)"任务"视图模式

"任务"视图是以列格式显示网站中的所有任务,并在各个标题下提供有关各项任务的当前信息。

7.3 使用 FrontPage 2003 创建网站

利用 FrontPage 2003 创建网站有 3 种方法。

1. 使用模板新建网站

模板是一种规范,它为用户创建网站提供了基本框架。一般情况下,用户可在网站模板的帮助下完成网站框架的构造,并生成相互链接、包含常规文本的一系列网页,然后再进一步完善网页的内容和格式,对网站包含的文件夹、文件进行必要的调整。

FrontPage 2003 提供了 6 种创建网站的模板:只有一个网页的模板、SharePoint 工作组网站、个人网站、用户支持网站、空白网站和项目网站。

2. 使用向导新建网站

向导是一种将操作过程分为若干步骤的引导程序。网站向导由多个向导对话框组成,在操作过程中网站向导将提出一些问题,然后根据用户的回答来逐步完成新网站的创建工作。

FrontPage 2003 为用户提供了 4 种向导来创建站点:导入网站向导、公司展示向导、数据库界面向导和讨论网站向导。

3. 创建空白网站

用户可以创建一个全新的空白网站,新建的空白网站不包含任何网页文件,但其网站包含 private 和 images 文件夹。其中 private 文件夹用于存放私人文件,images 文件夹用于存放网页中的图片文件。主页文件是浏览者浏览时首先访问的一个页面,用于介绍网站的基本内容。在网站中通常使用 Index 或 Default 作为主页文件名。创建空白网站后,就可以在网站中添加网页和其他相关的文件。

7.4 使用 FrontPage 2003 制作网页

网页是 Internet 上的基本文档,它可以是网站的组成部分,也可以独立存在。制作网页的第一步是在网站中新建一个网页。用户可以使用模板新建网页、使用现在网页新建网页,也可以创建一个空白网页。

7.4.1 基本网页编辑

1. 新建网页

1) 使用模板新建网页

使用模板可以快速创建具有一定格式的网页,具体操作步骤如下。

步骤 1:单击"文件"|"新建"命令,打开"新建"任务窗格,如图 7-6 所示。

步骤 2:在该任务窗格中的"新建网页"选区中单击"其他网页模板"超链接,弹出"网页模板"对话框,如图 7-7 所示。

步骤 3:在"网页模板"对话框中选择需要的网页模板来创建网页。

注:在"网页模板"对话框的"说明"选区中显示所选模板的说明性文字;在"预览"选区中显示所选模板的缩略图。

图 7-6 "新建"任务窗格

图 7-7 "网页模板"对话框

2) 使用现有网页新建网页

在编辑网页时,有时需要一个网站中的多个页面具有统一的外观。要使网页具有一定的相似性,这就需要使用现有的网页新建网页,这些网页的一些定位信息、颜色信息、背景图案等就会保持一致。

使用现有网页新建网页的具体操作步骤如下。

步骤 1:单击"文件"|"新建"命令,打开"新建"任务窗格。

步骤 2:在该任务窗格中的"新建网页"选区中单击"根据现有网页"超链接,弹出"根据现有网页新建"对话框,如图 7-8 所示。

图 7-8 "根据现有网页新建"对话框

步骤 3:在该对话框中的"查找范围"下拉列表中选择网页的位置,然后在其列表框中选择网页文件,单击"创建"按钮即可。

注:根据现有网页新建网页后,新建的网页格式和原有的网页格式相同,用户可以根据需要进行必要的内容的添加或者修改,即可创建一个具有个人风格的网页。

3）创建空白网页

新建空白网页它能满足不同网页设计者的要求，使设计者根据自己的需要设计丰富多彩的网页。在 FrontPage 2003 中创建空白网页非常简单，单击"文件"|"新建"命令，打开"新建"任务窗格，在该任务窗格中选择空白网页即可。

2. 网页管理

当网页设计好后，需要保存、关闭等操作。

1）打开网页

打开网页的方法分为以下两种。

（1）打开当前站点中的网页，在任何视图中双击该网页的图标或文件名即可打开网页。

（2）打开其他站点中的网页，单击"文件"|"打开"命令，在"打开文件"对话框中选择具体的文件，然后单击"打开"按钮即可。

2）保存网页

和其他 Office 2003 组件一样，创建好一个网页也需要将它保存在外存上。FrontPage 2003 提供了多种方式来保存文件。在需要保存时，单击"文件"|"保存"命令，或者执行"另存为…"命令。

保存文件的具体操作步骤如下。

步骤 1：单击"文件"|"保存"命令或单击"文件"|"另存为"命令，弹出"另存为"对话框，如图 7-9 所示。

图 7-9 "另存为"对话框

步骤 2：在该对话框中的"保存位置"下拉列表中选择网页将要保存的位置，系统默认的当前站点地址为"我的文档"中的 My Web Sites 文件夹。在"文件名"下拉列表中输入网页的名称；在"保存类型"下拉列表中选择网页将要保存的类型。

步骤 3：单击"更改标题"按钮，弹出"设置网页标题"对话框，如图 7-10 所示。在该对话框中的"网页标题"文本框中显示的是网页当前所使用的标题，用户可以直接在文本

图 7-10 "设置网页标题"对话框

框中重新输入网页标题,单击"确定"按钮后,标题将显示在"另存为"对话框的"网页标题"后面。

经过上面三步的操作,可以完成一般网页的保存,但一个好的网页包含丰富的内容,而其中最主要的就是图像和多媒体文件。因为当前网页图像和多媒体文件插入到当前网页时,FrontPage 2003 将自动插入一个从这些插入文件到网页文件的索引,该索引使用的是插入文件的当前地址。对带有嵌入式文件的网页保存的时候还需要执行步骤 4。

步骤 4:完成步骤 3 操作后会弹出"保存嵌入式文件"对话框,如图 7-11 所示。单击该对话框中的"重命名"按钮,可重新为嵌入式文件命名;单击"更改文件夹"按钮,弹出如图 7-12 所示的"更改文件夹"对话框,将嵌入式文件保存到指定的文件夹中;单击"设置操作"按钮,可打开如图 7-13 所示的"设置操作"对话框,在其中设置是否保存该嵌入式文件;单击"图片文件类型"按钮,可打开如图 7-14 所示的"图片文件类型"对话框,在此更改图片文件的类型。设置完成后单击"确定"按钮,即可完成带有嵌入式文件网页的保存。

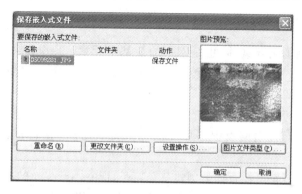

图 7-11 "保存嵌入式文件"对话框

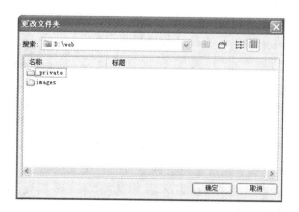

图 7-12 "更改文件夹"对话框

图 7-13 "设置操作"对话框

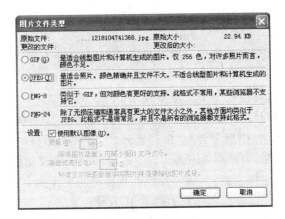

图 7-14 "图片文件类型"对话框

3．添加文本和设置文本格式

文本是信息传递的主要载体，也是网页的最基本元素。FrontPage中有关文本的操作与Word中非常类似。在网页上需要输入文本的位置单击鼠标，设置好插入点后，即可开始输入文本。

1) 插入特殊文本元素

通过"插入"菜单可以向网页中添加4种特殊文本元素：换行符、水平线、特殊符号和注释。

换行符：插入换行符可在页面上创建一个新行，但并不产生新的段落，新产生的行仍然使用段落中其他行的格式化形式。插入换行符的操作步骤如下。

步骤1：将光标定位在需要插入换行符的位置。

步骤2：单击"插入"|"换行符"命令，打开如图7-15所示对话框。

步骤3：在该对话框中提供了4种换行符样式，用户可以根据需要选择，还可以通过"样式"按钮设置换行符格式。

步骤4：设置完成后，单击"确定"按钮，即可插入一个换行符。

图 7-15 "换行符"对话框

水平线：单击"插入"|"水平线"命令在当前插入点位置插入一条水平线。通常水平线占据浏览器窗口的整个宽度，并在其后自动插入换行符。用鼠标右击水平线，打开水平线的快捷菜单，从中选择"水平线属性"命令，可调整水平线的宽度、高度、颜色以及对齐方式。

特殊符号：单击"插入"|"符号"命令，可以在网页中插入一些键盘上没有的字符。

注释：注释用于表示当前操作的意图、方法及说明信息，此信息只会在FrontPage编辑窗口中出现，网站访问用户无法看到这些信息。在网页中插入注释有利于以后对网站的维护和修改。注释的属性与当前段落样式的属性相同，但以不同的颜色加以区别。在网页中插入注释的具体操作步骤如下。

步骤1：将插入点定位在需要插入注释的位置。

步骤2：单击"插入"|"注释"命令，打开"注释"对话框，如图7-16所示。

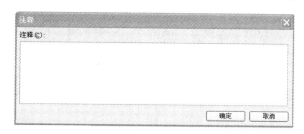

图 7-16 "注释"对话框

步骤3：在该对话框的"注释"文本框中输入注释内容，单击"确定"按钮，即可将注释内容插入到指定的位置。

2）格式化文本

在FrontPage 2003中，也可像Word 2003中那样修饰文本的字体、字号、颜色，设置段落的格式，使用项目符号和编号来美化幻灯片。其操作方法同Word 2003。

4. 设置网页属性

不论用空白网页还是系统提供的模板开始设计网页，都有必要借助"网页属性"对话框应用统一的网页属性，在当前编辑的网页中右击，再在打开的菜单中选择"网页属性"命令，打开"网页属性"对话框如图7-17所示，其中包含6个标签："常规"、"格式"、"高级"、"自定义"、"语言"和"工作组"。

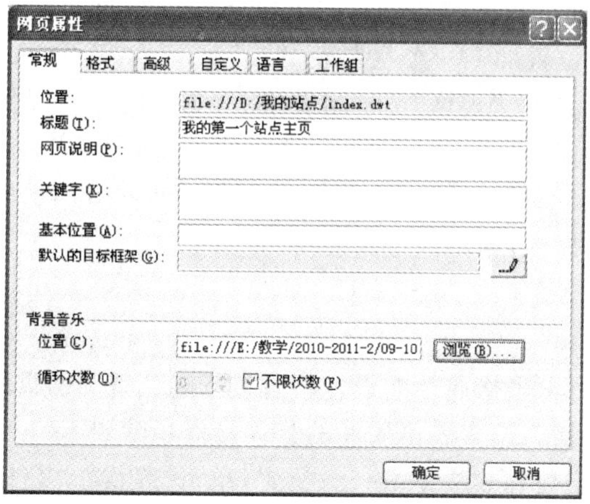

图 7-17 "网页属性"对话框

"常规"选项卡：用于指定网页标题、说明文字、关键字等信息。如果需要在浏览网页时播放一首背景音乐，可以在"背景音乐"的位置中选择一首背景音乐。请确保所创建的网页有一个含义明确的标题。

"格式"选项卡：它控制网页整体颜色方案的许多方面。可分别设置普通文本、超链接文本、已访问超链接文本及当前超链接文本的颜色；网页背景可用图像也可以使用某种背景色，由于不同的浏览器默认的背景颜色不一样，所以创作网页时要指定一种背景，不论是背景色还是背景图案,颜色都应该与文本的颜色区分开来,以保证文字内容在不同浏览器中清楚地显示。

"高级"选项卡:它控制显示在网页上的第一个对象相对于网页左上角的坐标;启用超链接翻转效果;设计阶段控件脚本等。

7.4.2 表格的应用

FrontPage 2003 中的表格和 Word,PowerPoint 中的表格没有本质上的区别,但功能上更强大了,最初的表格只是为了显示行列对齐的文本内容,随着表格中数据类型扩充到图像、视频等内容,表格成了一种重要的网页布局技术。

表格在网页中使用比较多,表格的引入使网页变得整齐和美观。FrontPage 2003 对表格的处理与 Word 中一样方便灵活,而且操作也相仿。表格单元格可以放置图像、声音,甚至视频信息,为网页制作者设计出美观的页面提供了一种最为灵活的方法。

事实上 Web 上的许多漂亮的网页都是利用表格实现的,用表格组织文本、图像和空白区域来进行版面设计,如图 7-2 所示的我的站点主页面就是利用表格完成布局的。

1. 新建表格

FrontPage 2003 提供了 4 种新建表格的不同方法,读者可以根据需要选择一种方法。

方法 1:使用"复制"和"粘贴"命令将已有的 Word 或 Excel 表格添加到网页上。

方法 2:使用常用工具栏上的"插入表格"按钮。将插入点移至要插入表格的位置,然后将鼠标指向工具栏上"插入表格"按钮处,按下鼠标左键并向下方拖动鼠标到需要的行、列数,释放鼠标,在插入点位置插入一个空白表格。

方法 3:绘制表格。单击"表格"|"绘制表格"命令,可任意绘制表格,利用此功能,可画出不规则空表。

方法 4:单击"表格"|"插入"|"表格"命令,打开如图 7-18 所示的"插入表格"对话框,可以在对话框中设置表格属性,精确地绘制表格。

2. 设置表格属性

用表格组织整个网页,表格属性的设置将直接影响到整个网页的外观,利用表格属性对话框可以修改和完善表格。设置表格属性的具体操作步骤如下。

步骤 1:将插入点定位在表格中的任意位置,单击"表格"|"表格属性"|"表格"命令,打开如图 7-19 所示的"表格属性"对话框。

步骤 2:在此对话框"大小"选区中的"行数"和"列数"微调框中设置表格的行数和列数。

步骤 3:在"布局"选区中设置表格的对齐方式、指定宽度和高度。

步骤 4:在"边框"选区中设置表格边框的粗细和颜色。

步骤 5:在"背景"选区中设置表格的背景颜色。选中"使用背景图片"复选框,然后单击"浏览"按钮,打开如图 7-20 所示的"选择背景图片"对话框。在该对话框中选择表格的背景图片。

步骤 6:当所有设置完成后,单击"应用"和"确定"按钮即可。

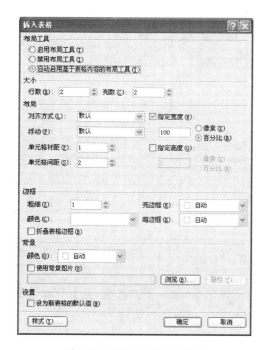
图 7-18 "插入表格"对话框

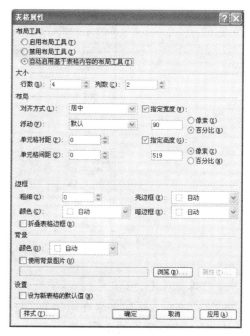
图 7-19 "表格属性"对话框

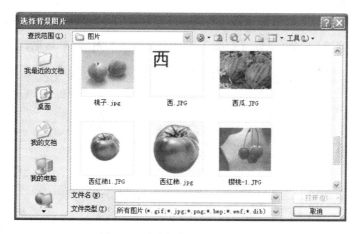
图 7-20 "选择背景图片"对话框

3．设置单元格属性

单元格属性主要包括各种对齐方式、跨距及颜色等，单击"表格"|"表格属性"|"单元格"命令，打开如图 7-21 所示的"单元格属性"对话框，根据实际情况设置各种参数。

7.4.3 页面元素——图像

1．插入图像

在网页中插入图像前，首先要准备好图像文件，不管网页文件夹保存在什么位置，在该

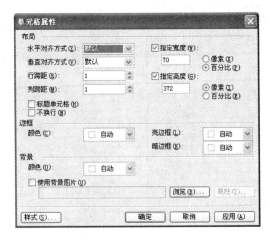

图 7-21 "单元格属性"对话框

文件夹中需要有几个子文件夹,其中有一个存放图像的 images 子文件夹,是保存站点图像的文件夹。将所有图像保存在同一个文件夹中比较容易组织文件结构。

1)插入来自文件的图像

可以插入网页的图像来源非常广,一般使用最多的是插入本地计算机磁盘中的图形文件。具体操作步骤如下。

步骤1:打开需要插入图像的网页文件,将光标定位于需要插入图像的位置,单击"插入"|"图片"|"来自文件"命令,打开如图7-22所示的"插入图片"对话框。

图 7-22 "插入图片"对话框

步骤2:默认情况下,FrontPage认为要插入的图像文件位于该站点的文件夹或子文件夹下。如果要插入的图像不在此文件夹下,可通过"插入图片"对话框中的"查找范围"选择文件夹,在文件夹中选择好文件后,单击"确定"按钮,完成图像文件的插入。

步骤3:保存文件,如果图像文件与网页文件不在同一个磁盘中,系统要将其复制到本地磁盘中,将打开"保存嵌入式文件"对话框,在该对话框中做相应的设置即可。

2)插入剪贴画

FrontPage 2003 附带了一个剪贴库,该画库中包含视频、照片图像和音频,还有一些常用的剪贴画,利用该剪贴画库可以减少网页设计者的工作量。具体操作步骤如下。

步骤1:打开需要插入图像的网页文件,将光标定位于需要插入图像的位置,单击"插入"|"图片"|"剪贴画"命令,打开如图7-23所示的"剪贴画"任务窗格。

步骤2:单击"管理剪辑"链接,系统会给出如图7-24所示的"Microsoft剪辑管理器"对话框,在此对话框中选择需要插入剪贴画,在剪贴画上右击,在弹出式菜单中单击"复制"命令。

图7-23 "剪贴画"任务窗格

图7-24 "Microsoft 剪辑管理器"对话框

步骤3:切换到"网页"视图中,单击"编辑"|"粘贴"命令,将剪贴画插入到网页中,单击"保存"按钮即可。

2. 编辑图像

选中要编辑的图片,网页中就会出现"图片"工具栏,如图7-25所示,可用"图片"工具栏对图片进行简单的编辑。

图7-25 图片工具栏

1) 调整图像大小

在网页中选中图片,图片的周围会出现8个实心小方块,可通过鼠标直接拖动小方块来调整图片的大小,为保持图片的纵横比例不变,可拖动4个角部的小方块。

调整图像大小只会更改HTML标记符,用来告诉Web浏览器如何显示图片,实际的文件并不会更改,所以大图像不能通过减小尺寸来达到减小文件大小和下载时间的目的。如果要减少图片的文件大小和下载时间,在调整它的大小后,单击"重新取样"按钮为图片重新取样。

2) 在GIF格式图片上写文字

选中网页中某个GIF图片,单击"图片"工具栏中"文本"按钮,图片上产生一个文本框,就可以在图片上输入文字了。

3）创建缩略图

缩略图是大图像的小型副本,可以在网页中插入一张图像的缩略图,将它链接到对应的大图像。如果访问者想要看真实的大图像,可以单击链接后将大图像下载到浏览器所在计算机进行查看。这样可以节省访问者打开网页的时间,提高页面下载速度。

选中网页中图像,单击"图片"工具栏上的"自动缩略图"按钮,就会在原位置用缩略图代替原来的图像,同时设置从缩略图到大图像的超链接。如果所选图片已经小于缩略图,或图片上已有超链接或热点设置,或该图片是动画,则该按钮不可用。

4）设置透明色

透明图像的应用非常广泛,因为网页中图像形状一般是矩形,不可能与图像中的物体或人物形状一模一样,这样图像在网页中就有一些多余部分,把这些多余部分设为透明。

使用"图片"工具栏的"设置透明的颜色"按钮,可以选择图片中的一种颜色为透明效果,通常选择背景颜色做透明效果,以便图片与网页背景融为一体。

7.4.4 插入超链接

超链接是 Internet 网的核心,也是网页中最基本的部分,网站浏览者可以通过网页中的超链接轻松地浏览各种信息。所以,创建超链接是网页制作的一个重要环节。

超链接的外观可以设置成多种样式。超链接一般都链接到网页中的文本和图像中,这些文本和图像一般都与链接的目标有一定的联系,通过这些可以大致了解超链接的主题。代表超链接的文本与普通文本要有一定的区别,可以设置下划线,也可以设置成不同的颜色。不管是文本或图像,当它们设有超链接时,鼠标指向它们时将会变成手形,当然也可设置成其他形状。

超链接的本质就是 URL,也就是说超链接通过链接对象的 URL 实现访问的转移,对象可以是其他网站的主页、网站内部的其他网页、网页内的书签、图像等。URL 可以理解为资源在网络上的地址。

1. 绝对和相对 URL

(1) 绝对 URL 包含完整的地址,包括协议、Web 服务器、路径和文件名。

(2) 相对 URL 则缺少地址的一个或多个部分。缺少的信息将由包含 URL 的网页提供。例如,如果缺少了协议和 Web 服务器,Web 浏览器将使用当前网页的协议和域。

通常网站中的网页都使用只包含部分路径和文件名称的相对 URL。如果文件移动到其他服务器上,只要网页的相对位置没有改变,任何超链接都可以继续工作。例如,Products.htm 上的超链接指向 Food 文件夹中的 Apple.htm 网页;如果这两个网页都被移动到另一个服务器的 Food 文件夹中,则超链接中的 URL 仍然是正确的。

(3) 插入超链接的具体步骤如下。

步骤 1：打开要建立超链接的网页,选中要创建超链接的文本串或图像(称为超链接源)。

步骤 2：单击"插入"|"超链接"命令,打开如图 7-26 所示的"创建超链接"对话框。

图 7-26 "创建超链接"对话框

步骤3：在"地址"文本框中指定超链接的目标位置，用相对或绝对 URL，单击"确定"按钮。

2．书签

书签可以理解为网页中的一个特殊标记，它可以是网页中任何位置的一个单词或词组。书签可以用做超链接的目标。例如，如果要向网站访问者显示网页上某个部分，则可以添加一个以书签为目标的超链接。当网站访问者单击该超链接时，将显示网页的相关部分而不显示其顶端。也可以使用一个或多个书签来查找网页上的位置。例如，可向网页的每个主标题添加一个书签。编辑该网页时，可以根据相应的书签快速找到每一节。

（1）设置书签的方法步骤如下。

步骤1：打开要设置书签的网页，选中要设置书签的文本串或图片对象。

步骤2：单击"编辑"|"书签"命令，打开如图7-27所示的"书签"对话框。

步骤3：在"书签名称"文本框中输入书签名（网页中每个书签的名称必须唯一），单击"确定"按钮，完成书签的设置操作。

（2）创建书签以后，可以按以下步骤创建到书签的链接。

步骤1：打开要建立超链接的网页，选中要创建超链接的文本串或图像（称为超链接源）。

步骤2：单击"插入"|"超链接"命令，打开如图7-26所示的"创建超链接"对话框。

步骤3：单击对话框上"书签"按钮，打开如图7-28所示的"在文档中选择位置"对话框。

图 7-27 "书签"对话框

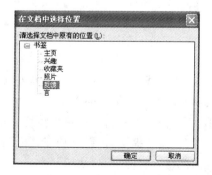

图 7-28 选择文档中的书签

步骤4：选择"反馈"书签后，单击"确定"按钮，完成设置。

7.4.5 添加表单

如果网页只是让访问者去浏览，而没有交互功能是很难吸引访问者的。表单是实现交互功能的网页元素。通过表单，可以向服务器传送访问者输入的信息，服务器通过数据处理返回访问者感兴趣的内容，从而建立与访问者的交互。现在网络上流行的论坛、留言等就是这种形式的交互。

1. 插入表单域

表单是由若干个表单域和相关的网页元素组成的，表单域是浏览者输入或提交信息的地方，一般网页中使用的表单元素主要有文本框、文本区、复选框、选项按钮等。插入表单域的具体操作步骤如下。

步骤1：打开需要插入表单域的网页，单击"插入"|"表单"命令，打开如图7-29所示的子菜单，其中列出了各种类型的表单域的名称，如文本框、单选按钮、复选框等。

步骤2：在子菜单中选择需要插入的表单域类型，当插入第一个表单域后，页面中会自动产生一个表单（表单周围有一个虚线框），同时自动插入"提交"和"重置"两个按钮，如图7-30所示。

图 7-29 插入表单的子菜单

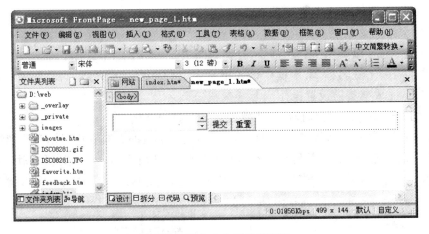

图 7-30 插入文本区后的页面

步骤3：插入其他表单域，一个表单可以有多个表单域，将插入点置于虚线框之内，可插入新的表单域但不会产生新的表单，而当插入点在虚线框外时，再插入新的表单域就会产生新的表单，标志为产生了新的表单虚线框。每个表单中可以有多个表单域，但只有一组"提交"和"重置"按钮，"提交"按钮的功能是把输入的信息提交到服务器，"重置"按钮的功能是清除输入的信息，恢复页面到初始状态。

2. 表单元素的设置

(1) 文本框：文本框是一种最基本的表单元素，主要用于接收如姓名、地址、电话等少量信息，文本框中的内容可以进行剪切、复制和删除等操作。文本框的属性设置操作步骤如下。

步骤1：右击文本框，在弹出式菜单中单击"表单域属性"命令或在文本框中双击，打开"文本框属性"对话框，如图7-31所示。

步骤2：对话框中各参数："名称"代表该表单域变量名；"初始值"表示文本框初始的文本信息，一般为空；"宽度"表示文本框在屏幕上的实际宽度，单位为字符，系统默认为20；"Tab键次序"代表该表单域在表单中的实际顺序；"密码域"选中"是"代表该文本框作为输入密码用，输入字符为密文，用"＊"来替代文字显示，默认选中"否"；"样式"按钮用于设置文本框内文字的格式。按需要输入各参数。

图7-31 "文本框属性"对话框

步骤3：单击"确定"按钮，完成文本框属性的设置。

(2) 文本区：文本区一般用于输入如客户留言、产品信息等大量信息，当用户输入的文本内容超过文本区显示的范围时，文本区中就会自动出现滚动条，可以通过滚动条来查看文本区内容。文本区的属性设置操作步骤如下。

步骤1：右击文本区，在弹出式菜单中单击"表单域属性"命令或在文本区中双击，打开"文本区属性"对话框，如图7-32所示。

步骤2：对话框中各参数和文本框含义一样，"行数"设置文本区中输入文本的最大行数，按需要输入各参数。

步骤3：单击"确定"按钮，完成文本区属性的设置。

(3) 文件上载：是用于上载文件的一种表单域，文件上载的属性设置操作步骤如下。

▼ 步骤1：右击文件上载，在弹出式菜单中单击"表单域属性"命令或在双击文件上载表单域，打开"文件上载属性"对话框，如图7-33所示。

图7-32 "文本区属性"对话框

图7-33 "文件上载属性"对话框

步骤2：对话框中各参数和文本框含义一样，按需要输入各参数。

步骤3：单击"确定"按钮，完成文件上载属性的设置。

(4) 复选框：提供多个相互不排斥的选项，让浏览者选择若干个选项，一般用于多个选项中可同时选中任意一个或多个的情况,所以一般情况下是几个复选框一起用。复选框的属性设置操作步骤如下。

步骤1:右击复选框,在弹出式菜单中单击"表单域属性"命令或双击复选框表单域,打开"复选框属性"对话框,如图7-34所示。

步骤2:对话框中各参数。"值"设置复选框选择时的值,当用户提交表单时,该值被传送给Web服务器的处理程序,按需要输入各参数。

步骤3:单击"确定"按钮,完成复选框属性的设置。

(5)"选项"按钮:就是单选按钮,它一般用在一个选项组中,选项按钮在操作中只能而且必须选中一项。选项按钮与复选框类似,可参照复选框设置。

(6)分组框:用于将属于同一组别的表单域集中在同一个框格中,方便网站访问者操作,在网页表单中插入一个分组框后,可以在其中插入其他表单域,也可以插入普通元素。分组框的属性设置操作步骤如下。

步骤1:右击分组框,在弹出式菜单中单击"分组框属性"命令,打开"分组框属性"对话框,如图7-35所示。

图7-34 "复选框属性"对话框

图7-35 "分组框属性"对话框

步骤2:对话框中各参数:"标签"文本框中输入分组框标题栏中显示的名称;在"对齐"下拉列表中选择分组框标题的对齐方式,按需要输入各参数。

步骤3:单击"确定"按钮,完成分组框属性的设置。

(7)下拉框:由一个空白区域和一个下三角按钮构成,单击下三角按钮时,出现一个下拉列表,列出下拉框中的所有项目,单击下拉列表中的项目,该项目会自动出现在下拉框的显示框中,表示此项已被选中。

3. 表单属性设置

表单以何种方式提交表单域中的数据,需要在表单属性中设置。右击表单中的任意区域,即可打开"表单属性"对话框,如图7-36所示。

"发送到"文件名称:将表单结果发送到文本或HTML文件中,该文件位于网站的隐藏目录_private中,用户也可以根据需要更改文件位置和文件名,并可以设置保存表单结果的文件格式以及是否在表单结果中包含域名称。

"发送到"电子邮件地址:将表单结果发送到E-mail中,当浏览者每次在提交表单结果时,系统会显示一条E-mail信息,这样更加方便浏览者和管理员联系。

"发送到数据库":将表单结果发送到一个已有的数据库中,还可以新建一个数据库来保存表单结果。

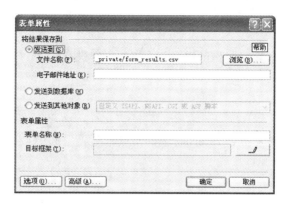

图 7-36 "表单属性"对话框

"发送到其他对象":如果设计者有特殊的表单处理程序,需要特殊的数据处理能力,FrontPage 2003 允许设计者使用自定义的表单处理程序来处理表单结果。

7.4.6 框架网页

框架网页是一种特殊的 HTML 网页,它可以将浏览器窗口分为不同的区域,而每一个区域又可以显示不同的网页。当在一框架显示的网页的超链接上单击,被超链接所指定的网页可在其他框架中显示。

框架网页本身不包含实际的属性,它只是一个指定其他网页如何显示的容器。它实现了各框架内容的独立性,又让各部分灵活、统一构成一个整体的页面。

创建框架网页的具体操作步骤如下。

步骤 1:单击"文件"|"新建"命令,在打开的"新建"任务窗格中单击"其他网页模板",打开如图 7-37 所示的"网页模板"对话框。

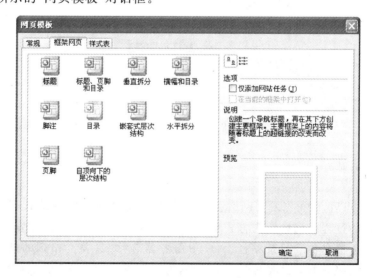

图 7-37 "网页模板"对话框

步骤2：单击"框架网页"标签，选择一个网页模板，单击"确定"按钮，即可创建好一个框架网页。

步骤3：框架网页本身的制作可按前面介绍的内容进行。

7.5 网站的发布

站点设计好后，就可发布到 Internet 上的站点服务器空间中，别人就可以通过 URL 地址访问你的站点了。

7.5.1 网站的测试

站点在发布之前，用户需要对站点进行反复的分析测试和设置。FrontPage 2003 提供了多种方便的测试和维护工具，用于保证站点的正常运行。测试站点的具体操作步骤如下。

步骤1：安装 Internet 信息服务（IIS）；先在控制面板中打开"添加/删除程序"对话框，单击对话框左侧的"添加/删除 Windows 组件"按钮，打开"Windows 组件向导"对话框，选中"Internet 信息服务（IIS）"选项如图 7-38 所示，再单击"下一步"按钮，根据向导完成安装。

步骤2：配置 Internet 信息服务（IIS），使它可以显示我们的网站。

步骤3：打开浏览器，在地址栏输入：http://localhost/index.htm，便可以浏览网站了。

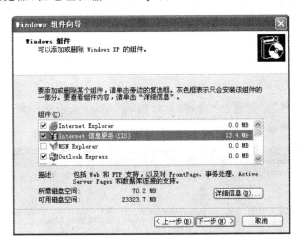

图 7-38　Internet 信息服务（IIS）的安装

7.5.2 发布网站

在测试完站点后，就可以发布网站了，网站的发布就是把构成网站和网页的文件复制到 Web 服务器的过程。网站发布方式有多种，这里介绍通过 FTP 方式发布主页，首先必须知道 FTP 服务器名称和目录路径。"FTP 服务器名称"是要发布到的站点服务器的域名，"目录路径"是服务器上存放站点的文件夹，再就是要确定用户名称、密码。具体操作步骤如下。

步骤1：在 FrontPage 2003 里打开要发布的站点，单击"文件"|"发布站点"命令，打开如图 7-39 所示的"远程网站属性"对话框。

图 7-39 "远程网站属性"对话框

步骤2：设置好服务器类型，单击"确定"按钮，开始在指定位置创建站点，发布成功后，可以在 IE 中查看发布效果。

7.6 本章小结

本章主要介绍了网页制作的基本知识以及 FrontPage 2003 的基本概念与基本操作，通过本章的学习，用户应该掌握网页基本元素——文本的基本操作以及格式化网页和超链接的正确应用；了解网页中最常用的元素——图像的合理使用，图像要设置得当，能够起到画龙点睛、引人入胜的作用；学会使用布局工具表格及框架网页灵活组织网页内容，建立一个主题明确、内容丰富的网页。最终掌握简单网页的制作，以及框架网页及网页元素表格、表单等的应用方法，了解 FrontPage 2003 网站创建、测试与发布操作。

7.7 习题

一、单项选择题

1. 使用 Microsoft Office 中的_____可方便地设计制作精美的网页。
   A. Word　　　　　B. Excel　　　　　C. PowerPoint　　D. FrontPage
2. FrontPage 2003 提供了_____种视图模式。
   A. 1　　　　　　　B. 3　　　　　　　C. 4　　　　　　　D. 6
3. 在 FrontPage 2003 的_____下可通过导航条和共享边界使整修网站保持一致的风格。
   A. 网页视图　　　B. 文件夹视图　　C. 导航视图　　　D. 任务视图

4. FrontPage 在编辑时可选择_____模式以查看网页的源文件。
   A. 网页视图   B. 普通   C. HTML   D. 预览
5. 一般网站主页习惯上命名为_____。
   A. index   B. 没有名字   C. index.htm   D. 主页.html
6. 在 FrontPage 2003 中可通过_____菜单为网页添加超链接。
   A. 文件   B. 插入   C. 格式   D. 工具
7. 在 FrontPage 2003 中超链接可链接到_____。
   A. 电子邮件   B. 链接所在网页中的文字
   C. 其他网页中的图片   D. 以上都可以
8. 网页中可包含_____。
   A. 图片   B. 声音   C. 表格   D. 以上都可以
9. 以下说法正确的是_____。
   A. FrontPage 2003 是 Microsoft 公司推出的专业网页制作软件
   B. 在 FrontPage 2003 中制作出来的网页在任何浏览器中浏览都和预览效果一样
   C. 创建网站一般要经过分析、规划、制作、发布、维护与更新这几个过程
   D. 在 FrontPage 2003 中文字和图片都可以作为书签
10. 在一个表单中可包含_____。
    A. 下拉菜单   B. 提交按钮   C. 单行文本框   D. 以上都可以

二、简答题

1. 网页的标题名与网页文件名有什么区别？
2. 什么是主页？主页与网页的区别是什么？
3. 什么是超链接？如何设置书签式超链接？
4. 表格与框架在网页中的布局特点有什么不同？
5. 表单的作用是什么？表单数据的提交方式有哪些？
6. 网页发布主要分为哪些步骤？

三、操作题

1. 在计算机上安装中文 FrontPage 2003，比较与 Office 中其他组件的不同。
2. 观察同一个网页在不同视图模式下的显示效果。
3. 使用模板创建一个个人网站，要求至少包括体现用户兴趣爱好、我的学校和我的家乡等网页。
4. 新建一个空白网页，在网页中插入一个 4×5 的表格，设置表格边框为 5，并在表格中进行表格的合并和拆分操作。

第 8 章 信息安全基础

信息技术的发展和应用引起了生产方式、生活方式乃至思想观念的巨大变化,推动了人类社会的发展和文明的进步。信息已成为社会发展的重要资源和决策资源,信息化水平已成为衡量一个国家的现代化程度和综合国力的重要指标。可是,人们在享受信息化带来的众多好处的同时,也面临着日益突出的信息安全问题。

信息系统的安全主要包括计算机系统的安全和信息安全两个方面。目的是保护信息系统中的资源(计算机硬件、软件、网络设备和数据等)不遭受盗窃、破坏或丢失等。

信息安全是一门涉及数学、信息、计算机科学和通信技术等多种学科的综合性学科领域。可以从技术、管理和政策法规等方面建立信息安全的保障体系。

8.1 信息安全概述

8.1.1 信息系统的安全威胁

随着因特网的发展和广泛应用,网络信息系统为现代人的工作和生活提供了极大的便利。但网络在带来资源共享的同时也带来了安全问题。无论是整个 Internet,还是各地的局域网,都存在着来自网络内部或外部的安全威胁。网络信息系统的不安全因素多种多样,但归纳起来主要为如下几种。

1. 资源共享方式

信息系统中的所有信息和资源都可以通过网络共享,包括硬件共享、软件共享、数据共享。这为异地用户提供了巨大方便,同时也给非法用户窃取信息、破坏信息创造了条件。远程访问使得各种攻击无需到现场就能得手,非法用户有可能通过终端或节点对信息进行非法浏览和修改。此外由于大多数共享资源(如网络打印机)同它们的使用者之间相隔一段距离,也给窃取信息在时间和空间上设下了便利条件。

2. 硬件和软件故障

组成网络的通信系统和计算机系统(包括通用和专用操作系统及各种应用系统)的自身缺陷也在客观上导致了信息系统在安全上的脆弱性。由于人们的认知能力和实践能力的局限性,在系统设计和开发过程中会产生许多的错误、缺陷和遗漏,成为安全隐患,而且系统越大、越复杂,这种安全隐患越多。据安全应急响应小组论坛(Forum of Incident Responseand Security Teams,FIRST)专家指出:程序每千行中至少有 5~10 个隐含的缺陷。进而可知网络信息系统中弱点和隐患是普遍存在的。此外用户使用时系统配置本身和用来提供保护的安全系统的配置也可能存在问题。

3. 黑客及病毒等恶意程序的攻击

网络黑客（hacker）是指那些专门闯入计算机系统、网络、电话系统和其他通信系统，具有不同的目的（政治的、商业的或者是恶作剧的），非法地入侵和破坏系统、窃取信息的攻击者。他们大都是程序员，对计算机技术和网络技术非常精通，了解系统的漏洞及其原因所在。但现在随着网络的发展，由于存在大量公开的黑客站点，所以获得黑客工具非常容易，黑客技术也越来越易于掌握，这就导致网络面临的威胁也越来越大。

计算机病毒是指能利用系统进行自我复制和传播，通过特定事件触发而破坏系统的一组计算机指令或程序代码。计算机网络可以从多个节点接收信息，因而极易感染计算机病毒，病毒一旦侵入，在网络内再按指数增长进行再生，进行传染，很快就会遍及网络各节点，短时间内可以造成网络的瘫痪。

4. 管理的失误

网络系统的正常运行离不开系统管理人员对网络系统的管理。由于对系统的管理措施不当，会造成设备的损坏、保密信息的人为泄露等，而这些主要是管理的失误。

5. 环境的不良影响

计算机网络通过通信线路连接不同地域的计算机或终端，信息是通过线路来传送的。因此，自然界的灾害（如恶劣的温湿度、地震、风灾、火灾等）以及事故都会对网络造成严重的损害和影响；强电、强磁场会毁坏传输中和信息载体上的数据信息；雷电能轻而易举地穿过电缆，损坏网中的计算机，使计算机网络瘫痪。而搭线窃听、对网络进行的人为破坏等社会环境也都对信息的安全造成很大的威胁。

8.1.2 信息系统的安全需求

1. 信息系统安全的定义

信息系统安全的内容包括了计算机系统安全和信息安全两个部分。计算机系统安全主要指包括网络设备在内的硬件、操作系统和应用软件的安全；信息安全主要指各种信息的存储和传输的安全。信息系统安全通常被定义为"保护系统中的各种资源（包括计算机硬件和网络设备、软件、数据等）不因偶然或恶意的原因而遭到破坏、更改和泄露，系统能够连续正常运行"。

信息系统安全的具体含义会随着"角度"的变化而变化。比如：从用户（个人、企业等）的角度来说，他们希望涉及个人隐私或商业利益的信息在网络上传输时受到机密性、完整性和真实性的保护，避免其他人或对手利用窃听、冒充、篡改、抵赖等手段侵犯用户的利益和隐私，同时也避免其他用户的非授权访问和破坏。从网络运行和管理者角度说，希望对本地网络信息的访问、读写等操作受到保护和控制，避免出现非法存取、拒绝服务和网络资源非法占用和非法控制等威胁,制止和防御网络黑客和病毒的攻击。而对安全保密部门来说,希望对非法的、有害的或涉及国家机密的信息进行过滤和防堵,避免机要信息泄露,避免对社会产生危害,对国家造成巨大损失。

2. 信息系统的安全需求

在美国国家信息基础设施(National Information Infrastrue,NII)的文献中,给出了信息安全的5个属性:可用性、可靠性、完整性、保密性和不可否认性。一般认为可以从这5个方面定义信息系统安全的基本需求。

1) 可用性

可用性(Availability)是指得到授权的实体在需要时可访问资源和服务。即无论何时,只要用户需要,信息系统必须是可用的,也就是说信息系统不能拒绝服务。网络最基本的功能是向用户提供所需的信息和通信服务,而用户的通信要求是随机的,多方面的(语音、数据、文字和图像等),有时还要求时效性。网络必须随时满足用户通信的要求。攻击者通常采用占用资源的手段阻碍授权者的工作。可以使用访问控制机制,阻止非授权用户进入网络,从而保证网络系统的可用性。增强可用性还包括如何有效地避免因各种灾害(战争、地震等)造成的系统失效。

2) 可靠性

可靠性(Reliability)是指系统在规定条件下和规定时间内完成规定功能的概率。可靠性是网络安全最基本的要求之一,网络不可靠,事故不断,也就谈不上网络的安全。目前,对于网络可靠性的研究基本上偏重于硬件可靠性方面。研制高可靠性元器件,采取合理的冗余备份措施仍是最基本的可靠性对策,然而,有许多故障和事故,则与软件可靠性、人员可靠性和环境可靠性有关。

3) 完整性

完整性(Integrity)是指数据未经授权不能进行改变的特性,即信息在存储或传输过程中保持不被非法修改、破坏和丢失,并且能够判别出数据是否已被改变。其目的就是保证信息系统上的数据处于一种完整和未受损的状态,不会因有意或无意的事件而被改变或丢失。

4) 保密性

保密性(Confidentiality)是指确保信息不暴露给未授权的用户、实体或进程。即信息的内容不会被未授权的第三方所知。这里所指的信息不仅包括国家秘密,也包括各种社会团体、企业组织的工作秘密及商业秘密、个人的秘密等。防止信息失窃和泄露的保障技术称为保密技术。

5) 不可否认性

不可否认性(Non-Repudiation)是指信息的行为人要对自己的信息行为负责,不能抵赖自己曾有过的行为,也不能否认曾经接到对方的信息。不可否认性在交易系统中十分重要。通常将数字签名和公证机制一同使用来保证不可否认性。

除此之外,计算机网络信息系统的其他安全需求还包括:

1) 可控性

可控性(Controllability)是指可以控制授权范围内的信息流向及行为方式,对信息的传播及内容具有控制能力。为保证可控性,通常通过访问控制列表等方法来实现控制用户能否访问系统或网络上的数据以及访问的方式,通过握手协议和鉴别对网络上的用户进行身份验证,并将用户的所有活动记录下来便于查询审计。

2) 可审计性

可审计性(Auditability)就是使用审计、监控、防抵赖等安全机制,使得使用者(包括合法用户、攻击者、破坏者、抵赖者)的行为有证可查,并能够对网络出现的安全问题提供调查依据和手段。审计是通过对网络上发生的各种访问情况记录日志,并对日志进行统计分析,是对资源使用情况进行事后分析的有效手段,也是发现和追踪事件的常用措施。审计的主要对象为用户、主机和节点,主要内容为访问的主体、客体、时间和成败情况等。

3) 鉴别

鉴别(Authentication)用于保证通信的真实性,证实接收的数据就来自所要求的源方,包括对等实体鉴别和数据源鉴别。数据源鉴别连同无连接的服务一起操作,而对等实体鉴别通常与面向连接的服务一起操作,一方面可保证信息使用者和信息服务者都是真实声称者,另一方面可防止冒充和重演的攻击(如假冒其中的一方进行非授权的传输或接收)。

4) 访问控制

访问控制(Accesscontrol)用于防止对网络资源的非授权访问,保证系统的可控性。访问控制根据主体和客体之间的访问授权关系,对访问过程做出限制。

8.1.3 信息安全等级划分与保护

信息系统的安全问题是一个十分复杂的问题,可以说信息系统有多复杂,信息系统的安全问题就有多复杂,信息系统有什么样的特性,信息系统的安全就同样具有类似的特性。不同的信息系统的安全需求可能是不同的,所需要的安全保护也可能不同。鉴于信息系统安全的重要性,各国和相关的国际标准化组织纷纷制定了一系列评价标准,对信息系统的安全等级进行了划分。

为加快推进我国信息安全等级保护,规范信息安全等级保护管理,提高信息安全保障能力和水平,维护国家安全、社会稳定和公共利益,保障和促进信息化建设,公安部、国家保密局、国家密码管理局、国务院信息化工作办公室4部门根据《中华人民共和国计算机信息系统安全保护条例》等有关法律法规,联合制定了《信息安全等级保护管理办法》。

1. 信息安全等级的划分

《信息安全等级保护管理办法》中要求,信息系统的安全保护等级应当根据信息系统在国家安全、经济建设、社会生活中的重要程度,信息系统遭到破坏后对国家安全、社会秩序、公共利益以及公民、法人和其他组织的合法权益的危害程度等因素来确定。国家信息安全等级保护坚持自主定级、自主保护的原则。信息系统的安全保护等级一般分为以下5级。

第一级,信息系统受到破坏后,会对公民、法人和其他组织的合法权益造成损害,但不损害国家安全、社会秩序和公共利益。

第二级，信息系统受到破坏后，会对公民、法人和其他组织的合法权益产生严重损害，或者对社会秩序和公共利益造成损害，但不损害国家安全。

第三级，信息系统受到破坏后，会对社会秩序和公共利益造成严重损害，或者对国家安全造成损害。

第四级，信息系统受到破坏后，会对社会秩序和公共利益造成特别严重损害，或者对国家安全造成严重损害。

第五级，信息系统受到破坏后，会对国家安全造成特别严重损害。

2. 信息安全等级的保护管理

对于各等级的信息系统的安全保护，均由信息系统运营、使用单位依据《信息安全等级保护管理办法》等国家有关管理规范和相关技术标准来进行保护。但其中对于第二等级至第五等级的信息系统的安全保护管理，除了由信息系统运营、使用单位依据国家有关管理规范和技术标准进行保护外，同时还规定应当由国家有关信息安全监管部门对相应等级信息系统的信息安全等级保护工作分别进行指导，或监督和检查，或强制监督和检查，或专门的监督和检查。

国家制定统一的信息安全等级保护管理规范和技术标准，目的是组织公民、法人和其他组织对信息系统分等级实行安全保护，并对等级保护工作的实施进行监督和管理。

8.2 网络信息安全技术

由于互联网的开放性，使得网络容易受到计算机病毒、恶意软件等的非法攻击，网络和连接在网络上的信息系统面临各种复杂的、严峻的安全威胁。因此，计算机网络与信息系统的安全是一项十分重要的工作。

8.2.1 安全策略

安全策略是指在一个特定的环境中，为保证提供一定级别的安全保护所必须遵守的规则。每个组织都必须制定一个安全策略以满足系统的安全需要，为有效地使用系统资源提供保证。网络安全策略通常包括管理和技术两个方面的内容。

1. 加强网络管理，保证信息安全

各网络使用机构、企事业单位应根据本单位的具体情况建立相应的信息安全管理办法，加强内部管理，建立审计和跟踪体系，提高整体信息安全意识。

首先要加强计算机安全立法。近年来利用计算机犯罪的情况日益增加，特别是在经济领域中的计算机犯罪非常严重，要约束计算机犯罪首先是立法。

其次是制定合理的网络管理措施。法律并不能从根本上杜绝犯罪，法律制裁只能是一种外在的补救措施，提供一种威慑。因此，必须从管理的角度采取措施，增加网络系统的自我防范能力。要对网络中的各用户及有关人员加强职业道德、事业心、责任心的培养教育，建立完善的安全管理体制和制度，要有与系统相配套的有效的和健全的管理方法，起到对管理人员和操作人员的鼓励和监督的作用。

2. 采用先进技术，保障信息安全

先进的安全技术是信息安全的根本保障。用户需首先对面临的威胁进行风险评估，根据评估报告和所需的安全保护级别决定其需要的安全服务种类，选择相应的安全机制，然后集成先进的安全技术，最后还要定期升级相关的技术。

1) 采用符合系统需求的安全保障体系

安全是一个相对的概念，对于不同性质、不同类型、不同应用领域的网络系统，安全的具体需求也不相同，应采取不同的安全技术。而且安全措施的采用会占用网络系统资源，降低正常服务的运行效率。因此在设计网络系统时，需要根据关键业务的各个方面的实际需要，在安全性和效率上进行权衡。

2) 确定网络资源的职责划分

根据网络资源的职责确定允许使用某一设备的用户及其访问方式，如允许哪些用户使用、何时使用；用户如何授权访问，可以进行哪些操作；采用什么样的登录方式（远程和本地登录）；授权（或禁止）用户对不同系统程序、应用程序和数据的访问，并制定授权方式和程序。

3) 制定使用规则

包括用户口令的设置规则，即应在多长时间内更改口令；设置用户数据备份的方式；如何在保护用户的隐私与网络管理人员为诊断、处理问题而收集用户信息之间进行均衡等。

4) 制定日常维护规程

包括如何配置网络系统的安全检测程序，采用什么检测方式、检测手段和检测哪些方面的内容等。

5) 制定应急措施

在检测到系统遭遇到安全威胁或系统遭到破坏时，应该有相应措施去应对，以保证系统能继续正常处理事物。如对发生在本局域网内部的安全问题，是否应逐级过滤、隔离；在系统遭到破坏时是否启动自动恢复等。

系统安全性包括数据安全性、通信安全性和信息安全性等环节，是一个整体，整个系统的安全性等同于其中最薄弱环节的安全性，因此针对系统的特点制定合理的安全策略是十分重要的。

8.2.2 防火墙技术

在网络系统中，防火墙是一种用来限制、隔离网络用户的某些操作的技术，是设置在被保护的网络与互联网之间或其他网络之间的一组硬件设备和软件的多种组合，它可以控制被保护的网络与其他网络之间的信息访问。

防火墙在某种意义上可以说是一种访问控制技术。它在内部网络与不安全的外部网络之间设置障碍，阻止外界对内部网络资源的非法访问，防止内部网络用户对外部网络的不安全访问。防火墙的位置如图 8-1 所示。

图 8-1　防火墙的位置与作用

1. 防火墙的功能

保证内部网络的安全性,保证内部网与外部网络之间的连通性,是网络对防火墙系统的基本需求,因此,一个良好的防火墙系统应具有如下功能。

(1) 实施网间访问控制,强化安全策略。防火墙能够按照一定的安全策略对两个或多个网络之间的数据通信进行检查,并按照策略规则决定采取相应的动作,如仅仅容许"认可的"和符合规则的请求通过等。

(2) 能有效地记录 Internet 上的活动。因为所有进出内部网络的信息都必须通过防火墙,所以防火墙非常适合收集关于系统和网络使用和误用的信息。作为访问的唯一点,防火墙能记录下这些访问并做出日志记录,同时也能提供网络使用情况的统计数据。当发生可疑动作时,防火墙能进行适当的报警,并提供网络是否受到监测和攻击的详细信息。这些对网络需求分析和威胁分析等而言也是非常重要的。

(3) 能隔离网段,限制安全问题扩散。利用防火墙对内部网络的划分,可实现内部网重点网段的隔离,从而限制了局部重点或敏感网络安全问题对全局网络造成的影响。使用防火墙还可以隐蔽那些透漏内部细节如 Finger,DNS 等服务,可以阻塞有关内部网络中的 DNS 信息,这样一台主机的域名和 IP 地址就不会被外界所了解。

(4) 能进行安全策略的检查,是网络安全的屏障。防火墙(作为阻塞点、控制点)能极大地提高一个内部网络的安全性,并通过过滤不安全的服务而降低风险。由于只有经过精心选择的应用协议才能通过防火墙,所以网络环境变得更安全。如防火墙可以禁止不安全的 NFS 协议进出受保护网络,这样外部的攻击者就不可能利用这些脆弱的协议来攻击内部网络。同时防火墙可以保护网络免受基于路由的攻击,如 IP 选项中的源路由攻击和 ICMP 重定向中的重定向路径。防火墙应该可以拒绝所有以上类型攻击的报文并通知防火墙管理员。

2. 防火墙的主要类型

按照访问控制所使用的技术,防火墙可以分为包过滤、代理服务器、电路级网关三大类。

1) 包过滤防火墙

包过滤防火墙一般工作在网络层,根据一组定义好的过滤规则对数据包进行分析、选择和过滤。过滤规则基于数据包的报头信息进行制定,其中包括 IP 源地址、IP 目标地址、所用端口号、协议类型、协议标志、服务类型和动作等,通过检查数据流中每一个 IP 数据包的这些因素或它们的组合来确定是否允许该数据包通过。包过滤防火墙通常可以集成在路由器上,在进行路由选择的同时实现数据包的选择和过滤,也可以由一台计算机来完成数据包的过滤。

包过滤防火墙的优点是速度快,实现方式简单,成本低,易安装、使用和扩展,网络性能和透明度好。缺点是配置比较困难,且由于工作信息不完全,无法有效地区分同一 IP 地址上的不同用户,不理解通信内容,因此安全性相对较低。它对欺骗性攻击的防范很脆弱,一旦被攻破,无法查找攻击来源。当采用严格过滤标准时,开销太大,又会降低网络传输性能。

2) 代理服务器防火墙

代理服务器防火墙也叫应用层网关防火墙。这种防火墙通过一种代理技术参与到一个 TCP 连接的全过程。当内、外网络之间有访问发生时,代理服务器会自动接管连接,使得网络内部的客户不直接与外部网络通信,防火墙内外计算机系统之间应用层的连接由两个代理服务器之间的连接来实现。代理服务器防火墙在实际应用中比较普遍,如学校校园网就可通过代理服务器接入因特网。

代理服务器防火墙隔离了内部网络客户与外部客户之间的直接通信,使内部网络对外部网络不可见,而且它工作在应用层,能够理解应用层上的协议。它可以对每个特定的网络应用服务使用特定的数据安全策略,可以记录和控制所有进出流量,可以实施用户认证、详细日志和审计跟踪,可以对具体协议的内容过滤,执行更详细的检查动作,而且在整个服务过程中,应用代理程序一直进行着监控,一旦发现用户有非法的操作,就可以实行干涉,因此安全性比较高。

代理服务器防火墙的主要缺点是由于额外的开销而牺牲了一些系统性能,导致处理速度慢,同时每一种协议都需要相应的代理软件,因此对代理服务器的处理资源(处理器、内存等)要求较高。

3) 电路级网关防火墙

电路级网关防火墙用来监控内部网络客户或服务器与外部网络主机间的 TCP 连接信息,并以此决定该会话是否合法。电路级网关防火墙通常工作在传输层,它在两个主机首次建立 TCP 连接时创立一个电子屏障,建立两个 TCP 连接:一个是在网关本身和内部主机的 TCP 用户之间,另一个是在网关和外部主机上的 TCP 用户之间。它从接收到的数据包中提取与安全策略相关的状态信息,将这些信息保存在一个动态状态表中,用于验证后续的连接请求是否合法。一旦允许建立连接,网关就可以从一个连接向另一个连接转发数据包,而对其内容并不作检查。其安全功能体现在决定哪些连接是允许的。

防火墙使用的技术不同,其工作层次也不同,具有的功能和存在的问题也各自不同。在实际使用中,一般综合采用以上几种技术和集成防毒软件的功能,来提高系统的防病毒能力和抗攻击能力,使防火墙能够满足网络系统对安全性、高效性、适应性和易管理性的要求。例如,瑞星企业级防火墙 RFW-100 就是一个功能强大、安全性高的混合型防火墙,它集网络层状态包过滤、应用层代理、管理用户的双因子认证、敏感信息的加密传输和详尽灵活的日志审计等多种安全技术于一身,可以根据用户的不同需要,提供强大的访问控制、信息过滤、代理服务和信息的综合分析等功能。通过安装配置瑞星企业级防火墙 RFW-100,可以在内外网之间建立一道牢固的安全屏障,它既可以保护内网资源不被外部非授权用户非法访问或破坏,也可以阻止内部用户对外部不良资源的滥用,并能够对发生在网络中的安全事件进行跟踪和审计。

3. 防火墙的局限性

防火墙在互联网中,对系统的安全起着极其重要的作用,但对于系统的安全问题,还有许多问题防火墙无法解决,还存在许多缺陷,主要表现在以下几个方面。

(1) 由于很多网络在提供网络服务的同时,都存在安全问题。防火墙为了提高被保护网络的安全性,就限制或关闭了很多有用但又存在安全缺陷的网络服务,从而限制了有用的网络服务。

(2) 由于防火墙通常情况下只提供对外部网络用户攻击的防护。而对来自内部网络用户的攻击只能依靠内部网络主机系统的安全性能。所以,防火墙无法防护内部网络用户的攻击。

(3) 互联网防火墙无法防范通过防火墙以外的其他途径对系统的攻击。

(4) 因为操作系统、病毒的类型,编码与压缩二进制文件的方法等各不相同。防火墙不能完全防止传送已感染病毒的软件或文件。所以防火墙在防病毒方面存在明显的缺陷。

总之,随着网络的发展、应用的普及,各种网络安全问题不断地出现,作为一种被动式防护手段的防火墙,能够较为有效地防止黑客利用不安全的服务对内部网络的攻击,并且能够实现数据流的监控、过滤、记录和报告功能,较好地隔断内部网络与外部网络的连接。但是,由于防火墙技术的局限性,网络的安全问题不可能只靠防火墙来完全解决。

8.2.3 其他网络安全技术

除了防火墙技术之外,目前常用的网络信息安全技术大致有数据加密、安全路由器、虚拟专用网、入侵检测系统、用户身份认证等。

1. 数据加密技术

数据加密技术是为提高信息系统及数据的安全性和保密性,防止秘密数据被外部破坏所采用的主要技术手段之一。按作用不同,数据加密技术主要分为数据传输、数据存储、数据完整性鉴别和密钥管理技术 4 种。

加密技术是一种效率高而又灵活的安全手段,在实际中有着广泛的应用。目前,加密算法有多种,大多源于美国,但是多数受到美国出口管制法的限制。现在金融系统和商界普遍使用的算法是美国数据加密标准 DES。近几年来我国对加密算法的研究主要集中在密码强度分析和实用化研究上。

2. 虚拟专用网技术

虚拟专用网(Virtual Private Network,VPN)指的是在公用网络上建立专用网络的技术,它通过采用数据加密技术和访问控制技术,实现两个或多个可信内部网之间的互联。VPN 的构筑通常都要求采用具有加密功能的路由器或防火墙,以实现数据在公共信道上的可信传递。使用 VPN 的好处是:

(1) 使用 VPN 可降低成本。通过公用网来建立 VPN,就可以节省大量的通信费用,而不必投入大量的人力和物力去安装和维护WAN(广域网)设备和远程访问设备。

(2) 传输数据安全可靠。虚拟专用网产品均采用加密及身份验证等安全技术，保证连接用户的可靠性及传输数据的安全和保密性。

(3) 连接方便灵活。用户如果想与合作伙伴联网，如果没有虚拟专用网，双方的信息技术部门就必须协商如何在双方之间建立租用线路或帧中继线路，有了虚拟专用网之后，只需双方配置安全连接信息即可。

(4) 完全控制。虚拟专用网使用户可以利用ISP的设施和服务，同时又完全掌握着自己网络的控制权。用户只利用ISP提供的网络资源，对于其他安全设置、网络管理变化可由自己管理。在企业内部也可以自己建立虚拟专用网。

3. 入侵检测技术

入侵检测是保障网络系统安全的关键部件，它通过监视受保护系统的状态和活动，来发现非授权的或恶意的系统及网络行为，为防范入侵行为提供有效的手段。

入侵检测系统(Intrusion Detection System, IDS)就是执行入侵检测任务的硬件或软件产品。IDS通过实时的分析，检查特定的攻击模式、系统配置、系统漏洞、存在缺陷的程序版本以及系统或用户的行为模式，监控与安全有关的活动。

入侵检测系统包括事件提取、入侵分析、入侵响应和远程管理4大部分，另外还可结合安全知识库、数据存储等功能模块，提供更为完善的安全检测及数据分析功能。它是一种用于检测任何损害或企图损害系统的保密性、完整性或可用性的网络安全技术。

4. 用户身份认证技术

网络中的用户和系统必须能够可靠地识别自身，以确保关键数据和资源的完整性。网络中必须有控制手段，使用户或系统只能访问他们需要或有权使用的资源。身份认证技术就是在计算机网络中确认操作者身份的过程而产生的解决方法。作为防护网络资源的第一道关口，身份认证有着举足轻重的作用。常见的身份认证方法有静态密码、智能卡(IC卡)、短信密码、动态口令牌、USB Key、数字签名、生物识别技术、双因素身份认证等。

5. 智能卡技术

所谓智能卡就是密钥的一种媒体，一般就像信用卡一样，由授权用户所持有，并由该用户赋予它一个口令或密码字。该密码与网络服务器上注册的密码一致，当口令与身份特征共同使用时，智能卡的保密性能还是相当有效的。

由于IC卡技术的日益成熟和完善，IC卡被更为广泛地用于用户认证产品中，用来存储用户的个人私钥，并与其他技术如动态口令相结合，对用户身份进行有效的识别。同时，还可利用IC卡上的个人私钥与数字签名技术结合，实现数字签名机制。随着模式识别技术的发展，诸如指纹、视网膜、脸部特征等高级的身份识别技术也将投入应用，并与数字签名等现有技术结合，必将使得对于用户身份的认证和识别更趋完善。

6. 安全路由器技术

安全路由器通常是集常规路由与网络安全功能于一身的网络安全设备，从主要功能来讲，它还是一个路由器，主要承担网络中的路由交换任务，只不过更多地具备了安全功能，包括可以内置防火墙模块。一般来说，高性能安全路由器具有网络的互连、网络的隔离、流量的控制、网络和信息安全维护等主要功能。

由于 WAN 连接需要专用的路由器设备，因而可通过安全路由器来控制网络传输。通常采用访问控制列表技术来控制网络信息流。

8.3 计算机病毒

人类进入社会创造了计算机，同时也创造了计算机病毒。1983 年第一例计算机病毒被发现，但直到 1987 年，计算机病毒的危害才开始引起世界范围内的普遍重视。至今，全世界已发现近数万种计算机病毒，并且还在高速度地增加。特别是 Internet 的迅速发展和广泛应用，不仅加快了计算机病毒的传播速度，而且增强了攻击的破坏力，扩大了危害的范围。计算机病毒的花样不断翻新，编程手段越来越高明，给计算机系统正常运行造成越来越严重的威胁。因此，为了保证计算机系统的正常运行和数据的安全性，防止病毒的破坏，在普及计算机知识和应用的今天，使用计算机的人员对计算机病毒知识的了解和掌握一些必要的防毒、杀毒方法有着重要的意义。

8.3.1 计算机病毒的定义及特征

1. 计算机病毒的定义

计算机病毒(Computer Virus)指的是具有破坏作用的程序或指令的集合。在《中华人民共和国计算机信息系统安全保护条例》中计算机病毒被明确定义为"编制或者在计算机程序中插入的破坏计算机功能或者数据，影响计算机使用并且能够自我复制的一组计算机指令或者程序代码"。它通过非授权入侵而隐藏在可执行程序或数据文件中，具有自我复制能力，可通过移动存储器或网络传播到其他机器上，并造成计算机系统运行失常或导致整个系统瘫痪的灾难性的后果。因为它就像病毒在生物体内部繁殖导致生物患病一样，所以人们把这种现象形象地称为"计算机病毒"。

2. 计算机病毒的特征

计算机病毒具有以下几个特征。

(1) 寄生性：每一个计算机病毒程序都必须有它自己的宿主程序，即它必须寄生在一个合法的程序之中，并以这一合法的程序为其生存环境，当执行这个合法程序时，病毒就起破坏作用，而在未启动这个程序之前，它是不易被人发觉的。

(2) 传染性：计算机病毒的传染性是指病毒具有自我复制传播或通过其他途径进行传播的特性。正常的计算机程序一般是不会将自身的代码强行连接到其他程序之上的。而病毒却能使自身的代码强行传染到一切符合其传染条件的未受到传染的程序之上，一旦病毒被复制或产生变种，其速度之快令人难以预防。传染性是病毒的基本特征。

(3) 潜伏性：一个编制精巧的计算机病毒程序，进入系统之后往往不马上发作，而是在几周或者几个月内甚至几年内隐藏在合法文件中,伺机对其他系统进行传染而不被人发现。这就是计算机病毒的潜伏性。由于病毒程序一般需要使用专门的检测程序才能检查出来,因此计算机病毒可以静静地躲在磁盘或磁带里,一旦时机成熟,得到运行机会,就会四处繁殖、扩散,继续为害。病毒的潜伏性愈好,其在系统中的存在时间就会愈长,病毒的传染范围就会愈大。潜伏性的另一种表现是指,计算机病毒的内部往往有一种触发机制,不满足触发条件时,计算机病毒一般除了传染外不做什么破坏。当触发条件一旦得到满足,病毒程序就会发作,对计算机系统执行不同程度的破坏操作。

(4) 隐蔽性:计算机病毒具有很强的隐蔽性,它一般是具有很高编程技巧、短小精悍的程序,通常附在正常程序中或磁盘的较隐蔽的地方,也有个别的以隐含文件形式出现,目的是不让用户发现它的存在。有的计算机病毒可以通过防病毒软件检查出来,有的根本就查不出来,有的时隐时现、变化无常,这类病毒处理起来通常很困难。

(5) 破坏性:计算机病毒只要侵入计算机系统,都会对计算机系统及应用程序产生不同程度的影响。轻者会降低计算机工作效率,占用系统资源,重者可导致系统崩溃或者直接损毁计算机中的数据。计算机系统中毒的通常表现为:增、删、改、移文件,占用系统资源,占用网络资源,破坏计算机硬件等。

(6) 可触发性:计算机病毒因某个事件或数据等因数的出现,诱使它实施感染或进行攻击的特性称为可触发性。为了隐蔽自己,病毒必须潜伏,少做动作。如果完全不动,一直潜伏的话,病毒既不能感染也不能进行破坏,便失去了杀伤力。病毒既要隐蔽又要维持杀伤力,它必须具有可触发性。病毒的触发机制就是用来控制感染和破坏动作的频率的。病毒具有预定的触发条件,这些条件可能是时间、日期、文件类型或某些特定数据等。计算机系统运行时,病毒触发机制检查预定条件是否满足,如果满足,则启动病毒程序的感染或破坏动作,使病毒进行感染或攻击;如果不满足,使病毒继续潜伏。

8.3.2 计算机病毒的危害

计算机感染病毒以后,轻则运行速度明显变慢,频繁死机,或者在屏幕上出现异常显示,计算机蜂鸣器出现异常声响;重则文件被删除,硬盘分区表被破坏,甚至硬盘被非法格式化,更甚者还会造成计算机硬件损坏,很难修复。从这里可以看出计算机病毒的危害主要体现在对数据的破坏和对系统本身的攻击上。

计算机病毒的主要危害有以下几点。

1. 直接破坏计算机系统的数据信息

大部分病毒在激发的时候会直接破坏计算机系统中的重要信息数据,所利用的手段有格式化磁盘、改写文件分配表和目录区、删除或改写文件、破坏CMOS设置等。例如磁盘杀手病毒(DISK KILLER),其内含计数器,可自动计时,在硬盘染毒后累计开机时间48小时内激发,激发的时候会在屏幕上显示"Warning!! Don't turn off power or remove diskette while Disk Killer is Processing!"(警告!Disk Killer在工作,不要关闭电源或取出磁盘),与此同时病毒程序在对系统实施破坏,改写硬盘数据。不过,被DISK KILLER破坏的硬盘可以用杀毒软件修复,用户不要轻易放弃硬盘中的重要信息数据。

2. 占用磁盘空间

寄生在磁盘上的病毒总要非法占用一部分磁盘空间。引导型病毒的一般侵占方式是由病毒本身占据磁盘引导扇区，而把原来的引导区转移到其他扇区。被覆盖的扇区数据将永久性丢失，无法恢复。文件型病毒利用磁盘操作系统的一些功能进行传染，这些磁盘操作系统的功能能够检测出磁盘的未用空间，把病毒的传染部分写到磁盘的未用部位。所以在传染过程中一般不破坏磁盘上的原有数据，但非法侵占了磁盘空间。一些文件型病毒传染速度很快，在短时间内能够感染大量文件，使每个文件都不同程度地加长了，这就造成了磁盘空间的严重被侵占。

3. 抢占系统资源

除 VIENNA,CASPER 等少数病毒外，其他大多数计算机病毒在动态下都是常驻内存的，这就必然抢占了一部分系统资源。病毒所占用的基本内存长度大致与病毒本身长度相当。病毒抢占内存，会导致内存减少，使得一部分软件不能运行。除占用内存外，病毒还抢占中断，干扰系统运行。计算机操作系统的很多功能是通过中断调用技术来实现的。计算机病毒为了传染激发，经常会修改一些有关的中断地址，在正常中断过程中加入自己的代码，从而干扰了系统的正常运行。

4. 影响系统运行速度

病毒进驻内存后不但干扰系统运行，还会影响计算机系统运行速度。计算机病毒为了判断传染激发条件，要对计算机系统的工作状态进行监视；在进行传染时需要插入非法的额外操作；还有些病毒为了保护自己，不但对磁盘上的静态病毒加密，而且进驻内存后的动态病毒也处在加密状态，会使 CPU 额外执行数千条以至上万条指令。这些都会使计算机运行速度明显变慢，甚至造成系统的死机。

8.3.3 计算机病毒的种类

目前计算机病毒的种类很多，侧重于病毒的不同特性，其分类的方法也不尽相同。因此，同一种病毒也可能属于多种不同的种类。一般可以从病毒的寄生方式和传染对象、病毒的破坏情况以及病毒的传播的途径等方面对计算机病毒进行分类。

1. 按照计算机病毒的寄生方式和传染对象来分类

传染性是计算机病毒的本质属性，根据寄生部位或传染对象分类，也即根据计算机病毒传染方式进行分类，一般有以下几种。

1）引导型病毒

引导型病毒是一种在计算机系统引导时出现的病毒，此类病毒主要是用病毒的全部或部分逻辑取代正常的磁盘引导区的引导记录，而将正常的引导记录隐藏在磁盘的其他地方。这种病毒在系统刚启动时就能将自己驻留在内存中，并获得控制权，完全控制 DOS 中断功能，以便进行病毒传播和破坏活动。因此其传染性较大，并且这种病毒用它自己的程序意图加入或取代部分操作系统进行工作,具有很强的破坏力,可以导致整个系统的瘫痪。引导型病毒的典型例子是"大麻"病毒、"小球"病毒和"Michelangelo(米开朗基罗)"病毒。

2) 文件型病毒

文件型病毒又称寄生病毒,通常感染可执行文件(.exe和.com),也有些会感染其他可执行文件,如DLL,SCR等。这类病毒寄生在可执行文件中。只要计算机系统开始工作,病毒就处在随时被触发的状态。一旦受感染的文件被执行,病毒也就会被激活:病毒程序会将自己驻留在内存,然后设置触发条件,伺机将自身复制到其他可执行文件中,进行传染。文件型病毒的典型例子是CIH病毒,主要感染Windows 95/98下的可执行文件,并在每月的26号发作,此病毒会试图改写计算机系统的硬盘和基本输入/输出系统BIOS的资料,令该硬盘无法读取原有数据,并导致系统主板的破坏。

3) 混合型病毒

混合型病毒具有引导型病毒和文件型病毒的双重特点。它通过上述两种方式进行感染,更增加了病毒的传染性和危害性。不管以哪种方式进行传染,只要计算机系统感染上病毒就会经开机或执行程序而感染其他磁盘或文件。

4) 宏病毒

宏病毒是寄生于文档或模板宏中的计算机病毒。宏病毒专门针对特定的应用软件,可感染依附于某些应用软件(如Word和Excel等Office软件)内的宏指令,它可以很容易通过电子邮件附件、软盘、文件下载和群组软件等多种方式进行传播。一旦打开已感染宏病毒的文档,宏病毒就会被激活,转移到计算机上,并驻留在Normal模板上,此后,所有自动保存的文档都会感染上这种宏病毒,而且如果其他用户打开了感染病毒的文档,宏病毒又会转移到他的计算机上。宏病毒会对Word等Office文档的运行进行破坏,使文档不能正常打印、封闭或改变文件存储路径、将文件改名、乱复制文件或封闭有关菜单;有时会使文件无法正常编辑。如Taiwan No.1 Macro病毒每月13日发作,发作时会给出一道5个数字连乘的数学题,并要求输入正确答案,一旦答错,则立即新建20个文档,并继续出下一道题目,如此反复,使所有编写工作无法进行。宏病毒一般采用Visual Basic语言编写,而Visual Basic语言能够调用系统命令,对系统造成破坏。

宏病毒后来居上,据美国国家计算机安全协会统计,它已占目前全部病毒数量的80%以上。另外,宏病毒还可衍生出各种变形病毒,让许多系统防不胜防。

2. 按照计算机病毒的破坏情况分类

按照计算机病毒对系统的破坏情况可将病毒分成以下两类。

1) 良性计算机病毒

良性计算机病毒是指其不包含立即对计算机系统产生直接破坏作用的代码的病毒。这类病毒为了表现其存在,只是不停地进行扩散和传染,并不破坏计算机系统和其中的数据。但它会与系统争抢CPU的控制权,严重时导致整个系统死锁,给正常操作带来麻烦。

2) 恶性计算机病毒

恶性计算机病毒是指在其代码中包含有损伤和破坏计算机系统的操作,在其传染或发作时会对系统产生直接的破坏作用的病毒。这类病毒很多,如"Michelangelo"病毒。当此病毒发作时,硬盘的前17个扇区将被彻底破坏,使整个硬盘上的数据无法被恢复,造成的损失是无法挽回的。还有的病毒会对硬盘做格式化等破坏。这些操作代码都是刻意编写进病毒的,因此这类恶性病毒非常危险,应当注意防范。

3. 按照病毒的传播途径分类

按照计算机病毒的传播途径来分类,可将病毒分为单机病毒和网络病毒。

1) 单机病毒

单机病毒的载体是磁盘,常见的是病毒从软盘、U盘等移动存储设备传入硬盘,感染系统,然后再传染其他软盘和U盘,之后又传染其他系统。

2) 网络病毒

随着 Internet 的发展和广泛应用,网络已经成为计算机病毒传播的主要途径,这种传播方式不仅加快计算机病毒的传播速度,使得病毒的传染能力更强,而且增强了病毒攻击的手段和破坏力。其中影响最大的当属"蠕虫"型病毒和特洛伊木马病毒。

(1) "蠕虫"型病毒是指通过某种网络载体,利用网络连接关系从一个系统蔓延到另一个系统的病毒程序,它的传染机理是利用网络进行自我复制和传播,其传染目标是互联网内的所有计算机。局域网条件下的共享文件夹、电子邮件(E-mail)、网络中的恶意网页、大量存在着漏洞的服务器等都成为蠕虫传播的良好途径。蠕虫病毒突然爆发时可以通过计算机网络在几个小时内蔓延全球!成千上万的病毒感染可造成众多邮件服务器先后崩溃,给人们带来难以弥补的损失。

第一个对因特网造成严重破坏的恶意程序"莫里斯蠕虫"病毒就是"蠕虫"型病毒,它从1988年11月2日下午5点开始,在短短12个小时内,已有6200台连接在互联网上采用 UNIX 操作系统的 SUN 工作站和 VAX 小型机瘫痪或半瘫痪,不计其数的数据和资料毁于这一夜之间。造成了一场损失近亿美元的空前大劫难!位列2003年度十大计算机病毒之首的"冲击波"病毒也是一个利用 Windows 系统中的 RPC 漏洞(远程过程调用)进行传染的蠕虫病毒,它在短短的一周之内至少攻击了全球80%的 Windows 用户,使他们的计算机莫名其妙地死机或反复重启,IE 浏览器不能正常地打开链接,不能进行复制粘贴,应用程序出现异常,如 Word 无法正常使用,上网速度变慢。在任务管理器中可以找到一个 msblast.exe 的进程在运行。该病毒还引发了 DOS 攻击,使多个国家的互联网也受到相当影响。

(2) 特洛伊木马病毒是指冒充正常程序的有害程序,或包含在有用程序中的隐藏代码。与一般的病毒不同,它不会自我繁殖,也并不"刻意"地去感染其他文件,它通过将自身伪装起来吸引用户下载执行,当用户运行它的时候将造成破坏。木马程序由两部分组成,客户端(一般由黑客控制)和服务端(隐藏在感染了木马的用户机器上),服务端的木马程序会在用户机器上打开一个或多个端口与客户端进行通信,这样黑客就可以窃取用户机器上的账号和密码等机密信息,或毁坏数据,甚至可以远程操控被侵入的计算机,如删除文件、修改注册表、更改系统配置等,也可能造成用户系统被破坏甚至瘫痪。2009年度十大计算机病毒之一的"网游窃贼"就是一个盗取网络游戏账号的木马程序。据江民反病毒中心、江民客户服务中心、江民全球病毒监测预警系统联合统计的数据显示,2009年度,木马病毒在全部计算机病毒总数中高居76%的比例。木马病毒是目前网络病毒中比较流行、破坏性较大的一种病毒。

8.3.4 计算机病毒的防治及常见的防病毒软件

尽管计算机病毒程序的种类繁多,发展和传播迅速,感染形式多样,危害极大,但还是可以预防和杀灭的。只要增强使用计算机的安全意识,安装有效的防病毒软件,随时注意工作中计算机的运行情况,发现异常及时处理,就可以大大减少病毒的危害。

1. 计算机病毒的防治

防止病毒的侵入要比病毒入侵后再去发现和消除它更重要,因此计算机病毒防治的关键是要做好预防工作,这包括思想认识、管理措施和技术手段三个方面。

做好计算机病毒防治工作关键之一是要树立病毒防范意识,从思想上重视计算机病毒可能会给计算机安全运行带来的危害。要"预防为主,防治结合",从加强管理入手,制定切实可行的管理措施,并严格贯彻落实。在当前网络环境十分复杂的情况下,再加上计算机病毒的隐蔽性和主动攻击性,要杜绝感染病毒,几乎不可能。因此,采用以预防为主防治结合的防治策略可降低病毒感染、传播的几率。即使系统被病毒感染,也可采取有效措施将病毒清除,从而把计算机病毒的危害降到最低。

要做好计算机病毒的防治工作,就需要制定切实可行的管理措施:

(1) 尊重知识产权,使用正版软件。不随意复制、使用来历不明及未经安全检测的软件。

(2) 要定期与不定期地对磁盘文件进行备份,特别是一些比较重要的数据资料,养成经常备份重要数据的习惯,以便在感染病毒导致系统崩溃时可以最大限度地恢复数据,尽量减少可能造成的损失。

(3) 应该养成定期查毒、杀毒的习惯。在日常使用计算机的过程中,要随时注意观察计算机系统及网络系统的各种异常现象。因为很多病毒在未发作时是不易被察觉的,所以要定期对自己的计算机进行检查,一旦发现感染了病毒,要及时清除。

(4) 用户不要随便登录不明网站或者黄色网站,不要随便点击打开 QQ、MSN 等聊天工具上发来的链接信息,不要随便打开或运行陌生、可疑的文件和程序,如邮件中的陌生附件、外挂程序等,这样可以避免网络上的恶意软件插件进入你的计算机。

(5) 在使用那些存有资料的光盘、U 盘以及从网络上下载的程序之前必须使用杀毒工具进行扫描,查看是否带有病毒,确认无病毒后,再使用。

要做好计算机病毒的防治工作,还需要采用以下相关的技术手段。

(1) 及时更新操作系统,安装相应补丁程序,从根源上杜绝黑客利用系统漏洞攻击用户的计算机。及时将系统中所安装的各种应用软件升级到最新版本,避免病毒利用应用软件的漏洞进行传播。

(2) 安装正版的杀毒软件并及时升级到最新版本,及时更新杀毒软件病毒库,为系统提供真正安全环境。

(3) 尽量使用带有安全浏览功能的浏览器,如遨游、IE 等。

(4) 对系统进行备份(GHOST),以备不时之需。

(5) 对计算机系统设置用户账户、口令。

(6) 关闭系统的即插即用设备的"自动播放"功能。

用户应该从思想上重视计算机病毒可能会给计算机安全运行带来的危害,加强病毒防范意识,严格遵守管理措施,还要学习和掌握一些必备的相关技术知识,这样才能及时发现病毒并采取相应措施,在关键时刻减少病毒对自己的计算机系统造成的危害。

2. 常见的防病毒软件

1) 瑞星杀毒软件

瑞星杀毒软件的"整体防御系统"可将互联网威胁拦截在用户计算机以外。它深度应用"云安全"的全新木马引擎、"木马行为分析"和"启发式扫描"等技术保证将病毒彻底拦截和查杀。它是目前国内外同类产品中最具实用价值和安全保障的杀毒软件产品。

2) 江民 KV 杀毒软件

江民科技开发的 KV 系列产品是中国杀毒软件中的著名品牌,江民杀毒软件是国内首家研发成功启发式扫描、内核级自防御引擎,填补了国产杀毒软件在启发式病毒扫描以及内核级自我保护方面的技术空白。

3) 金山毒霸

金山毒霸(Kingsoft Anti-Virus)是金山软件股份有限公司研制开发的高智能反病毒软件。融合了启发式搜索、代码分析、虚拟机查毒等经业界证明成熟可靠的反病毒技术,使其在查杀病毒种类、查杀病毒速度、未知病毒防治等多方面达到世界先进水平,同时金山毒霸具有病毒防火墙实时监控、压缩文件查毒、查杀电子邮件病毒等多项先进的功能。

4) Kaspersky

Kaspersky(卡巴斯基)是俄罗斯著名数据安全厂商 Kaspersky Labs 专为我国个人用户度身定制的反病毒产品。它采用第二代启发式代码分析技术、iChecker 实时监控技术和独特的脚本病毒拦截技术等多种最尖端的反病毒技术,能够有效查杀八万余种病毒,并可防范未知病毒。但该软件内存占用量确实很高。

5) ESET NOD32

ESET NOD32 是由国际安全防范软件公司 ESET 发明设计的杀毒防毒软件。NOD32 防病毒软件融入了防火墙和反垃圾邮件功能,并采用人工智能启发式技术,保障了对已知及未知威胁的强力查杀,该软件的另一个优点是系统资源占用极低。但是该软件病毒库更新较慢。

6) Norton AntiVirus

Norton AntiVirus 是一套强而有力的防毒软件,首创实时监控技术,从最底层保护计算机。它可帮用户侦测上万种已知和未知的病毒,并且每当开机时,自动防护便会常驻在 System Tray,当用户从磁盘、网路上、E-mail 邮件中打开文件时便会自动侦测文件的安全性,若文件内含病毒,便会立即警告,并作适当的处理。不足的是该软件运行速度较慢。

8.4 信息产业界道德规范

随着计算机网络和计算机应用的迅速普及,计算机在人类生活中发挥着越来越重要的作用。在计算机产业给人类带来巨大效益和便利的同时,也带来了诸如环境保护、对人体健康的影响等问题,以及由于计算机的使用而带来的一些特殊的道德问题。这些问题都是用户应当关注的问题。

8.4.1 计算机的使用与健康保护

所谓"健康保护"的含义有两重意思,一是在进行工业化生产及使用计算机系统时要注意对环境的保护,二是计算机用户在使用计算机工作时要注意对个人的健康保护。

1. 计算机的使用与环境的保护

人类社会通过几千年来的发展和实践,不断地向自然界索取。战胜自然,控制自然,让自然界按照人类的一切意愿行事,这曾是人类最宏伟、最急切实现的梦想。但是,近几年来,地球的环境却越来越恶劣:全球性气候变暖,飓风、暴雨等灾害性天气频繁出现,"非典"、禽流感等传染性疾病时有发生,给人类的生活和工作带来严重威胁和许多不便。这些都是人们不断"伤害"地球的结果。实践证明,在人类社会飞速发展的今天,与自然必然发展规律相匹敌强大的科技力量,如果运用不当或失去控制,不但不能战胜与控制自然,而且将会使人类毁灭于自己亲手所创造的科学技术屠刀之下。

值得庆幸的是,保护环境、促进生态平衡已成为当今世界人类的共识。1972年6月5日,联合国在瑞典首都斯德哥尔摩召开的讨论当代环境问题的第一次国际会议"人类与环境会议",提出了"只有一个地球"的口号,并通过了《人类环境宣言》,同年确定6月5日为"世界环境日";1976年以来,针对各种环境问题,联合国曾多次召开国际会议探讨解决的办法。这些对策,可以说是促进人类社会同地理环境之间的关系从对立走向统一的有力举措。

计算机产业曾经被认为是一个"洁净"的工业,它在制造中产生相对较小的污染。但随着计算机技术的发展和普遍应用,计算机数量急剧增加,也带来了许多问题。其中能源消耗是一个主要问题。计算机使用的增多直接引起能源消耗增加,计算机工作时产生热量却又需要温度较低的工作环境也对能源消耗产生间接影响。因此,使用低能耗设备、设置屏幕保护程序、较长时间离开计算机时关掉显示器都是节能的好办法。

当计算机刚开始普及的时候人们都以为可以实现"无纸化办公",但事实是在计算机普及之后,纸的用量却有增无减。为此用户应当注意节省纸张,在打印文档前应当尽可能做好编辑工作,并使用打印预览功能查看输出结果是否符合要求,而且可以双面打印以充分利用纸张。使用可回收墨盒的激光打印机不仅对环境有益还可以节省成本。

废弃的磁盘和淘汰的计算机也会对环境造成较大的污染,如果能较好地维护,可以延长其使用寿命。同时应尽可能考虑对这些废弃计算机的环保处理。

总之,无论是计算机的生产企业还是用户,都应该想到"我们只有一个地球",只要我们稍加注意,就可以减少环境污染,为环境的健康保护做出贡献。

2. 计算机的使用与人的健康保护

计算机会对人的健康产生不良影响,这已被大部分人所认同。首先,计算机的显示器会产生辐射;其次,日复一日地使用计算机会引起人的眼睛疲劳和压迫损伤。但只要采取必要的预防措施,以下这些问题是可以避免的。

1) 辐射的危险

阴极射线管(CRT)显示器会发出低强度的电磁场,这种电磁场能引起多种疾病。由于有严格的辐射法规,许多制造商都设计出了辐射很低的符合标准的新型显示器。但用户使用计算机时仍应注意不要坐得离显示器太近,或者使用液晶显示器(LCD)以避免辐射。

2) 计算机视觉综合征

计算机视觉综合征的典型症状是眼睛疲劳(如眼睛干涩、酸痛、眼睑或额头沉重、分神、视觉模糊等)和头痛。许多长时间使用计算机的人都会感到眼睛疲劳。这些问题大都是由于长时间近距离的注视造成的。较暗的光线和显示器的闪烁,也是造成眼睛疲劳和头痛的一个原因。经常使用计算机的人,要积极预防计算机视觉综合征,除了使用品质好的显示器外,每工作一段时间后,要让眼睛休息片刻,并且增加眨眼次数,做做眼保健操或眺望远处,这些对于眼睛从疲劳中恢复都是有好处的。另外,调校屏幕距离及高度,屏幕最高点的高度应与视线齐平,屏幕离眼睛约距离 50~75cm;减低屏幕反光,及时清洁屏幕也是保护眼睛的方法。

3) 其他损伤

在使用键盘的过程中,腕部的活动受到了限制,会导致腕部紧张,因此就可能引发多种损伤。其中最常见的是腕管综合征。腕管综合征可导致手和手腕刺痛、麻木和疼痛。可以使用人体工程学键盘来调节腕部位置以减少或防止腕管综合征的发生。使用人体工程学座椅可以让用户能够调整座位高度、靠背和扶手(椅子应调节得使人的双脚平展地放在地面或脚垫上,背垫应撑着背的下部),采取良好的姿势对于避免背部、颈部及肩部酸痛非常重要。

8.4.2 计算机用户的道德准则

1. 企业道德准则

一个企业或机构道德准则维系着它的服务体系的服务质量及企业的商业形象,是企业或机构的行为准则,对整个企业的道德风尚起决定性的引导作用,是企业或机构必须遵守的。企业对任何违反商业道德准则的行为,均应承担相应的违约责任。

一个企业或机构必须保护它的数据不丢失或不被破坏,不被滥用或不被未经许可的访问。否则,这个机构就不能有效地为它的客户服务。要保护数据不丢失,企业或机构应当有适当的备份。企业或机构有责任尽量保持数据的完整和正确,如果发现了错误,就应当尽快更正和维护。

雇员在数据库中查阅某个人的数据并在具体工作以外使用这个信息是不允许的。企业应该制定针对雇员的明确的行为规范,并且严格执行。如果发现雇员有违规行为就应对其警告、处分直至解雇。

2. 计算机用户道德准则

由于计算机在人类的生活中发挥着越来越重要的作用,作为计算机用户在工作和生活中都会遇到由于计算机的使用而带来的一些特殊的道德问题。例如,如何使用软件和信息(有偿或无偿)、如何对计算机系统进行访问和浏览网络信息以及能否遵循网络行为规范等问题。

1）规范使用软件和信息

建设信息高速公路的目的是实现全球信息共享,在信息社会中信息(包括软件)是一种很重要的社会资源,谁能更有效地收集信息、掌握信息、加工信息和利用信息,谁就能在社会的激烈竞争中取得优势,所以从社会的共同进步、缩小国家或地域之间的差别角度来看,我们应该使信息得到充分的共享。但是从信息的来源来看,由于信息生产需要投入一定的人力或财力,所以作为信息的创造者,他们有权利得到相应的回报。

对于计算机用户来说,所遇到的道德问题之一就是对计算机程序的复制。有些程序是免费提供给公众的,这种程序被称做自由软件,用户可以合法地复制或下载自由软件。

但大部分软件都是有版权的软件,也称为共享软件。共享软件的创作者将软件提供给所有的人复制和试用。如果用户在试用后仍想继续使用这个软件,则软件的版权拥有者有权要求用户登记和付费。

软件盗版包括不付费的复制和使用有版权的软件,法律明文禁止这样的行为,因此,软件盗版行为是非法的。大多数软件公司不反对用户为软件做备份,以防在以后磁盘或文件被破坏时使用。但是,用户不应该制作备份软件送给他人或出售。

随着计算机和网络的普及,各种各样的信息(包括杂志上的文章、文字作品、书的摘录、Internet 上的作品等)可以通过网络及其他多种渠道来发布。我们每个人都应该养成负责而有道德地使用这些信息,无论自己的作品是对这些信息的直接引用还是只引用了大意,都应该在引文或参考文献中注明出处,指出作者的姓名、文章标题、出版地点和日期等。

一个软件的开发需要耗费创作者很多的时间和精力。通常,从项目的启动到开始取得销售收入需要两至三年或更长的时间,软件盗版增加了软件开发及销售的成本并且抑制了新软件的开发。所以软件盗版行为不仅是违法的,也影响了软件行业的发展,从总体上来说于人于己都是不利的。

2）规范对系统的访问行为

未经授权对计算机系统进行访问是一种违法的行为。新闻媒体用"黑客"或"闯入者"(cracker)来指称那些具有不同的目的(政治的、商业的或者是恶作剧的),试图对计算机系统进行未经授权访问或进行破坏系统、窃取信息等计算机犯罪的人。"黑客"和"闯入者"的行为都是错误的,因为它们都违反了"尊重别人隐私"的道德准则。

计算机病毒能利用网络进行复制和传播,病毒一旦侵入系统,有可能会造成用户系统被破坏甚至瘫痪,给广大计算机用户带来严重的甚至是无法弥补的损失。

由于 Internet 的开放性和自由性,没有统一的管理机构来对 Internet 上的信息资源进行规范的管理,也不可能对网络上发布的信息实行检查,因此导致一些不负责任的网站在网上发布虚假的信息,甚至有黄色网站在网上传播不健康的色情信息,严重影响了青少年的健康成长,还有一些人打着"言论自由"的幌子在 Internet 上散布政治谣言、从事邪教或恐怖活动等。

以上存在的种种问题说明,在发展 Internet 的应用过程中除了要不断解决技术方面的问题,还要加强网络道德的宣传与教育,规范对系统的访问行为,才能使其更好地为人们服务。

因此作为计算机用户必须认识到:在接近大量的网络服务器、地址、系统和人时,所做出的行为最终是要负责任的。不仅自己不做"黑客",不有意制造、传播计算机病毒,而且要采取积极的防护措施。不随便从 Internet 上下载软件,不运行来历不明的软件,不随便打开陌生人发来的邮件中的附件。在系统中安装具有实时检测、拦截的查找黑客攻击程序用的工具软件,并经常运行专门的反黑客软件,检查用户的系统注册表和系统启动文件中的自启动程序项是否有异常,做好系统的数据备份工作,及时安装系统的补丁程序等。安装可以对网址进行选择及屏蔽的过滤软件以避免有色情内容的 Internet 地址,保护未成年人使他们不受计算机上的色情危害。当然,十分重要的还在用户的自律,不要在网上制造和传播这类东西。

3) 遵循网络行为规范

网络行为和其他社会一样,需要一定的规范和原则,一些计算机和网络组织为其用户制定了一系列相应的规范。这些规范涉及网络行为的方方面面,在这些规则和协议中,比较著名的是美国计算机伦理学会(Computer Ethics Institute)为计算机伦理学所制定的十条戒律,这也可以说就是计算机行为规范。它对用户要求的具体内容是:

(1) 不要用计算机去伤害别人。
(2) 不要干扰别人的计算机工作。
(3) 不要窥探别人的文件。
(4) 不要用计算机作伪证。
(5) 不要用计算机进行偷窃。
(6) 不要未经许可就使用别人的计算机资源。
(7) 不要使用或复制没有付款的软件。
(8) 不要盗用别人的智力成果。
(9) 要考虑自己所编的程序的社会后果。
(10) 要以深思熟虑和慎重的方式来使用计算机。

这些规范是从各种具体网络行为中概括出来的一般原则,是一个计算机用户在任何网络系统中都"应该"遵循的最基本的行为准则。

8.4.3 信息产业的政策与法规

1. 国家有关计算机安全的法律法规

为了加强计算机信息系统的安全保护和互联网的安全管理,依法打击通过计算机进行的违法犯罪活动,我国在近几年先后制定了一系列有关计算机安全管理方面的法律法规和部门规章制度等,经过多年的探索与实践,已经形成了比较完整的行政法规和法律体系。随着计算机技术和计算机网络的不断发展与进步,这些法律法规也将会在实践中不断地加以完善和改进。目前关于计算机信息安全管理的主要法律法规有:

- 《中华人民共和国计算机信息系统安全保护条例》,1994 年 2 月 18 日中华人民共和国国务院令(147 号)发布。
- 《关于对与国际联网的计算机信息系统进行备案工作的通知》,1996 年 1 月 29 日公安部颁布。
- 《中华人民共和国计算机信息网络国际联网管理暂行规定》,1996 年 2 月 1 日国务院令第 195 号发布了并于 1997 年 5 月 20 日作了修订。
- 《计算机信息网络国际联网安全保护管理办法》，1997 年 12 月 11 日国务院批准，1997 年 12 月 30 日公安部发布。
- 《信息安全等级保护管理办法》，2006 年 1 月 17 日，由公安部、国家保密局、国家密码管理局、国务院信息化工作办公室 4 部门联合制定颁布，并于 2007 年 6 月 22 日作了修订。

另外，在我国《中华人民共和国刑法》第 285 条至 287 条，针对计算机犯罪给出了以下相应的规定和处罚。
- 非法入侵计算机信息系统罪。《中华人民共和国刑法》第 285 条规定："违反国家规定，侵入国家事务、国防建设、尖端技术领域的计算机信息系统，处三年以下有期徒刑或拘役"。
- 破坏计算机信息系统罪。《中华人民共和国刑法》第 286 条规定三种罪，即破坏计算机信息系统功能罪、破坏计算机信息系统数据和应用程序罪和制作、传播计算机破坏性程序罪。
- 《中华人民共和国刑法》第 287 条规定："利用计算机实施金融诈骗、盗窃、贪污、挪用公款、窃取国家秘密或者其他犯罪的，依照本法有关规定定罪处罚"。

2. 与计算机知识产权有关的法律法规

知识产权是指人类通过创造性的智力劳动而获得的一项智力性的财产权。知识产权不同于动产和不动产等有形物，它是在生产力发展到一定阶段后，才在法律中作为一种财产权利出现的。随着计算机产业的飞速发展和国民经济的各个领域对计算机应用的需求，使得计算机软件作为一项新兴信息产业工程也取得了突飞猛进的发展和长足的进步。计算机软件是人类知识、经验、智慧和创造性劳动的结晶，是一种典型的由人的智力创造性劳动产生的"知识产品"，一般软件知识产权指的是计算机软件的版权。

近年来，国际国内广泛采用的计算机知识产权保护手段，是通过制定相应的法律法规，包括著作权法（或版权法）、专利法、商标法、知识产权海关保护条例、反不当竞争法等。我国颁布的与计算机知识产权保护有关的法律法规主要有：
- 《中华人民共和国商标法》。在 1982 年 8 月 23 日第五届全国人民代表大会常务委员会第二十四次会议上通过，1993 年 2 月 22 日进行了第一次修正，2001 年 10 月 27 日进行了第二次修正。
- 《中华人民共和国专利法》。1984 年 3 月 12 日第六届全国人民代表大会常务委员会第四次会议通过，1992 年 9 月 4 日进行了第一次修正，2000 年 8 月 25 日进行了第二次修正，2008 年 12 月 27 日进行了第三次修正。
- 《中华人民共和国著作权法》。1990 年 9 月 7 日第七届全国人民代表大会常务委员会第十五次会议通过，根据 2001 年 10 月 27 日第九届全国人民代表大会常务委员会第二十四次会议《关于修改〈中华人民共和国著作权法〉的决定》进行了修正。
- 《中华人民共和国著作权法实施条例》。2002 年 8 月 2 日中华人民共和国国务院令（第 359 号）发布，自 2002 年 9 月 15 日起施行。
- 《计算机软件保护条例》。1991 年 5 月 24 日国务院第八十三次常务会议通过，1991

年 6 月 4 日国务院令 84 号发布，于 1991 年 10 月 1 日开始实施。2001 年 12 月 20 日中华人民共和国国务院令第 349 号公布了新的《计算机软件保护条例》，自 2002 年 1 月 1 日起施行，1991 年 6 月 4 日发布的《计算机软件保护条例》同时废止。

- 《计算机软件著作权登记办法》。由 1992 年 4 月 6 日由中华人民共和国电子工业部公告发布。后被 2002 年 2 月 20 日中华人民共和国国家版权局令(第 1 号)发布的《计算机软件著作权登记办法》所替代。

- 《实施国际著作权条约的规定》。1992 年 9 月 25 日国务院令第 105 号颁布、同年 9 月 30 日施行。

- 《中华人民共和国反不正当竞争法》。1993 年 9 月 2 日第八届全国人民代表大会常务委员会第三次会议通过。

- 《中华人民共和国知识产权海关保护条例》。1995 年 7 月 5 日中华人民共和国国务院令(第 179 号)发布，自 1995 年 10 月 1 日起施行。2004 年 5 月 25 日海关总署令第 114 号公布了《中华人民共和国海关关于〈中华人民共和国知识产权海关保护条例〉的实施办法》，2009 年 2 月 17 日海关总署署务会议审议通过该实施办法的修正，自 2009 年 7 月 1 日起施行新的《中华人民共和国海关关于〈中华人民共和国知识产权海关保护条例〉的实施办法》。

- 《软件产品管理办法》。中华人民共和国信息产业部 2000 年 10 月 27 日发布的《软件产品管理办法》替代了原电子工业部 1998 年 3 月 4 日颁布的《软件产品管理暂行办法》，实施了对计算机软件产品的管理。2009 年 2 月 4 日中华人民共和国工业和信息化部第 6 次部务会议审议通过对该办法的修正，自 2009 年 4 月 10 日起施行。

目前，我国已经初步建立了保护知识产权的法律体系，为激励人类智力创造、保护自有知识产权技术成果和产品提供了必要的法律依据。

8.5 本章小结

计算机信息安全是伴随着社会信息化而产生的新问题，信息系统安全的内容包括了计算机系统安全和信息安全两个部分，目的是"保护系统中的各种资源(包括计算机硬件和网络设备、软件、数据等)不因偶然或恶意的原因而遭到破坏、更改和泄露，系统能够连续正常运行"。

网络信息系统的不安全因素多种多样：资源共享给用户提供了巨大方便，同时也给非法用户窃取信息、破坏信息创造了条件；组成网络的通信系统和计算机系统的自身缺陷也在客观上导致了信息系统在安全上的脆弱性；黑客及病毒等恶意程序的攻击，有可能会造成用户系统被破坏甚至瘫痪，给广大计算机用户带来严重的甚至是无法弥补的损失；对系统的管理措施不当、环境的不良影响也会造成设备的损坏、保密信息的人为泄露。这些都对信息的安全造成了很大的威胁。

信息系统安全的基本需求一般可以从可用性、可靠性、完整性、保密性和不可否认性 5 个方面定义。除此之外，计算机网络信息系统的其他安全属性还包括可控性、可审计性、鉴别和访问控制等。

信息系统的安全保护等级应当根据信息系统在国家安全、经济建设、社会生活中的重要程度，信息系统遭到破坏后对国家安全、社会秩序、公共利益以及公民、法人和其他组织的合法权益的危害程度等因素来确定，一般分为5个等级。

网络安全策略通常包括管理和技术两个方面的内容。完善的安全管理体制和制度，与系统相配套的有效的和健全的管理方法，先进的安全技术是信息安全的根本保障。目前常用的网络信息安全技术大致有防火墙、数据加密、安全路由器、虚拟专用网、入侵检测系统、用户身份认证等。

计算机病毒是指"编制或者在计算机程序中插入的破坏计算机功能或者破坏数据，影响计算机使用并且能够自我复制的一组计算机指令或者程序代码"。它通过非授权入侵而隐藏在可执行程序或数据文件中，具有自我复制能力，可通过移动存储器或网络进行传播，并可能造成计算机系统运行失常或导致整个系统瘫痪的灾难性的后果。

计算机病毒防治要从思想认识、管理措施和技术手段几方面入手，要"预防为主，防治结合"；制定切实可行的管理措施，并严格贯彻落实；安装杀毒软件并及时更新杀软件病毒库，采用技术手段预防病毒、清除病毒；把计算机病毒的危害降到最低。

计算机产业给人类带来了巨大效益和便利，同时也带来了诸如环境保护、对人体健康的影响等问题，以及由于计算机的使用而带来的一些特殊的道德问题。这些问题都是用户应当关注的问题。无论是计算机的生产企业还是用户，都应该想到"我们只有一个地球"，只要我们稍加注意，就可以减少环境污染，为环境的健康保护做出贡献。在使用计算机时，用户不仅应采取必要的预防措施，以避免计算机对人的健康产生不良影响，还应该为自己所做出的行为负责任，遵循网络行为规范。

信息安全是一门涉及数学、信息、计算机科学和通信技术等多种学科的综合性学科领域。一般可以从技术、管理和政策法规等方面建立信息安全的保障体系。随着计算机技术和网络的不断发展与进步，这些技术、管理和政策法规也将会在实践中不断地加以完善和改进。

8.6 习题

一、单项选择题

1. 2008年网络上十大危险病毒之一"QQ大盗"，其属于_____。
   A. 文本文件　　　B. 木马　　　C. 下载工具　　　D. 聊天工具
2. _____不属于计算机中常见的病毒。
   A. 木马　　　B. 蠕虫　　　C. 灰鸽子　　　D. 瑞星
3. 文件型病毒传染的对象主要是_____类文件。
   A. .DBF和.DAT　　　　　　　　B. .TXT和.DOT
   C. .COM和.EXE　　　　　　　　D. .EXE和.BMP
4. 计算机病毒的特点主要表现在_____。
   A. 破坏性、隐蔽性、传染性和可读性　　B. 破坏性、隐蔽性、传染性和潜伏性
   C. 破坏性、隐蔽性、潜伏性和应用性　　D. 应用性、隐蔽性、潜伏性和继承性
5. 以下描述中，网络安全防范措施不恰当的是_____。
   A. 不随便打开未知的邮件　　　　　　B. 计算机不连接网络

C. 及时升级杀毒软件的病毒库   D. 及时堵住操作系统的安全漏洞(打补丁)

6. 网络"黑客"是指_____的人。
   A. 总在夜晚上网   B. 在网上恶意进行远程信息攻击的人
   C. 不花钱上网   D. 匿名上网

7. 为了保证内部网络的安全,下面的做法中无效的是_____。
   A. 制定安全管理制度   B. 在内部网与因特网之间加防火墙
   C. 给使用人员设定不同的权限   D. 购买高性能计算机

8. 下列_____不是有效的信息安全控制方法。
   A. 口令   B. 用户权限设置
   C. 限制对计算机的物理接触   D. 数据加密

9. 下面关于信息安全的一些叙述中,叙述不够严谨的是_____。
   A. 网络环境下信息系统的安全比独立的计算机系统要困难和复杂得多
   B. 国家有关部门应确定计算机安全的方针、政策,制定和颁布计算机安全的法律和条令
   C. 只要解决用户身份验证、访问控制、加密、防止病毒等一系列有关的技术问题,就能确保信息系统的绝对安全
   D. 软件安全的核心是操作系统的安全性,它涉及信息在存储和处理状态下的保护问题

10. 下列关于计算机网络使用的几种认识中,违反我国《计算机信息网络国际互联网安全保护管理办法》规定的是_____。
    A. 不捏造事实,散布谣言
    B. 不侮辱他人和诽谤他人
    C. 不损害国家机关信誉
    D. 网络是自由的,可以随意地发布各类信息

二、多项选择题

1. 在下列计算机异常情况的描述中,可能是病毒造成的有_____。
   A. 硬盘上存储的文件无故丢失
   B. 可执行文件长度变大
   C. 文件(夹)的属性无故被设置为"隐藏"
   D. 磁盘存储空间突然变小

2. 在下列关于特洛伊木马病毒的说法中,正确的有_____。
   A. 木马病毒能够盗取用户信息
   B. 木马病毒伪装成合法软件进行传播
   C. 木马病毒运行时会在任务栏产生一个图标
   D. 木马病毒不会自动运行

3. 在下列方法中,能有效地预防计算机病毒的有_____。
   A. 安装防病毒卡   B. 定期取得最高版本的杀毒软件
   C. 不使用来历不明的软盘   D. 为了拷贝文件,而不将软盘写保护

三、问答题

1. 信息系统安全的基本需求有哪些?
2. 计算机系统的安全威胁主要来自哪些方面?
3. 防火墙的主要功能是什么?
4. 防火墙主要有哪几种类型?各有什么特点?
5. 什么是计算机病毒?如何有效地防治计算机病毒?
6. 按照计算机病毒的寄生方式和传播对象来分,计算机病毒主要有哪些类型?
7. 与计算机有关的潜在健康问题有哪些?
8. 计算机的使用与健康保护包含哪些内容?
9. 为什么软件盗版被认为是一种犯罪行为?
10. 简述网络安全策略包含的内容。
11. 请说出3个以上和信息安全有关的法律法规。
12. 简述目前常用的网络信息安全技术。
13. 列出用户应遵循的计算机行为规范。
14. 简述计算机用户道德准则。

第 9 章 程序设计基础

计算机之所以能自动地处理问题是因为计算机内存储了解决该问题的程序并自动执行它。作为大学生,不仅应该掌握计算机应用软件的操作,也要学习计算机解决问题的思路即程序设计方法,结合自己的专业编写程序,提高利用计算机解决实际问题的应用能力。

9.1 程序设计语言

9.1.1 程序设计语言的发展

1. 程序

在日常生活中,人们要完成某一项任务,需要按照一定的步骤一步一步地做。例如,去医院看病,则需要先挂号,再到诊室请医生看病开药,然后去划价拿药。这些都是按照一系列的顺序进行的步骤,缺一不可,次序也不能打乱。这种按照一定的顺序来完成所给定任务的步骤就是程序。

在计算机中,程序(Program)是指计算机为实现特定目标或解决特定问题所必须执行的一系列指令集合。

【例 9-1】 有 15 个学生的成绩,要求把高于平均分数的那些学生成绩打印出来。

求解步骤为:

(1) 输入 15 个学生的成绩。
(2) 求出 15 个学生的总分。
(3) 根据总分算出平均分。
(4) 将每个学生的成绩与平均成绩比较,如果前者大于后者,就打印出来,否则就不打印。

对应的 C 程序为:

```c
#include<stdio.h>
void main()
{ int i,score[15],sum;
  float average;
  for(i=0;i<15;i++)
  {    scanf("%d",score[i]);}          /*输入15个学生的成绩*/
  sum=0;
  for(i=0;i<15;i++)
  {    sum=sum+score[i];}              /*求出15个学生的总分*/
  average=sum/15.0;                    /*算出平均分*/
  for(i=0;i<15;i++)
```

```
    {    if(score[i]>average)
            printf("%5d",score[i]);}          /*打印比平均分高的成绩*/
}
```

由此可见,计算机程序也和日常生活中完成某一任务一样,解决问题的指令序列也需要按照一定的顺序步骤去设计。

2. 程序设计语言的发展

为了让计算机能理解解决问题的步骤,计算机必须具有自己的语言系统。把计算机能理解的语言称作程序设计语言。

在过去的几十年里,人们根据描述问题的需要设计了数百种专用和通用的计算机程序设计语言。计算机程序设计语言的发展,经历了从机器语言、汇编语言到高级语言的历程。

1) 机器语言

最早的计算机设计者把计算机能完成的操作一一赋予由 0 和 1 组成二进制代码,一串代码就是一条计算机指令,不同的代码组合在一起就构成了一条条计算机命令,这种计算机能够认识的语言,就是机器语言。

可是对人们来说,使用机器语言是十分痛苦的,特别是在程序有错需要修改时,更是如此。使用机器语言编写的程序就是一个个的二进制文件,一条机器语言就是一条指令。而且,由于每台计算机的指令系统往往各不相同,所以,在一台计算机上执行的程序,要想在另一台计算机上执行,必须另编程序,造成了重复工作。但由于使用的是针对特定型号计算机的语言,故而程序运算效率是所有语言中最高的。机器语言是第一代计算机语言。

2) 汇编语言

为了减少使用机器语言编程的困难,20 世纪 50 年代,人们进行了一种有益的改进:用一些简洁的英文字母、符号串来替代一个特定的指令的二进制串,例如,用"ADD"代表加法,"MOV"代表数据传递等,这样一来,人们很容易读懂并理解程序在干什么,纠错及维护都变得方便了。这种程序设计语言就称为汇编语言,即第二代计算机语言。然而计算机是不认识这些符号的,这就需要有一个专门的程序,专门负责将这些符号翻译成由二进制数表示的机器语言指令,这种翻译程序被称为汇编程序。

汇编语言同样十分依赖于机器硬件,程序移植性不好,但执行效率仍十分高。针对计算机特定硬件而编制的汇编语言程序,能准确发挥计算机硬件的功能和特长,程序精练而质量高,所以至今仍是一种常用而强有力的软件开发工具。

3) 高级语言

从最初与计算机交流的艰难经历中,人们意识到,应该设计一种这样的语言,这种语言接近于数学语言或人的自然语言,同时又不依赖于计算机硬件,编出的程序能在所有机器上通用。经过努力,1954 年,第一个完全脱离机器硬件的高级语言——FORTRAN 问世了。四十多年来,共有几百种高级语言出现,有重要意义的高级语言有几十种,影响较大、使用较普遍的高级语言有 FORTRAN、ALGOL、COBOL、BASIC、LISP、SNOBOL、PL/1、Pascal、C、PROLOG、Ada、C++、VC、VB、Delphi、Java 等。

高级语言的发展也经历了从早期语言到结构化程序设计语言,再到面向对象程序设计语言的过程。相应地,软件的开发也由最初的个体手工作坊式的封闭式生产,发展为产业化、流水线式的工业化生产。

20世纪60年代中后期,软件越来越多,规模越来越大,而软件的生产基本上是各自为政,缺乏科学规范的系统规划与测试、评估标准,其恶果是大批耗费巨资建立起来的软件系统,由于含有错误而无法使用,甚至带来巨大损失,软件给人的感觉是越来越不可靠,以致几乎没有不出错的软件。这一切,极大地震动了计算机界,史称"软件危机"。人们认识到:大型程序的编制不同于写小程序,它应该是一项新的技术,应该像处理工程项目一样处理软件研制的全过程。程序的设计应易于保证正确性,也便于验证正确性。1969年,计算机界提出了结构化程序设计方法,1970年,第一个结构化程序设计语言——PASCAL语言出现,标志着结构化程序设计时期的开始。

20世纪80年代初开始,在软件设计思想上,又产生了一次革命,其成果就是面向对象的程序设计。在此之前的高级语言,几乎都是面向过程的,程序的执行是流水线似的,在一个模块被执行完成前,人们不能干别的事,也无法动态地改变程序的执行方向。这和人们日常处理事物的方式是不一致的,对人而言是希望发生一件事就处理一件事,也就是说,不能面向过程,而应是面向具体的应用功能,也就是对象(Object)。其方法就是软件的集成化,如同硬件的集成电路一样,生产一些通用的、封装紧密的功能模块,称之为软件集成块,它与具体应用无关,但能相互组合,完成具体的应用功能,同时又能重复使用。对使用者来说,只关心它的接口(输入量、输出量)及能实现的功能,至于如何实现的,那是它内部的事,使用者完全不用关心。C++,VB,Java就是典型代表。

【例9-2】 用机器语言、汇编语言、C语言编写程序完成计算 $7+8-2$。

表9-1 机器语言、汇编语言、C语言比较

机 器 语 言	汇 编 语 言	C 语 言

00111110 00000111
11000110 00001000
01101100 00000010
	Move
	AX,7
	Add AX,8
	Sub AX,2
		void main()
		{ int x;
		    x=7+8−2;
		}

3. 计算机语言处理程序

除了用机器语言编写的程序能够被计算机直接理解和执行外,其他所有程序设计语言编写的程序都必须经过一个翻译过程才能转换为计算机所能识别的机器语言程序,实现这个翻译过程的工具是语言处理程序(翻译程序)。用非机器语言编写的程序称为源程序,通过语言处理程序翻译后的程序称为目标程序。不同的程序设计语言编写的程序使用各自的语言处理程序,相互并不通用。

1) 汇编程序

汇编程序是专门负责将用汇编语言编写的源程序翻译成由二进制数表示的机器语言程序的工具。一般来说,汇编程序被看做是系统软件的一部分,任何一种型号的计算机都配有只适合自己的汇编程序。汇编程序的工作过程如图9-1所示。

2) 高级语言处理程序

用高级语言编写的源程序也必须翻译成目标程序(即机器语言程序),计算机才能执行。

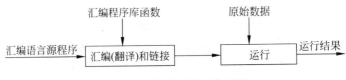

图 9-1　汇编程序的工作过程

高级语言处理程序就是将高级语言源程序翻译成机器语言程序的工具。翻译的方式有两种：编译方式和解释方式。相应的翻译工具分别称为编译程序和解释程序。

编译程序是把高级语言程序（源程序）作为一个整体来处理，编译后与子程序库链接，形成一个完整的可执行的机器语言程序，编译程序的实现算法较为复杂，它所翻译的语句与目标语言的指令不是一一对应关系，而是一多对应关系，它在编译阶段不仅要处理递归调用、动态存储分配、多种数据类型实现、代码生成与代码优化等繁杂技术问题；还要在运行阶段提供良好、有效的运行环境，所以编译程序广泛地用于翻译规模较大、复杂性较高，且需要高效运行的高级语言书写的源程序，如 C，Pascal 等。编译程序的工作过程如图 9-2 所示。

图 9-2　编译程序的工作过程

解释程序是将源语言（如 BASIC）书写的源程序作为输入，解释一句后就提交计算机执行一句，并不形成目标程序。就像外语翻译中的"口译"一样，说一句翻译一句，不产生全文的翻译文本。这种工作方式方便性和交互性较好。但它的弱点是运行效率低，程序的运行依赖于开发环境，不能直接在操作系统下运行。解释程序的工作过程如图 9-3 所示。

图 9-3　解释程序的工作过程

9.1.2　常用程序设计语言简介

通常情况下，一项任务可以使用多种编程语言来完成。当为一项任务选择语言的时候，通常有很多要素需要考虑：如人的因素（编程小组的人精通这门语言吗？如果不精通，需要多长时间来学习？）、语言能力的因素（这门语言支持所需要的一些功能吗？它能跨平台吗？它有数据库的接口功能吗？它能直接控制声卡采集声音吗？）、其他因素（这门语言开发这类任务通常的开发周期是多长？）等。

了解一些流行的程序设计语言，对于做出合理的选择会有较大帮助的。

1. FORTRAN 语言

世界上第一个高级程序设计语言是在 20 世纪 50 年代由 JohnBackus 领导的一个小组研制的 FORTRAN 语言。Backus 当时一边研制 FORTRAN 一边研究了将这种代数语言翻译成机器语言的可能性。由于人们当时头脑中最关心的问题不是这种语言能否设计与编译,而是担心它经翻译后执行时能不能保持一定的运行效率。这一担心大大影响了 FORTRAN 的设计方向。最早的一个 FORTRAN 版本 FORTRAN 0 是 1954 年前后设计出来的,其编译程序于两年后研制出来。与此同时,其后继版本 FORTRAN Ⅰ 与 FORTRAN Ⅱ 也相继问世。FORTRAN 一问世便受到了极大的欢迎并很快流行起来。FORTRAN 是一个处处注重效率的语言,这从其各种成分(如控制语句中表达式与数组上标中的表达式的形式以及子程序参数的传送方式等)就可以看出来。FORTRAN 首先引入了与汇编语言中助记符有本质区别的变量的概念,它奠定了程序设计语言中名字理论的基础。它所引入的表达式、语句、子程序等概念也是高级程序设计语言的重要基石。FORTRAN 是一种主要用于科学计算方面的高级语言。但由于 FORTRAN 是从低级语言的土壤中破土而出的,其许多成分中"低级"的痕迹随处可见。目前常用的 FORTRAN 版本是 FORTRAN 77 与 FORTRAN 90。

2. COBOL 语言

20 世纪 50 年代后期,美国国防部就觉得需要研制一个军用语言,它组织了来自政府、产业部门等的专家来设计这种语言,COBOL 语言就这样在 1959 年年底研制出来了。政府部门与产业部门的合作使得 COBOL 语言得以广泛使用,20 世纪六、七十年代的大量程序都是用 COBOL 语言编写的。20 世纪 80 年代以来由于数据库技术的广泛应用,COBOL 语言的使用受到一定限制,但仍在一定范围内使用着。

COBOL 语言对语言发展的主要贡献是其引入的独立于机器的数据描述概念(它是数据库管理系统中主要概念的鼻祖)与类英语的语法结构。COBOL 语言的出现,使人们开始意识到计算机不仅只应用于科学计算领域,而且还可以进入各种事务处理领域,拓宽了计算机的应用范围,成为数据处理方面应用最为广泛的高级语言。

3. LISP 语言

20 世纪 50 年代后期,麻省理工学院的 JohnMcCarthy 就开始了人工智能的研究,他当时致力于设计一个用表处理的递归系统,这就在 20 世纪 60 年代初研制出了 LISP 语言,它是一个用于处理符号表达式的相当简单的函数式程序设计语言。LISP 以数学中的函数与函数作用的概念作为其设计原理,它奠定了函数式语言的基础。纯 LISP 语言是完全非冯·诺依曼风格的,它没有使用 FORTRAN 等语言中所采用的可修改变量、赋值语句、转向语句等冯·诺依曼结构语言中的有关概念。LISP 程序与其数据结构采用了完全相同的结构形式与处理方式,因此可以相当方便地用 LISP 来编写它的解释程序。LISP 语言除了用 S-表达式来统一处理数据与程序外,还引入了前缀运算符表示法、递归数据结构、递归控制结构以及新的条件表达式形式。

4. BASIC 语言

BASIC 是属于高阶程式语言的一种,英文名称的全名是 Beginner's All-Purpose Symbolic Instruction Code,取其首字母简称 BASIC,就名称的含义来看,是"适用于初学者的多功能符号指令码",是一种在计算机发展史上应用最为广泛的程序语言。BASIC 语言是由 Dartmouth 学院 John G. Kemeny 与 Thomas E. Kurtz 两位教授于 1960 年代中期所创。由于立意甚佳,以及简单、易学的基本特性,BASIC 语言很快地就普遍流行起来,几乎所有小型、微型计算机,甚至部分大型计算机,都有提供使用者以此种语言撰写程式。在微计算机方面,则因为 BASIC 语言可配合微计算机操作功能的充分发挥,使得 BASIC 早已成为微计算机的主要语言之一。它的主要版本有标准 BASCIC、高级 BASIC、QBASIC、Turbo BASIC、True BASIC,以及在 Windows 环境下运行的 Visual Basic。

5. PASCAL 语言

PASCAL 语言是由 Nicolas Wirth 在 20 世纪 70 年代早期设计的,因为他对于 FORTRAN 没有强制训练学生的结构化编程感到很失望,"空心粉式代码"变成了规范,而当时的语言又不反对它。Pascal 被设计来强行使用结构化编程。最初的 PASCAL 语言被严格设计成教学之用的高级程序语言,而最终大量的拥护者促使它闯入了商业编程中。当 Borland 发布 IBM-PC 上的 Turbo PASCAL 时,使得 PASCAL 语言辉煌一时。集成的编辑器,闪电般的编译器加上低廉的价格使之变得不可抵抗,PASCAL 语言成为 MS-DOS 编写小程序的首选语言。然而时日不久,C 编译器变得更快,并具有优秀的内置编辑器和调试器。PASCAL 语言在 1990 年 Windows 开始流行时走到了尽头,Borland 放弃了 PASCAL 语言而把目光转向了为 Windows 编写程序的 C++。Turbo PASCAL 很快被人遗忘。最后,在 1996 年,Borland 发布了 Delphi,它是一种快速的带华丽用户界面的 PASCAL 语言编译器。

6. C 语言

在结构程序设计时期,由于软件工程强调抽象,这个时期推出的语言越来越"高级",越来越抽象。但与此同时,一个并不高级也并不很抽象的语言却脱颖而出,这便是 C 语言。C 语言是作为系统程序设计语言于 1973 年研制出来的。C 语言的成功得益于它有一个好的机会;那时的高级语言基本都不适合开发系统软件,系统软件基本都是用机器语言或汇编语言编写的,而 C 语言的许多类汇编语言特征却使它大获成功。C 语言的表达式比较简洁,具有丰富的运算符,有比较现代的控制结构与数据结构。它不是一个大语言,也不是一个很高级的语言(只能算一个中级语言),它目前的应用范围已不限于系统软件开发,已成为目前最流行的语言之一。C 语言的主要不足在于它并没有完全体现出好的程序设计思想。在使用 C 语言编程时可能会走入歧途。C 语言由于过于注重开发与运行效率而使其程序的可读性较差。

7. C++ 语言

由于 C 语言不支持代码重用,因此,当程序的规模达到一定程度时,程序员很难控制程序的复杂性。于是从 1980 年开始,贝尔实验室的 Bjarne Stroustrup 开始对 C 语言进行改进和扩充。1983 年正式命名为 C++。在经历了 3 次 C++ 修订后,1994 年制定了 ANSI C++ 标准草案。以后又不断完善,成为目前的 C++ 语言。

C++ 语言包含了整个 C 语言,C 语言是建立 C++ 语言的基础。C++ 语言包括 C 语言的全部特征和优点,同时能够完全支持面向对象编程。目前,在应用程序的开发之中,C++ 是一种相当普遍的基本程序设计语言。

8. Java 语言

Java 语言是由 Sun 公司最初设计用于嵌入程序的可移植性"小 C++"。在网页上运行小程序的想法着实吸引了不少人的目光,于是,这门语言迅速崛起。事实证明,Java 语言不仅仅适合在网页上内嵌动画,它还是一门极好的完全的软件编程的小语言。"虚拟机"机制、垃圾回收以及没有指针等使它很容易实现不易崩溃且不会泄漏资源的可靠程序。虽然不是 C++的正式续篇,Java 从 C++中借用了大量的语法。它丢弃了很多 C++的复杂功能,从而形成一门紧凑而易学的语言。Java 语言强制面向对象编程,要在 Java 里写非面向对象的程序就像要在 Pascal 里写"空心粉式代码"一样困难。Java 语言的优点包括二进制码程序可移植到其他平台上、程序可以在网页中运行、内含的类库非常标准且极其健壮、自动分配和垃圾回收避免程序中资源泄漏、网上数量巨大的代码例程等。

9. C♯语言

C♯语言是微软公司发布的一种面向对象的、运行于.NET Framework 之上的高级程序设计语言。C♯是微软公司研究员 Anders Hejlsberg 的最新成果。C♯看起来与 Java 有着惊人的相似:它包括了诸如单一继承、接口、与 Java 几乎同样的语法和编译成中间代码再运行的过程。但是 C♯与 Java 有着明显的不同,它借鉴了 Delphi 的一个特点,与 COM(组件对象模型)是直接集成的,而且它是微软公司.NET Windows 网络框架的主角。C♯语言是一种安全的、稳定的、简单的、优雅的,由 C 和 C++衍生出来的面向对象的编程语言。它在继承 C 和 C++强大功能的同时去掉了一些它们的复杂特性(例如没有宏和模板,不允许多重继承等)。C♯综合了 VB 简单的可视化操作和 C++的高运行效率,以其强大的操作能力、优雅的语法风格、创新的语言特性和便捷的面向组件编程的支持成为.NET 开发的首选语言。

9.2 程序设计步骤与方法

9.2.1 程序设计步骤

程序设计是为计算机规划、安排解题步骤的过程,一个小型程序设计一般包含以下 4 个基本步骤。

(1) 分析问题。
(2) 设计解决问题的基本步骤。
(3) 编写程序。
(4) 测试和调试程序。

下面通过一个例子说明程序设计的过程。

【例 9-3】 编程实现求解一元二次方程 $ax^2+bx+c=0$ 的根。

(1) 对问题进行分析。这可以根据已有的数学知识分析得到。一元二次方程根的求解公式见式(9-1)。

$$\begin{cases} \text{无解} & \Delta < 0 \\ x = -\dfrac{b}{2a} & \Delta = 0 \\ x_{1,2} = \dfrac{-b \pm \sqrt{b^2-4ac}}{2a} & \Delta > 0 \end{cases} \quad (9\text{-}1)$$

(2) 设计解决问题的基本步骤。这是关键的一步,这也是通常所说的设计算法,它的具体概念在后面将会提到,在这里用自然语言将本题的解决步骤描述一下。

① 给出具体的一元二次方程式,也就是给出 a,b,c 的值。

② 计算出 $\Delta = b^2 - 4ac$。

③ 进行判断:如果 $\Delta < 0$,则输出本题无解;如果 $\Delta = 0$,则得到本题的一个解 x,计算后输出;如果 $\Delta > 0$,则本题有两个解 x_1 和 x_2,计算后输出。

(3) 编写程序。选择一种高级语言(如 C 语言),根据第二步的设计结果编写程序。

```
#include<stdio.h>
void main()
{ int a,b,c;
  float dlta,x,x1,x2;
  printf("请输入一元二次方程式的各项系数a,b,c:");
  scanf("%d,%d,%d",&a,&b,&c);
  dlta=b*b-4*a*c;
  if(dlta<0)printf("无解");
  else if(dlta==0)
  { x=-b/(2.0*a);printf("此方程式有一个解,解x=:%d",x);}
  else { x1=(-b+sqrt(dlta))/(2.0*a);
         x2=(-b-sqrt(dlta))/(2.0*a);
         printf("此方程式有两个解,解x1=:%d,x2=%d",x1,x2);
       }
}
```

(4) 测试和调试程序。程序编码经过调试确认为正确后,还要经过测试。测试中发现问题可一步步回溯,查看问题出在建模、算法设计、编码的哪一个环节,直到测试通过。测试一方面可以最大程度地保证程序的正确性,另一方面测试可以对程序的性能作出评估。本例可以用多组 a,b,c 数据来测试程序的正确性。

对于一个小型的程序设计来说,整个过程是简单的,但对于规模较大的应用程序开发,则需要软件工程的思想来指导整个程序设计过程。

为了提高程序开发效率,便于对程序的维护,多年来,人们已提出多种不同的程序设计方法。目前,常用的有结构化程序设计方法和面向对象程序设计方法。

9.2.2 结构化程序设计

结构化程序设计(Structured Programming)是进行以模块功能和处理过程设计为主的详细设计的基本原则。其概念最早由 E. W. Dijikstra 在 1965 年提出。是软件发展的一个重要的里程碑,这里的结构化主要体现在以下三个方面。

1. 自顶向下、逐步求精

即从需要解决的问题出发,将复杂问题逐步分解成一个个相对简单的子问题,每个子问题可以再进一步分解,步步深入,逐层细分,直到问题简单到可以很容易地解决。例如,开发一个字处理软件,可以将它首先分为文件处理、编辑、视图、格式处理等几个子问题,对于文件处理这部分,又可以进一步分解为新建文件、打开文件等几个子问题,这样,一个大程序就可以分解为若干个小程序,从而减小了程序的复杂度,使得程序更容易实现。

2. 模块化

即将整个程序分解成若干个模块,每个模块实现特定的功能,最终的程序由这些模块组成。模块之间通过接口传递信息,使得模块之间具有良好的独立性。事实上,可以将模块看做对要开发的软件系统实施的自顶向下、逐步求精形成的各子问题的具体实现。即每个模块实现一个子问题,如果一个子问题被进一步地划分为更加具体的子问题,它们之间将形成上下层的关系,上层模块的功能需要调用下层模块实现。

3. 语句结构化

支持结构化程序设计方法的语言都应该提供过程(函数是过程的一种表现形式)来实现模块化功能。结构化程序设计要求,每一个模块应该由顺序、选择和循环三种流程结构的语句组成,如图 9-4 所示,而不允许有 GOTO 之类的转移语句。这三种流程结构的共同特点是:每种结构只有一个入口和一个出口,这对于保证程序的良好结构、检验程序正确性是十分重要的。

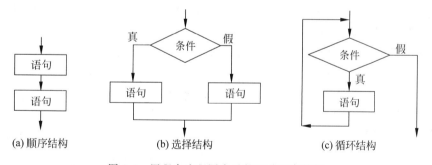

图 9-4　用程序流程图表示的三种程序结构

PASCAL 语言和 C 语言是支持结构化程序设计的典范。它们以过程或函数作为程序的基本单元,在每个过程中仅使用顺序、分支和循环这三种流程结构的语句,因此,又将这类程序设计语言称为过程式语言。用过程式语言编写的程序的主要特征可以用下面的公式形象地表达出来:程序=过程+过程调用。

其中,过程是结构化程序设计方法中模块的具体体现,过程调用需要遵循模块之间的接口定义,通过过程调用将各个过程(模块)组装起来形成一个完整的程序,程序的执行就是一个过程调用另一过程。

结构化程序设计方法可以提高程序编写的效率和质量。自顶向下、逐步求精可以尽可能地在每一个抽象级别上保证设计过程的正确性及最终程序的正确性。模块化的结构可以使得程序具有良好的可读性,从而提高程序的可维护性。

【例 9-4】 编程实现将键盘输入的 10 个数,按从小到大的顺序输出。

(1) 对问题进行分析。这是一个排序问题,排序方法很多,这里给出一个日常生活中常用的一种方法(选择排序),具体思想是:将输入的 10 个数存放在 a(1)～a(10)中,第一趟从 a(1)～a(10)选出最小的一个与 a(1)交换,这样 a(1)中就存放最小的数了;第二趟是从剩下的 a(2)～a(10)这 9 个数中选出最小的一个与 a(2)交换,则 a(2)中放的就是 10 个数中次小的,以此类推,经过 9 趟筛选后就可将这 10 个数从小到大存放到 a(1)～a(10)中。如何在每趟中选出最小的,可以采用"擂台法":在第 i 趟中,先将 a(i)放在擂台 min 中,然后依次将其后面的 a(i+1)～a(10)与擂台 min 比较,若它更小,则擂台换主,为了知道最小的数的标号,可以用一个变量 k 来记录。

(2) 设计解决问题的基本步骤。

① 输入 10 个数放入 a(1)～a(10)中。

② i 从 1 开始。

③ 求出 a(i)到 a(10)中最小的数 a(k)。

④ 将 a(i)与 a(k)交换。

⑤ i=i+1。

⑥ 重复③到⑤直到 i=9。

求 a(i)到 a(10)中找到最小的数 a(k)这一模块的基本步骤如下。

① k=i,min=a(i)。

② j 从 i+1 开始。

③ 如果 a(j)<a(k),则 k=j。

④ j=j+1。

⑤ 重复③、④直到 j=10。

(3) 编写程序。本例选择使用 C 语言编程。

```
#include<stdio.h>
int min(int a[ ],int i,int n)  /* 从 a[i]到 a[10]中找到最小数 a[k],返回 k */
{ int j,k=i;
  for(j=i+1;j<=n;j++)
  { if(a[j]<a[k]) k=j; }
  return k;
}
void main()
{ int a[11],i,temp;
  /* 输入十个数存放在 a[1]～a[10]中 */
  for(i=1;i<=10;i++)
  { scanf("%d",&a[i]); }
  for(i=1;i<=9;i++)
  { k=min(a,i,10);
    /* 交换 a[i]和 a[k] */
    temp=a[i];
    a[i]=a[k];
    a[k]=temp;
  }
```

```
        printf("after sort:");
        for(i = 1;i < = 10;i++)
        { printf(" % 5d",a[i]); }
}
```

(4) 测试和调试程序。本例可以用多组排列不同的数据来测试程序的正确性。

结构化程序设计方法曾一度成为程序设计的主流方法。但到20世纪80年代末,这种方法开始逐渐暴露出缺陷。主要表现在以下方面。

1) 难以适应大型软件的设计

在大型多文件软件系统中,随着数据量的增大,由于数据与数据处理相对独立,程序变得越来越难以理解,文件之间的数据沟通也变得困难,还容易产生意想不到"副作用"。

2) 程序可重用性差

结构化程序设计方法不具备建立"软件部件"的工具,即使是面对老问题,数据类型的变化或处理方法的改变都必将导致重新设计。这种额外开销与可重用性相左,称为"重复投入"。

这些由结构化程序设计的特点所导致的缺陷,其本身无法克服!而越来越多的大型程序设计又要求必须克服它们,因此导致了"面向对象"程序设计方法的产生。

9.2.3 面向对象程序设计

面向对象程序设计始于面向对象程序设计语言的出现,它产生的直接原因是为了提高程序的抽象程度,以控制软件的复杂性。与结构化程序设计比较,面向对象程序设计更易于实现对现实世界的描述,因而得到了迅速发展,对整个软件开发过程产生了深刻影响。

用面向对象程序设计的方法解决实际问题,不是将问题分解为过程,而是将问题分解为对象。对象是由数据和容许的操作组成的封装体,与客观实体有直接对应关系,一个对象类定义了具有相似性质的一组对象。而继承性是对具有层次关系的类的属性和操作进行共享的一种方式。所谓面向对象就是基于对象概念,以对象为中心,以类和继承为构造机制,来认识、理解、刻画客观世界和设计、构建相应的软件系统。以下介绍面向对象的几个基本概念。

(1) 对象:对象是要研究的任何事物。从一本书到一家图书馆,单个的整数到整数列庞大的数据库、极其复杂的自动化工厂、航天飞机都可看做对象,它不仅能表示有形的实体,也能表示无形的(抽象的)规则、计划或事件。对象由数据(描述事物的属性)和作用于数据的操作(体现事物的行为)构成一独立整体。从程序设计者来看,对象是一个程序模块,从用户来看,对象为他们提供所希望的行为。对象内所包含的操作通常称为方法。

(2) 类:类是对象的模板。即类是对一组有相同数据和相同操作的对象的定义。一个类所包含的数据和方法描述一组对象的共同属性和行为。类是在对象之上的抽象,对象则是类的具体化,是类的实例。类可有其子类,也可有其他类,形成类层次结构。

(3) 消息:消息是对象之间进行通信的一种规格说明。一般它由三部分组成:接收消息的对象、消息名及实际变元。

面向对象的程序设计与结构化程序设计的不同主要体现在它具有以下几个主要特征。

(1) 封装性:封装是一种信息隐蔽技术,它体现于类的说明,是对象的重要特性。封装使数据和加工该数据的方法(函数)封装为一个整体,以实现独立性很强的模块。使得用户只能见到对象的外特性(对象能接收哪些消息,具有哪些处理能力),而对象的内特性(保存内部状态的私有数据和实现加工能力的算法)对用户是隐蔽的。封装的目的在于把对象的设计者和对象的使用者分开,使用者不必知晓行为实现的细节,只需用设计者提供的消息来访问该对象。

(2) 继承性:继承性是子类自动地共享父类中定义的数据和方法的机制。它由类的派生功能体现。一个类直接继承其他类的全部描述,同时可修改和扩充。继承具有传递性。继承分为单继承(一个子类只有一个父类)和多重继承(一个类有多个父类)。类的对象是各自封闭的,如果没有继承性机制,则类对象中数据、方法就会出现大量重复。继承不仅支持系统的可重用性,而且还促进系统的可扩充性。

(3) 多态性:对象根据所接收的消息而做出动作。同一消息为不同的对象接收时可产生完全不同的行动,这种现象称为多态性。利用多态性,用户可发送一个通用的信息,而将所有的实现细节都留给接收消息的对象自行决定,也就是同一消息即可调用不同的方法。例如:Print 消息被发送给一个图或表时调用的打印方法与将同样的 Print 消息发送给一正文文件而调用的打印方法会完全不同。多态性的实现受到继承性的支持,利用类继承的层次关系,把具有通用功能的协议存放在类层次中尽可能高的地方,而将实现这一功能的不同方法置于较低层次,这样,在这些低层次上生成的对象就能给通用消息以不同的响应。在 OOPL(面向对象程序设计语言)中可通过在派生类中重定义基类函数(定义为重载函数或虚函数)来实现多态性。

综上所述,在面向对象方法中,对象和传递消息分别表现事物及事物间相互联系的概念。类和继承是适应人们一般思维方式的描述范式。方法是允许作用于该类对象上的各种操作。这种对象、类、消息和方法的程序设计范式的基本点在于对象的封装性和类的继承性。通过封装能将对象的定义和对象的实现分开,通过继承能体现类与类之间的关系,以及由此带来的动态联编和实体的多态性,从而构成了面向对象的基本特征。

面向对象设计方法需要一定的软件基础支持才可以应用,另外在大型的 MIS(信息管理系统)开发中如果不经自顶向下的整体划分,而是一开始就自底向上的采用面向对象设计方法开发系统,同样也会造成系统结构不合理、各部分关系失调等问题。所以面向对象设计方法和结构化方法目前仍是两种在系统开发领域相互依存的、不可替代的方法。

9.3 算法与数据结构

9.3.1 算法

所谓算法(Algorithm)是对特定问题求解步骤的一种描述,是编制程序的前提和依据。算法并不等于程序,通常一个算法可以编制成不同的程序,程序可以看成算法在计算机系统上的物理实现。一般来说,算法应该具有以下 5 个重要的特征。

(1) 有穷性:一个算法必须保证在执行有限步之后结束。

(2) 确切性:算法的每一步骤必须有确切的定义。

(3) 输入:一个算法有 0 个或多个输入,以刻画运算对象的初始情况,所谓 0 个输入是指算法本身给定了初始条件。

(4) 输出：一个算法有一个或多个输出，以反映对输入数据加工后的结果。没有输出的算法是毫无意义的。

(5) 可行性：算法原则上能够精确地运行，而且人们用笔和纸做有限次运算后即可完成。算法不要求用严格的计算机语言加以描述，描述算法通常有以下几种方式。

1. 自然语言方式

以自然语言方式描述的算法风格不定，但符合人的自然习惯，每一步都很容易理解，但大型的程序不宜采用此方法，因为它描述的层次结构不清晰。

2. 程序流程图方式

程序流程图由多个节点和有向边构成。程序流程图描述了算法中所进行的操作以及这些操作执行的逻辑顺序，美国国家标准化协会 ANSI（American National Standard Institute）规定了一些常用的流程图符号（图 9-5），已为各国计算机界普遍采用。

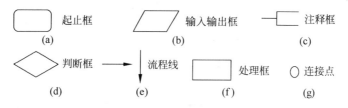

图 9-5　程序流程图常用图形符号

使用流程图描述算法，具有简捷、直观和清晰的特点。图 9-6 是采用程序流程图方式描述例 9-3 中算法的示意。

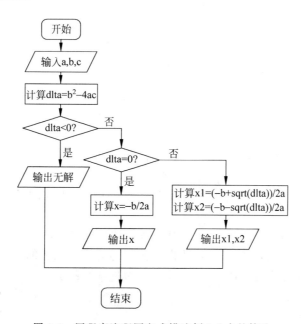

图 9-6　用程序流程图方式描述例 9-3 中的算法

流程图还有 N/S 盒图方式，它是美国学者 I. Nassi 和 B. Shneideman 提出的一种新的流程图形式，它去掉了传统流程图带箭头的流向线，全部算法以一个大的矩形框表示。其主要基本结构符号表示见图 9-7。

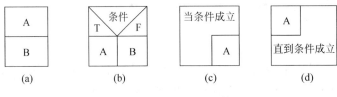

图 9-7　N-S 图基本图形符号

用 N-S 流程图对例 9-4 中算法的描述见图 9-8。

图 9-8　用 N-S 流程图描述例 9-4 中的算法

3．伪代码方式

伪代码是一种"混杂"语言，它使用一种语言（通常是某种自然语言）的词汇，同时却使用另一种语言（某种结构化的程序设计语言）的语法来描述算法。它的优点是：贴近于自然语言描述，易于理解；表达方式简洁；由于接近于某种计算机语言，因此比较容易将算法直接转化为程序。

计算机不识别自然语言、流程图和伪代码等算法描述语言，而设计算法的目的就是要用计算机解决问题，因此，用自然语言、流程图和伪代码等语言描述的算法最终还必须转换为具体的计算机程序设计语言描述的算法，即转换为具体的程序。

9.3.2　数据结构

数据结构是指同一数据元素类中各数据元素之间存在的关系。数据结构分别为逻辑结构、存储结构和数据的运算。数据的逻辑结构是对数据之间关系的描述,有时就把逻辑结构简称为数据结构。逻辑结构形式地定义为(D,S),其中,D是数据元素的有限集,S是D上的关系的有限集。

数据元素相互之间的关系称为结构。有4类基本结构：集合、线性结构、树形结构、图状结构。树形结构和图形结构全称为非线性结构。集合结构中的数据元素除了同属于一种类型外,别无其他关系。线性结构中元素之间存在一对一关系,树形结构中元素之间存在一对多关系,图形结构中元素之间存在多对多关系。在图形结构中每个结点的前驱结点数和后续结点数可以任意多个。

数据结构在计算机中的表示称为数据的存储结构。它包括数据元素的表示和关系的表示。数据元素之间的关系有两种不同的表示方法：顺序映像和非顺序映像,并由此得到两种不同的存储结构：顺序存储结构和链式存储结构。顺序存储方法：它是把逻辑上相邻的节点存储在物理位置相邻的存储单元里,结点间的逻辑关系由存储单元的邻接关系来体现,由此得到的存储表示称为顺序存储结构。顺序存储结构是一种最基本的存储表示方法,通常借助于程序设计语言中的数组来实现。链接存储方法：它不要求逻辑上相邻的结点在物理位置上亦相邻,结点间的逻辑关系是由附加的指针字段表示的。由此得到的存储表示称为链式存储结构,链式存储结构通常借助于程序设计语言中的指针类型来实现。

数据的运算是在数据的逻辑结构上定义的操作算法,如检索、插入、删除、更新的排序等。

【例 9-5】 线性表是最简单、最基本,也是最常用的一种线性结构。线性表是具有相同数据类型的$n(n \geqslant 0)$个数据元素的有限序列,通常记为：$(a_1, a_2, \cdots, a_{i-1}, a_i, a_{i+1}, \cdots, a_n)$,其中$n$为表长,$n=0$时称为空表。它有两种存储方法：顺序存储和链式存储,它的主要基本操作是插入、删除和检索等。

算法与数据结构的关系紧密,在算法设计时先要确定相应的数据结构,算法的设计取决于数据(逻辑)结构,而算法的实现依赖于采用的存储结构,而在讨论某一种数据结构时也必然会涉及相应算法。

9.4 本章小结

本章主要介绍有关程序设计的基本知识,使大家对程序设计有一个初步的了解。

在计算机中,程序(Program)是指计算机为实现特定目标或解决特定问题所必须执行的一系列指令集合。为了让计算机能理解解决问题的步骤,计算机必须具有自己的语言系统——程序设计语言。计算机程序设计语言的发展过程经历了从机器语言、汇编语言到高级语言的历程。

程序设计是为计算机规划、安排解题步骤的过程,一个小型程序设计一般包含4个基本步骤：(1)分析问题；(2)设计解决问题的基本步骤；(3)编写程序；(4)测试和调试程序。常用的有结构化程序设计方法和面向对象程序设计方法。

算法(Algorithm)是对特定问题求解步骤的一种描述,是编制程序的前提和依据。数据结构是指同一数据元素类中各数据元素之间存在的关系。数据结构分别为逻辑结构、存储结构和数据的运算。算法与数据结构的关系紧密，在算法设计时先要确定相应的数据结构，算法的设计和实现又依赖于数据结构。

9.5 习题

一、单项选择题

1. 在计算机中，必须将高级语言程序转换为_____才能被 CPU 执行。
   A. 汇编程序　　　　B. 指令　　　　C. 软件　　　　D. 目标程序
2. 对高级语言程序的下列叙述中，正确的是_____。
   A. 计算机语言中，只有机器语言属于低级语言
   B. 高级语言源程序可以被计算机直接执行
   C. C 语言属于高级语言
   D. 机器语言与机器硬件是无关的
3. 下列属于计算机低级语言的是_____。
   A. Java　　　　B. C 语言　　　　C. Pascal　　　　D. 汇编语言
4. 解释程序的功能是_____。
   A. 解释执行高级语言程序　　　　B. 将高级语言程序翻译成目标程序
   C. 解释执行汇编语言程序　　　　D. 将汇编语言程序翻译成目标程序
5. 用高级程序设计语言编写的程序称为_____。
   A. 目标程序　　　　　　　　B. 可执行程序
   C. 源程序　　　　　　　　　D. 伪代码程序
6. 以下关于高级语言的描述中，正确的是_____。
   A. 高级语言诞生于 20 世纪 40 年代中期
   B. 高级语言的"高级"是所设计的程序非常高级
   C. C++语言采用的是"编译"的方法
   D. 高级语言可以直接被机器执行
7. C 语言程序设计所采用的设计方法是_____。
   A. 面向用户　　　　　　　　B. 面向问题
   C. 面向过程　　　　　　　　D. 面向对象
8. Java 程序设计语言所采用的设计方法是_____。
   A. 面向机器　　　　　　　　B. 面向用户
   C. 面向对象　　　　　　　　D. 面向过程
9. 程序有顺序、选择和_____三种基本结构。
   A. 循环　　　　B. 分支　　　　C. 过程　　　　D. 函数
10. 目前常用的两种程序设计方法是_____。
    A. 面向问题、面向结构和面向对象程序设计方法
    B. 面向过程和面向问题程序设计方法
    C. 结构化程序设计方法和面向对象程序设计方法
    D. 面向对象和面向问题程序设计方法

二、问答题

1. 什么是程序？
2. 简述计算机程序设计语言的发展历程。
3. 面向对象的程序设计具有哪些主要特征？
4. 什么是算法？算法具有哪些特征？
5. 数据结构的逻辑结构有哪些？
6. 数据结构的主要存储结构有哪些？

参 考 文 献

[1] 黄国兴,陶树平,丁岳伟.计算机导论.北京:清华大学出版社,2004.
[2] 杨振山,龚沛曾等.大学计算机基础.北京:高等教育出版社,2004.
[3] 李秀,安颖莲,姚瑞霞.计算机文化基础.北京:清华大学出版社,2003.
[4] 周鸣争等.大学计算机基础.成都:电子科技大学出版社,2009.
[5] 卢湘鸿等.计算机应用教程.北京:清华大学出版社,2000.
[6] 冯博琴等.大学计算机基础.北京:清华大学出版社,2005.
[7] 刘学民等.大学计算机基础教程.天津:天津大学出版社,2009.
[8] 中国互联网信息中心.第25次中国互联网络发展状况统计报告.CNNIC:www.cnnic.cn.
[9] http://support.microsoft.com/ph/2512/zh-cn#tab2.Excel 2003 帮助和支持中心.
[10] http://support.microsoft.com/ph/1173#tab0.Windows XP 帮助和支持中心.
[11] 阙喜戎,孙锐,龚向阳,王纯.信息安全原理及应用.北京:清华大学出版社,2007.
[12] 陈立新.计算机病毒防治百事通.北京:清华大学出版社,2000.
[13] 宋斌,王玲,王立平.计算机导论.北京:国防工业出版社,2008.